Gruber I Neumann

Erfolg im Mathe-Abi 2022

Schleswig-Holstein

Übungsbuch Prüfungsaufgaben
mit Tipps und Lösungen

Freiburger Verlag

Helmut Gruber, geb. 1968, studierte Mathematik und Physik in Konstanz und Freiburg und ist seit 1995 Mathematiklehrer in der Oberstufe.

Robert Neumann, geb. 1970, studierte Mathematik und Physik in Freiburg und unterrichtet Mathematik in der Oberstufe seit 1999.

12. Auflage.
Printed in EU
www.freiburger-verlag.de

Inhaltsverzeichnis

Erfolg von Anfang an

Dieses Übungsbuch ist speziell auf die Anforderungen des Mathematik-Abiturs in Schleswig-Holstein abgestimmt. Es umfasst die Themenbereiche Analysis, Analytische Geometrie und Stochastik und enthält die Original-Abituraufgaben seit 2016, die durch einen hilfsmittelfreien Teil ergänzt wurden.
Außer im hilfsmittelfreien Teil ist es bei allen Aufgaben im Abitur erlaubt, sämtliche Funktionen zu nutzen, die der Taschenrechner zur Verfügung stellt, z.B. das Lösen von Gleichungen und Gleichungssystemen sowie die Berechnung von Integralen. An Stellen, bei denen die Verwendung des Taschenrechners sinnvoll ist, ist ein Taschenrechnersymbol abgebildet.

Das Übungsbuch ist eine Hilfe zum Selbstlernen (learning by doing) und bietet die Möglichkeit, sich intensiv auf die Prüfung vorzubereiten und gezielt Themen zu vertiefen. Hat man dabei Erfolg, machen Mathematik und Lernen wieder mehr Spaß.

Die im Abitur verwendeten Taschenrechner können sehr viel mehr als nur die Grundrechenarten: Sie können z.B. lineare Gleichungssysteme und quadratische oder kubische Gleichungen lösen, Integrale berechnen, Kreuz- und Skalarprodukt von Vektoren bestimmen, etc.

Daher befindet sich im Buch an den Stellen, wo es Sinn macht, die entsprechende Funktion des Taschenrechners zu nutzen, ein QR-Code und ein Direktlink auf das entsprechende Video, in dem diese Funktion des Tachenrechners kurz erklärt wird.* Der QR-Code kann mit einer entsprechenden App gescannt werden. Alternativ lässt sich auch der Link unter dem Code benutzen.

Der Code neben diesem Text verweist beispielsweise auf ein Video zum Bestimmen der kumulierten Binomialverteilung.

frv.tv/ck

Der blaue Tippteil

Hat man keine Idee, wie man eine Aufgabe angehen soll, hilft der blaue Tippteil weiter: Zu jeder Aufgabe gibt es Tipps, die helfen, einen Ansatz zu finden, ohne die Lösung vorwegzunehmen.

Wie arbeiten Sie mit diesem Buch

Das Buch enthält die Original-Abituraufgaben ab 2016. Im Anschluss an die Aufgaben befindet sich im Buch der blaue Tippteil mit Denk- und Lösungshilfen. Diesen sollten Sie möglichst benutzen, wenn Sie nicht weiter wissen.

---

*Beim Rechnen mit Vektoren ist es oft aufwändiger mit dem Taschenrechner z.B. den Winkel zu berechnen, als "mit der Hand". Wenn Berechnungen "mit der Hand“ einfacher sind, als mit dem Taschenrechner, sind keine QR-Codes angegeben.

Die Lösungen mit ausführlichen und verständlichen Lösungswegen bilden den dritten Teil des Buchs. Hier finden Sie die notwendigen Formeln, Rechenverfahren und Denkschritte sowie alternative Lösungswege.

Allen Schülerinnen und Schülern, die sich auf das Abitur vorbereiten, wünschen wir viel Erfolg.

Helmut Gruber und Robert Neumann

Der Ablauf der Abiturprüfung

Die Prüfungsaufgabe besteht aus zwei Teilen: einem hilfsmittelfreien Teil mit Kurzformaufgaben und einem Teil mit komplexeren Aufgabenstellungen.
Im ersten Teil der Prüfung wird der hilfsmittelfreie Teil ohne elektronische Hilfsmittel (z.B. Taschenrechner, Software) sowie ohne Tabellen- oder Formelsammlung bearbeitet.
Im zweiten Teil der Prüfung werden zwei unabhängig voneinander lösbare Aufgaben bearbeitet, eine aus der Analysis und eine nach Wahl der Schülerin/des Schülers aus der Geometrie oder Stochastik.

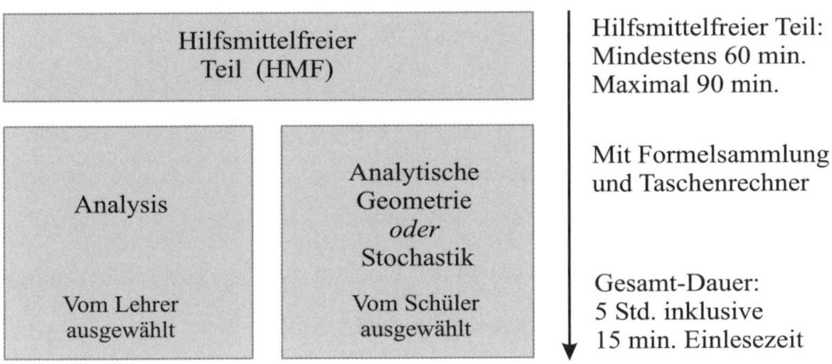

Zeitlicher Ablauf:

Die Prüfung dauert 300 Minuten inklusive 15 Minuten Einlesezeit.
Zu Beginn der Prüfung bearbeiten alle Schülerinnen und Schüler den hilfsmittelfreien Aufgabenteil.
Nach der Abgabe dieses Teils, frühestens nach 60 und spätestens nach 90 Minuten, erhalten sie den zweiten Aufgabenteil. Zugleich werden ihnen die Formelsammlung und das digitale Mathematikwerkzeug (Taschenrechner, CAS) ausgehändigt.
Die Schülerinnen und Schüler haben bis zum Schluss die Möglichkeit, sich zwischen der Bearbeitung von Geometrie oder Stochastik zu entscheiden.

Die Abiturprüfung besteht also aus **drei Teilaufgaben**: Einem hilfsmittelfreiem Teil, einer Analysisaufgabe und einer Aufgabe der Analytischen Geometrie oder einer Stochastikaufgabe (nach Wahl der Schülerin/ des Schülers).

1 Abitur 2017

Tipps ab Seite 72, Lösungen ab Seite 110

Abitur 2017 Mathematik – HMF

HMF 1 - Analysis (Pool 1)

Die Abbildung zeigt den Graphen der Funktion f mit $f(x) = x^4 - 3x^3$ und die Graphen ihrer ersten und zweiten Ableitung.

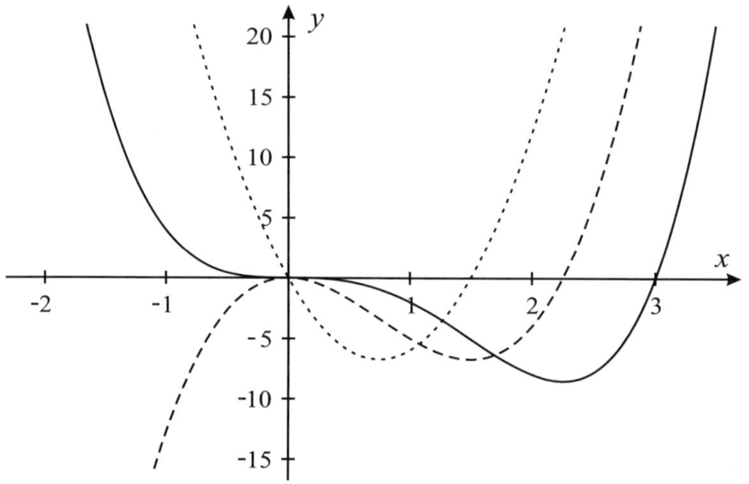

1.1 Bestimmen Sie die erste und die zweite Ableitung der Funktion f und ordnen Sie die Ableitungsfunktionen den abgebildeten Graphen zu. (2 P)

1.2 Zeigen Sie rechnerisch, dass der Ursprung $(0 \mid 0)$ ein Sattelpunkt (also ein Wendepunkt mit waagerechter Tangente) des Graphen der Funktion f ist. (3 P)

HMF 2 - Analysis (Pool 1)

Eine Funktion f ist durch $f(x) = 2 \cdot e^{\frac{1}{2}x} - 1$ gegeben.

2.1 Ermitteln Sie die Nullstelle der Funktion f. (2 P)

2.2 Die Tangente an den Graphen von f im Punkt $S(0 \mid 1)$ begrenzt mit den beiden Koordinatenachsen ein Dreieck.
Weisen Sie nach, dass dieses Dreieck gleichschenklig ist. (3 P)

HMF 3 - Analytische Geometrie (Pool 1)

3.1 Gegeben seien die Vektoren $\vec{a}$, $\vec{b}$ und $\vec{c} \in \mathrm{I\!R}^3$ und die reellen Zahlen r und t. Kreuzen Sie in der folgenden Tabelle an, ob es sich bei dem Ausdruck um einen Vektor oder um eine Zahl handelt, oder ob der Ausdruck nicht definiert ist.

Ausdruck	Vektor	Zahl	nicht definiert
$\vec{a} \circ \left(\vec{b} + r \cdot \vec{c}\right)$			
$\lvert\vec{a}\rvert \times \vec{b}$			
$(r \cdot \vec{c}) - \left(\vec{a} \circ \vec{b}\right) \cdot \vec{c}$			
$(\vec{a} \circ \vec{a}) + (r \cdot \lvert\vec{c}\rvert)^2$			
$\vec{c} \times \left(t \cdot \vec{a} - r \cdot \vec{b}\right)^2$			
$\vec{b} \times (\vec{c} \circ (r \cdot \vec{a}))$			

(3 P)

3.2 Gegeben seien die Vektoren $\vec{a}$ und $\vec{b} \in \mathrm{I\!R}^3$.
Geben Sie einen Term an, dessen Wert die Zahl Null ist und der nur aus den Symbolen $\vec{a}$, $\vec{b}$, $\times$, $\circ$ sowie Klammern besteht. Jedes der Symbole $\vec{a}$, $\vec{b}$, $\times$, $\circ$ muss dabei in dem Term mindestens einmal verwendet werden. (2 P)

HMF 4 - Analytische Geometrie (Pool 1)

Gegeben sind die Kugel K: $(x_1 - 1)^2 + x_2^2 + (x_3 - 4)^2 = 100$ und die Gerade g mit

$$g\colon \vec{x} = \begin{pmatrix} 12 \\ 0 \\ 4 \end{pmatrix} + s \cdot \begin{pmatrix} 0 \\ 1 \\ 1 \end{pmatrix}.$$

4.1 Untersuchen Sie, ob die Gerade g die Kugel K schneidet. (2 P)

4.2 Ermitteln Sie eine Parameterform einer Geraden h, die eine Tangente an die Kugel K mit dem Berührpunkt $B(11 \mid 0 \mid 4)$ ist. (3 P)

HMF 5 - Analytische Geometrie (Pool 2)

Gegeben ist die Ebene E: $2x_1 + x_2 - 2x_3 = -18$.

5.1 Der Schnittpunkt von E mit der x_1-Achse, der Schnittpunkt von E mit der x_2-Achse und der Koordinatenursprung sind die Eckpunkte eines Dreiecks.
Bestimmen Sie den Flächeninhalt dieses Dreiecks. (2 P)

5.2 Ermitteln Sie die Koordinaten des Vektors, der sowohl ein Normalenvektor von E als auch der Ortsvektor eines Punktes der Ebene E ist. (3 P)

HMF 6 - Stochastik (Pool 1)

Auf einem Schiff kann man Süßigkeiten am Kiosk kaufen. Von den an einer Schiffsrundfahrt teilnehmenden Personen sind 60% Frauen.

80% der reisenden Frauen und 40% der reisenden Männer kaufen Süßigkeiten am Kiosk.

6.1 Stellen Sie den Sachzusammenhang durch eine vollständig ausgefüllte Vierfeldertafel dar. (3 P)

6.2 Ein Passagier hat Süßigkeiten am Kiosk gekauft.
Berechnen Sie die Wahrscheinlichkeit dafür, dass es sich dabei um eine Frau handelt. (2 P)

HMF 7 - Stochastik (Pool 1)

Jedes Überraschungsei eines Herstellers enthält entweder eine Figur oder keine Figur, wobei der Anteil der Überraschungseier mit einer Figur 25% beträgt.

7.1 Zehn Überraschungseier werden nacheinander zufällig ausgewählt.
Geben Sie einen Term zur Berechnung der Wahrscheinlichkeit dafür an, dass nur in den letzten beiden Überraschungseiern jeweils eine Figur enthalten ist. (2 P)

7.2 Sechs Überraschungseier werden zufällig ausgewählt. Die Zufallsgröße X gibt an, wie viele dieser Überraschungseier eine Figur enthalten. Eine der folgenden Abbildungen stellt die Wahrscheinlichkeitsverteilung dieser Zufallsgröße X dar:

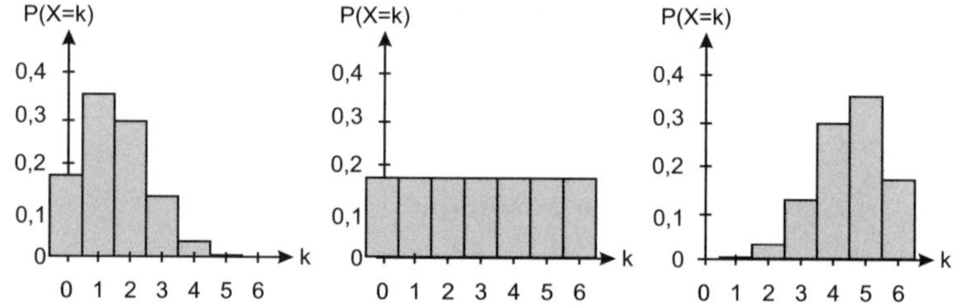

Abb. 1 Abb. 2 Abb. 3

Geben Sie an, welche Abbildung dies ist.
Begründen Sie, dass die beiden anderen Abbildungen dies nicht sind. (3 P)

HMF 8 - Stochastik (Pool 2)

Schwarze und weiße Kugeln sind wie folgt auf drei Urnen verteilt:

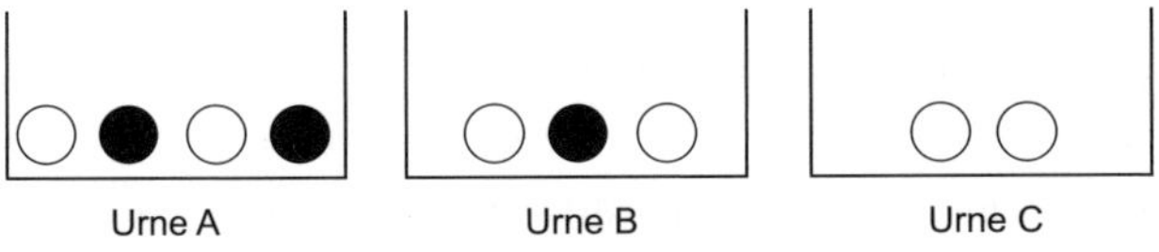

8.1 Aus Urne A wird zunächst eine Kugel zufällig entnommen und in Urne B gelegt. Anschließend wird aus Urne B eine Kugel zufällig entnommen und in Urne C gelegt. Bestimmen Sie die Wahrscheinlichkeit dafür, dass sich danach in Urne C zwei weiße Kugeln und eine schwarze Kugel befinden. (2 P)

8.2 Die drei Urnen mit den in de Abbildung dargestellten Inhalten bilden den Ausgangspunkt für folgendes Spiel:

Es wird zunächst ein Einsatz von 1 Euro eingezahlt. Anschließend wird eine der drei Urnen zufällig ausgewählt und danach aus dieser Urne eine Kugel zufällig gezogen. Nur dann, wenn diese Kugel schwarz ist, wird ein bestimmter Geldbetrag ausgezahlt.

Ermitteln Sie, wie groß dieser Geldbetrag sein muss, damit bei diesem Spiel auf lange Sicht Einsätze und Auszahlungen ausgeglichen sind. (3 P)

Tipps ab Seite 74, Lösungen ab Seite 118

Abitur 2017 Mathematik – Analysis Aufgabe 1

Die Abbildung zeigt den Graphen einer Funktion f, die für $0 \leqslant t \leqslant 15$ das Volumen des Wassers in einem Becken in Abhängigkeit von der Zeit beschreibt. Dabei ist t die seit Beobachtungsbeginn vergangene Zeit in Stunden und $f(t)$ das Volumen in Kubikmetern.

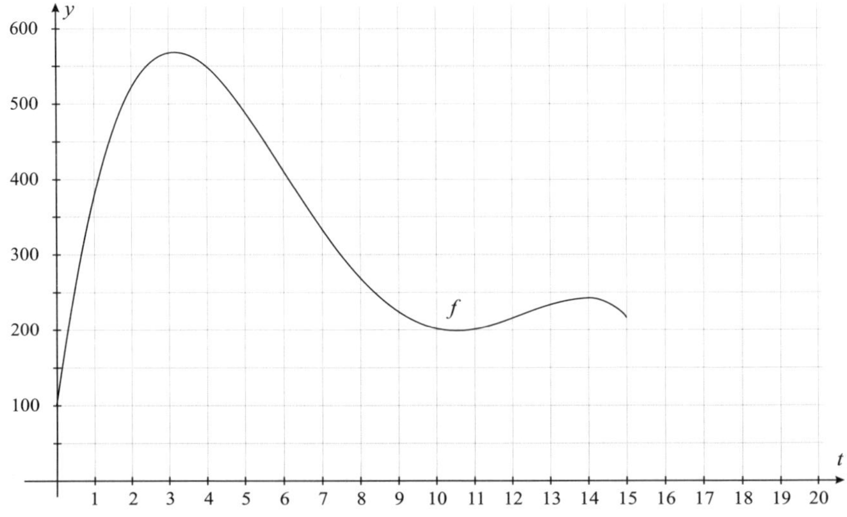

a) a1) Geben Sie mit Hilfe der Grafik das Volumen des Wassers fünf Stunden nach Beobachtungsbeginn an sowie den Zeitraum, in dem das Volumen mindestens 350 Kubikmeter beträgt.

a2) Bestimmen Sie mit Hilfe der Grafik die momentane Änderungsrate des Wasservolumens zwei Stunden nach Beobachtungsbeginn.

a3) Die fünfzehn Stunden nach Beobachtungsbeginn vorliegende momentane Änderungsrate des Wasservolumens bleibt bis zu dem Zeitpunkt erhalten, zu dem das Becken kein Wasser mehr enthält.
Beschreiben Sie ein Verfahren, mit dem man diesen Zeitpunkt grafisch bestimmen kann.
Geben Sie den Zeitpunkt an.

a4) Interpretieren Sie die Gleichung $f(t+6) = f(t) - 350$ im Sachzusammenhang.

a5) Begründen Sie, dass die Funktionsgleichung von f weder die Form I noch die Form II hat:

$$\text{I}: y = -8,5t^3 + 3,7t^2 + at + 100 \;:\; a \in \mathbb{R}$$

$$\text{II}: y = -0,3t^4 + bt^2 + 100 \;:\; b \in \mathbb{R}$$

(16 P)

b) Für ein anderes Becken wird die momentane Änderungsrate des Volumens des enthaltenen Wassers für $0 \leqslant t \leqslant 15$ durch die Funktion g mit

$$g(t) = 0,4 \cdot \left(2t^3 - 39t^2 + 180t\right)$$

beschrieben. Dabei ist t die seit Beobachtungsbeginn vergangene Zeit in Stunden und $g(t)$ die momentane Änderungsrate in $\frac{\mathrm{m}^3}{\mathrm{h}}$.
Die Funktion G mit

$$\mathrm{G}(t) = 0,2 \cdot \left(t^4 - 26t^3 + 180t^2\right)$$

ist eine Stammfunktion von g.

b1) Berechnen Sie für den beschriebenen Zeitraum denjenigen Zeitpunkt, zu dem die momentane Änderungsrate des Wasservolumens maximal ist.

b2) Ermitteln Sie rechnerisch den Zeitraum, in dem das Volumen des Wassers abnimmt.

b3) Drei Stunden nach Beobachtungsbeginn sind im Becken 350 Kubikmeter Wasser enthalten. Bestimmen Sie das Volumen des Wassers zu Beobachtungsbeginn.

b4) Untersuchen Sie rechnerisch, ob es nach Beobachtungsbeginn einen Zeitpunkt gibt, zu dem das Wasservolumen ebenso groß ist wie zu Beobachtungsbeginn.

(17 P)

c) Bei einem dritten Becken kann die momentane Änderungsrate des Wasservolumens durch ein Ventil reguliert werden. Die Änderungsrate wird je nach Einstellung des Ventils durch eine Funktion h_k mit

$$h_k(t) = 10 \cdot k \cdot e^{-kt} \;;\; k > 0$$

beschrieben. Zur Zeit $t = 0$ befinden sich $3\,\mathrm{m}^3$ Wasser in dem Becken.

c1) Ermitteln Sie, für welchen Parameter k sich nach 2 Stunden genau $8\,\mathrm{m}^3$ Wasser in dem Becken befinden.

c2) Geben Sie einen Term der 103. Ableitung von h_k an.

(7 P)

Tipps ab Seite 75, Lösungen ab Seite 124

Abitur 2017 Mathematik – Analysis Aufgabe 2

Für die «Deichtherme» wird eine neue Wasserrutsche geplant. Der Graph in der Abbildung modelliert die Rutschbahn. Der Graph beginnt im Punkt $A(0 \mid 24)$ mit einer Steigung von $-100\,\%$ und endet im Punkt $B(40 \mid 0)$. Ferner verläuft er durch den Punkt $C(20 \mid 12)$. Die x-Achse stellt den ebenen Boden der Schwimmhalle bzw. die auf gleicher Höhe liegende Wasseroberfläche dar.
Eine Längeneinheit entspricht einem Meter in der Wirklichkeit.

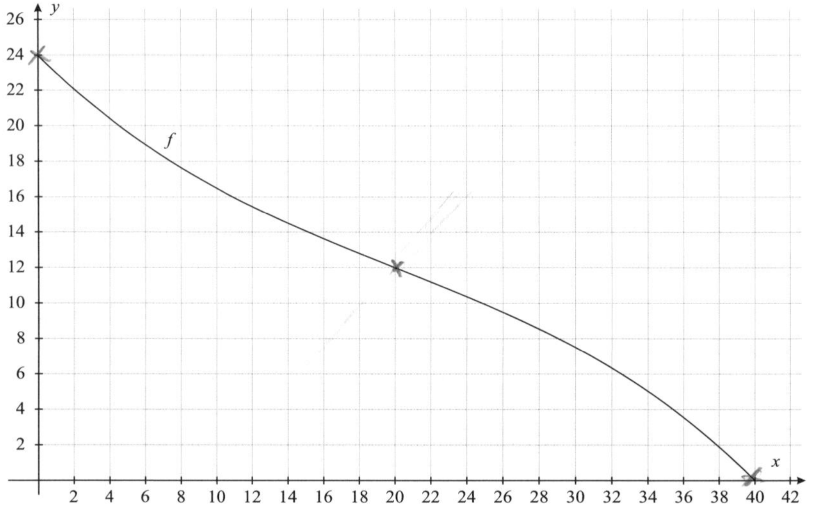

a) a1) Berechnen Sie die durchschnittliche Steigung zwischen Start- und Endpunkt der Rutschbahn und ermitteln Sie mit Hilfe der Grafik näherungsweise die Steigung im Punkt C.

a2) Der abgebildete Graph gehört zu einer ganzrationalen Funktion f dritten Grades. Bestimmen Sie eine Funktionsgleichung von f. (8 P)

b) Verwenden Sie im Folgenden die Funktion f mit

$$f(x) = -0{,}0005 \cdot x^3 + 0{,}03 \cdot x^2 - x + 24 \text{ mit } 0 \leqslant x \leqslant 40.$$

b1) Die Rutsche soll durch zwei vertikale Pfeiler abgestützt werden. Der Architekt plant einen 10 Meter und einen 15 Meter hohen Pfeiler.
Berechnen Sie, wie weit die Pfeiler voneinander entfernt stehen.

b2) Zeigen Sie rechnerisch, dass $f'(x) < 0$ für alle $x \in [0; 40]$ gilt, und interpretieren Sie dies im Sachzusammenhang.

b3) Zeigen Sie, dass der Punkt C ein Wendepunkt des Graphen von f ist. (11 P)

c) Die Rutschen eines anderen Planungsbüros werden für $0 \leqslant x \leqslant 40$ durch die Graphen der Funktionenschar g_a mit

$$g_a(x) = 24 \cdot e^{-0{,}05 \cdot a \cdot x} \;, \quad a > 0$$

beschrieben.

c1) Skizzieren Sie den Graphen von $g_{1,5}$ und bestimmen Sie die Höhe, aus der ein Badegast am Ende dieser Rutsche ins Wasser fällt.

c2) Zwei neue Sicherheitsbestimmungen lauten:

i. Die Höhe, aus der
ein Badegast am Ende der Rutsche ins Wasser fällt,
darf höchstens 1,5 Meter betragen.

ii. Der Neigungswinkel darf im Startpunkt nicht größer als 55° sein.

Untersuchen Sie, ob es Parameter a gibt, für die beide Bedingungen erfüllt sind.

c3) Gegeben ist der folgende Term

$$\sum_{i=0}^{3} \sqrt{10^2 + \left(g_{1,5}\left(10(i+1)\right) - g_{1,5}\left(10i\right)\right)^2}$$

Veranschaulichen Sie den zweiten Summanden dieses Terms in Ihrer Skizze aus Teilaufgabe c1).
Interpretieren Sie den gesamten Term im Sachzusammenhang.

(15 P)

d) Die Funktion G ist gegeben durch

$$\mathrm{G}(a) = \int_0^{40} g_a(x)\mathrm{d}x \text{ mit } a > 0.$$

d1) Berechnen Sie G(5).

d2) Zeigen Sie, dass für jedes $a > 0$ gilt:

$$\mathrm{G}(a) < \frac{480}{a}$$

(6 P))

Tipps ab Seite 76, Lösungen ab Seite 130

Abitur 2017 Mathematik
Analytische Geometrie Aufgabe 3

In einer Stadt befindet sich ein quaderförmiges, 65 m hohes Haus. In der Modellierung entspricht die x_1x_2-Ebene dem Erdboden. Die Grundfläche des Hauses ist das Rechteck RSTU. Die jeweils entsprechenden Eckpunkte der Dachfläche heißen R′, S′, T′ und U′.
Die Eckpunkte R, S und T haben die Koordinaten
$R(80 \mid 200 \mid 0)$,
$S(120 \mid 180 \mid 0)$ und
$T(135 \mid 210 \mid 0)$.
Eine Einheit entspricht einem Meter in der Wirklichkeit.
Die Flugbahn einer Drohne wird beschrieben durch eine Gerade g mit

$$g: \vec{x} = \begin{pmatrix} 0 \\ 0 \\ 5 \end{pmatrix} + t \cdot \begin{pmatrix} 3 \\ 6 \\ 2 \end{pmatrix}.$$

Dabei beschreibt $\vec{x}$ die Position der Drohne zur Zeit t, wobei t in Sekunden gemessen wird. Zur Zeit $t = 0$ durchfliegt die Drohne also den Punkt $P(0 \mid 0 \mid 5)$.

a) a1) Bestimmen Sie die Koordinaten des vierten Eckpunktes U der Grundfläche.

a2) Ermitteln Sie die Entfernung der Drohne zum Punkt P nach 15 Sekunden.

a3) Berechnen Sie den Steigungswinkel α der Flugbahn. (7 P)

b) b1) Berechnen Sie den Flächeninhalt der Seitenfläche RSS′R′ des Hauses.

b2) Untersuchen Sie, ob die Drohne diese Fläche treffen wird.

b3) Berechnen Sie den Abstand, den die Flugbahn der Drohne zur Geraden h durch die Punkte R′ und S′ hat. (15 P)

c) Auf einem anderen Flug fliegt die Drohne entlang der Geraden k mit

$$k\colon \vec{x} = \begin{pmatrix} 40 \\ -220 \\ 80 \end{pmatrix} + s \cdot \begin{pmatrix} 0 \\ 10 \\ 0 \end{pmatrix}.$$

Dabei gibt s die Zeit in Sekunden nach dem Durchfliegen des Punktes $Q(40 \mid -220 \mid 80)$ an. Die Drohne kann Signale von einer Sendeanlage S_1 mit den Koordinaten $S_1(40 \mid -260 \mid 10)$ und der Reichweite 250 m oder von einer Sendeanlage S_2 mit den Koordinaten $S_2(40 \mid 300 \mid 10)$ und der Reichweite 390 m empfangen.

c1) Bestimmen Sie den Punkt D, an dem die Drohne den Sendebereich von S_1 verlässt, und prüfen Sie, ob Sie dort bereits im Sendebereich von S_2 ist.

c2) Die Drohne fliegt auf einen gesperrten Teil des Luftraums zu. Die Grenze zu diesem Bereich wird durch die Ebene F mit

$$F\colon 3x_1 - 4x_2 = -400$$

modelliert.
Berechnen Sie, zu welcher Zeit die Drohne nur noch einen Abstand von 200 m zu der Luftraumgrenze hat.

(12 P)

d) Gegeben ist die Gleichung

$$\begin{pmatrix} 3 \\ 6 \\ 2 \end{pmatrix} \times \left[\vec{x} - \begin{pmatrix} 0 \\ 0 \\ 5 \end{pmatrix} \right] = \vec{0}.$$

d1) Untersuchen Sie, ob der Vektor $\begin{pmatrix} 45 \\ 90 \\ 35 \end{pmatrix}$ eine Lösung dieser Gleichung ist.

d2) Interpretieren Sie die Lösungsmenge geometrisch.

(6 P)

Tipps ab Seite 77, Lösungen ab Seite 136

Landesabitur 2017 Mathematik
Stochastik Aufgabe 4

Alle in Ihren Lösungen verwendeten Zufallsgrößen müssen explizit eingeführt werden. Machen Sie auch Angaben über die Verteilung der jeweiligen Zufallsgrößen.

a) Ein Großhändler bietet Samenkörner für Salatgurken in zwei Qualitätsstufen an. Ein Samenkorn der höheren Qualitätsstufe A keimt mit einer Wahrscheinlichkeit von 95%, eines der Qualitätsstufe B mit einer Wahrscheinlichkeit von 70%. Ein Gemüseanbaubetrieb kauft Samenkörner beider Qualitätsstufen, davon 65% der Qualitätsstufe A.

a1) Stellen Sie den Sachverhalt in einem beschrifteten Baumdiagramm dar.

a2) Bestimmen Sie die Wahrscheinlichkeit dafür, dass es sich bei einem zufällig ausgewählten keimenden Samenkorn um ein Samenkorn der Qualitätsstufe B handelt.

Der Anbaubetrieb sät 200 Samenkörner der Qualitätsstufe B.

a3) Bestimmen Sie für folgende Ereignisse jeweils die Wahrscheinlichkeit:
E: «Von den gesäten Samenkörnern keimen genau 140.»
F: «Von den gesäten Samenkörnern keimen mehr als 130 und weniger als 150.»

a4) Beschreiben Sie die Bedeutung des folgenden Terms im Sachzusammenhang:

$$1-\left(\sum_{i=0}^{120}\binom{200}{i}\cdot 0,7^{i}\cdot 0,3^{200-i}+\sum_{i=160}^{200}\binom{200}{i}\cdot 0,7^{i}\cdot 0,3^{200-i}\right)$$

(14 P)

b) Keimt ein Samenkorn, so wächst daraus eine Gurkenpflanze heran. Pro Pflanze der Qualitätsstufe B kann im Mittel die gleiche Anzahl von Gurken geerntet werden wie bei Pflanzen der Qualitätsstufe A. Es besteht das Risiko, dass ein Samenkorn zwar keimt, durch Wettereinflüsse oder Schädlinge aber keine erntereife Pflanze heranwächst. Dieses Risiko beträgt für alle gekeimten Samenkörner der Qualitätsstufe A 15% und für alle gekeimten Samenkörner der Qualitätsstufe B 25%.
Der Preis pro Samenkorn beträgt für die Qualitätsstufe A 17 Cent und für die Qualitätsstufe B 12 Cent. Der Anbaubetrieb verkauft alle geernteten Gurken zum gleichen Preis. Prüfen Sie, ob es für den Anbaubetrieb finanziell sinnvoll wäre, sich auf Samenkörner der Qualitätsstufe B zu beschränken, indem Sie die Samenkosten pro erntereifer Gurkenpflanze bestimmen.

(6 P)

c) Der Großhändler behauptet, dass sich die Wahrscheinlichkeit für das Keimen eines Samenkorns der Qualitätsstufe B durch eine Weiterentwicklung auf mehr als 70% erhöht habe. Dazu werden nach der Weiterentwicklung 100 Samenkörner der Qualitätsstufe B zufällig ausgewählt und gesät.

c1) Ermitteln Sie die Entscheidungsregel für einen Hypothesentest, der das Ziel hat, die Behauptung des Großhändlers auf einem Signifikanzniveau von 5% zu stützen.

c2) Bestimmen Sie für den oben konzipierten Test die Wahrscheinlichkeit für den Fehler zweiter Art unter der Voraussetzung, dass die Keimwahrscheinlichkeit auf 80% gestiegen ist.

(12 P)

d) Von einer dritten Qualitätsstufe C werden 50 Samenkörner gesät. Von diesen keimen 27. Aus diesem Stichprobenergebnis soll nun die Keimwahrscheinlichkeit eines Samenkorns der Qualitätsstufe C abgeschätzt werden.

d1) Prüfen Sie, ob eine Keimwahrscheinlichkeit von 60% ($p = 0{,}6$) mit dem Stichprobenergebnis 27 auf einem Signifikanzniveau von 5% verträglich ist. Das ist genau dann der Fall, wenn das Stichprobenergebnis im 95%-Annahmebereich der Hypothese $H\colon\ p = 0{,}6$ liegt.

d2) Bestimmen Sie zu dem Stichprobenergebnis die obere Grenze des zugehörigen 95%-Konfidenzintervalls für die Keimwahrscheinlichkeit auf 3 Dezimalen genau.

(8 P)

2 Abitur 2018

Tipps ab Seite 80, Lösungen ab Seite 142

Abitur 2018 Mathematik – HMF

HMF 1 - Analytische Geometrie (Pool 1)

Gegeben sind die Geraden $g\colon \vec{x} = \begin{pmatrix} 3 \\ -3 \\ 3 \end{pmatrix} + r \cdot \begin{pmatrix} 3 \\ 0 \\ -1 \end{pmatrix}$ mit $r \in \mathbb{R}$ und

$h\colon \vec{x} = \begin{pmatrix} 3 \\ -3 \\ 3 \end{pmatrix} + s \cdot \begin{pmatrix} 1 \\ 0 \\ 3 \end{pmatrix}$ mit $s \in \mathbb{R}$.

1.1 Geben Sie die Koordinaten des Schnittpunkts von g und h an.
Zeigen Sie, dass g und h senkrecht zueinander verlaufen. (2 P)

1.2 Die Ebene E enthält die Geraden g und h.
Bestimmen Sie eine Gleichung von E in Koordinatenform. (3 P)

HMF 2 - Analytische Geometrie (Pool 1)

Gegeben sind die Gerade $g\colon \vec{x} = \begin{pmatrix} 1 \\ 1 \\ 4 \end{pmatrix} + r \cdot \begin{pmatrix} 0 \\ -3 \\ -4 \end{pmatrix}$ und die Ebene $E\colon 4x_2 - 3x_3 = 25$.

2.1 In jeder Zeile ist genau eine Aussage richtig. Kreuzen Sie diese an.

Die Gerade g ist parallel zur ...

☐ x_1x_2-Ebene. ☐ x_1x_3-Ebene. ☐ x_2x_3-Ebene.

Die Gerade g hat zur x_2x_3-Ebene den Abstand ...

☐ 0. ☐ 1. ☐ 4.

Die Gerade g ...

☐ verläuft orthogonal zu E. ☐ verläuft echt parallel zu E. ☐ liegt in E.

(3 P)

2.2 Berechnen Sie den Abstand der Ebene E vom Ursprung. (2 P)

HMF 3 - Analytische Geometrie (Pool 1)

Gegeben sind die Ebene E: $x_2 - 3x_3 = -19$ sowie die Punkte $P(1 \mid 2 \mid 2)$, $Q(1 \mid -1 \mid 11)$ und $S(-2 \mid -4 \mid 5)$.

3.1 Zeigen Sie, dass S in der Ebene E liegt. (1 P)

3.2 Weisen Sie nach, dass die Gerade durch P und Q senkrecht zu E steht. (2 P)

3.3 Die Punkte P und Q haben den gleichen Abstand von der Ebene E.
Die Punkte S und P legen die Gerade g fest. Spiegelt man g an E, so erhält man die Gerade h.
Geben Sie eine Gleichung von h an. (2 P)

HMF 4 - Analysis (Pool 1)

Gegeben ist die Funktion f mit $f(x) = -x^3 + 3x^2 - 2x$ und $x \in \mathbb{R}$. Die Abbildung zeigt ihren Graphen G_f, der bei $x = 1$ den Wendepunkt W hat.

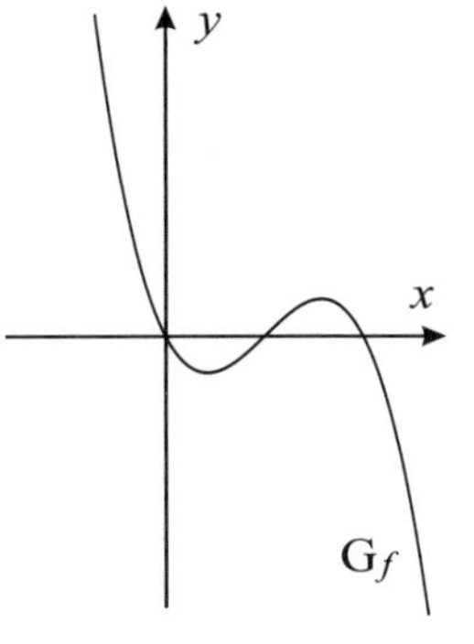

4.1 Zeigen Sie, dass die Tangente an G_f im Punkt W die Steigung 1 hat. (2 P)

4.2 Betrachtet werden die Geraden mit positiver Steigung m, die durch W verlaufen. Geben Sie die Anzahl der Schnittpunkte dieser Geraden mit G_f in Abhängigkeit von m an. (3 P)

HMF 5 - Analysis (Pool 1)

5.1 Es ist jeweils genau eine Lösung richtig. Kreuzen Sie diese an.
Der Graph der Funktion h mit $h(x) = x^2 + e^x$ und $x \in \mathbb{R}$ verläuft durch den Punkt

☐ $(2 \mid 4 + e)$. ☐ $(0 \mid 1)$. ☐ $(1 \mid 0)$.

Der Graph von h hat an der Stelle 1 eine Steigung von

☐ 0. ☐ $1 + e$. ☐ $2 + e$.

(2 P)

5.2 Gegeben sind die Funktionen f und g mit $f(x) = e^x$ und $g(x) = e \cdot \ln(x) + e$.
Zeigen Sie, dass die Funktionen f und g an der Stelle 1 den gleichen Funktionswert und ihre Graphen dort die gleiche Steigung haben. (3 P)

HMF 6 - Analysis (Pool 2)

Gegeben sei die Funkionenschar f_k mit $f_k(x) = k \cdot e^{kx} - x^3$ und $k \in \mathbb{R}$.

6.1 Bestimmen Sie den Parameter k so, dass der zugehörige Graph durch den Punkt $P(0 \mid 1)$ verläuft. (2 P)

6.2 Berechnen Sie den Parameter k so, dass $\int_0^2 f_k(x)\mathrm{d}x = e - 5$ gilt. (3 P)

HMF 7 - Stochastik (Pool 1)

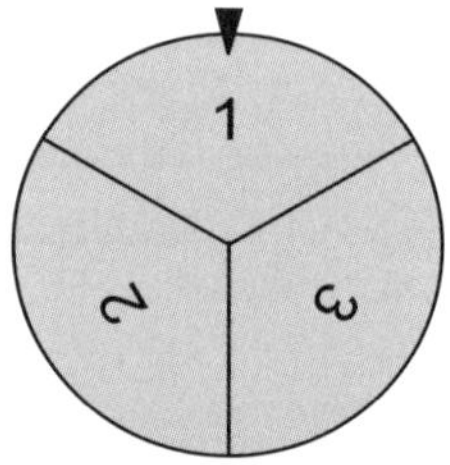

Ein Glücksrad mit drei gleich großen Sektoren ist wie abgebildet beschriftet. Das Glücksrad wird zweimal gedreht.

7.1 Die Zufallsgröße X gibt die Summe der beiden erzielten Zahlen an. Ergänzen Sie in der folgenden Tabelle die fehlenden Werte.

k	2	3	4	5	6
$P(X = k)$	$\frac{1}{9}$		$\frac{1}{3}$		

(2 P)

7.2 Betrachtet werden die Ereignisse A und B:
A: «Es wird $(1;3)$, $(2;2)$ oder $(3;1)$ erzielt.»
B: «Beim ersten Drehen wird eine 2 erzielt.»
Untersuchen Sie, ob A und B stochastisch unabhängig sind. (3 P)

HMF 8 - Stochastik (Pool 2)

Die Zufallsgrößen X und Y können jeweils nur die Werte 3, 4 und 5 annehmen.

8.1 Für die Zufallsgröße X gilt: $P(X = 3) = \frac{1}{3}$, $P(X = 4) = \frac{1}{4}$.
Bestimmen Sie den Erwartungswert von X. (2 P)

8.2 Für die Zufallsgröße Y gilt: $P(Y = 3) = \frac{1}{3}$, $P(Y = 4) \geqslant \frac{1}{6}$ und $P(Y = 5) \geqslant \frac{1}{6}$.
Bestimmen Sie alle Werte, die für den Erwartungswert von Y infrage kommen. (3 P)

Tipps ab Seite 81, Lösungen ab Seite 150

Abitur 2018 Mathematik – Analysis Aufgabe 1

Abbildung 1 zeigt schematisch drei Bahnen, auf denen sich eine Kugel beim Kugelstoßen bewegen kann. Im verwendeten Koordinatensystem entspricht eine Längeneinheit 1m in der Realität; die x-Achse beschreibt den horizontal verlaufenden Boden. Die Kugel soll als punktförmig angenommen werden.

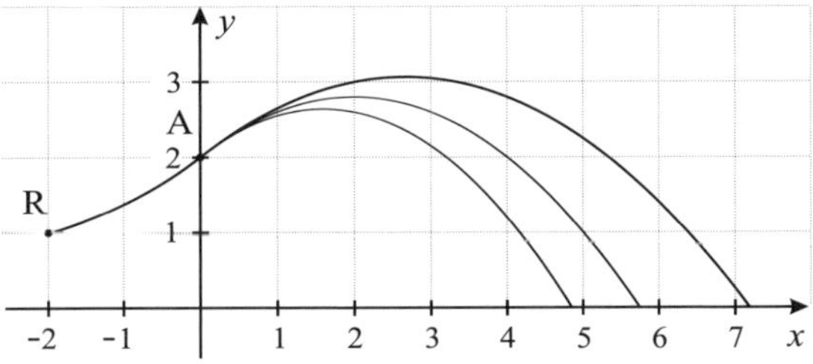

Abbildung 1

Die Kugel wird aus der Ruhelage (R) beschleunigt, bis sie im Abstoßpunkt (A) die Hand der Athletin verlässt. Die anschließende Flugkurve der Kugel ist abhängig von ihrer Geschwindigkeit beim Absoßen. Damit verändert sich insbesondere die Stoßweite, d.h. der Abstand zwischen dem Punkt $(0 \mid 0)$ und dem Auftreffpunkt auf dem Boden.
Die Bahn der Kugel von der Ruhelage bis zum Abstoßpunkt kann modellhaft durch die Funktion f mit $f(x) = 0{,}4 + 1{,}6 \cdot e^{0{,}5 \cdot x}$ und $x \in [-2\,;\,0]$ beschrieben werden.

a) a1) Berechnen Sie die Länge der Strecke $\overline{\text{RA}}$ mit $\text{R}\,(-2 \mid f(-2))$, die näherungsweise der Länge der Bahn der Kugel von der Ruhelage bis zum Abstoßpunkt entspricht. (2 P)

a2) Berechnen Sie den Abstand der Kugel von der zur y-Achse parallelen Gerade durch R, wenn sie sich in der Hand der Athletin $1{,}50\,\text{m}$ über dem Boden befindet. (4 P)

a3) Während eines Stoßes wurde die Höhe der Kugel über dem Boden an fünf Stellen gemessen. Die fünf Stellen werden im Modell durch die x-Werte x_1 bis x_5 dargestellt, die gemessenen Höhen werden mit h_1 bis h_5 bezeichnet.
Beurteilen Sie die folgende Aussage:
Wenn der Wert des Terms $\left|\sum_{i=1}^{5} (h_i - f(x_i))\right|$ klein ist, dann werden die gemessenen Höhen durch die Werte, die das Modell liefert, gut beschrieben. (3 P)

b) Nach dem Abstoßen der Kugel lässt sich jede mögliche Flugkurve mithilfe einer der Funktionen p_a mit $p_a(x) = -ax^2 + bx + 2$ und $a > 0$ beschreiben. Alle möglichen Bahnen der Kugel weisen im Abstoßpunkt A keinen Knick auf.

b1) Ermitteln Sie den Wert von b. (4 P)

Verwenden Sie im Folgenden p_a mit $p_a(x) = -ax^2 + 0,8x + 2$.

b2) Berechnen Sie denjenigen Wert von a, für den der Graph von p_a durch den Punkt $(3 \mid 3,5)$ verläuft. (2 P)

b3) Bei der Flugkurve zu $a = 0,1$ beträgt die Stoßweite 10 m. Berechnen Sie die Größe des Winkels, unter dem die Kugel auf den Boden aufrtifft. (3 P)

b4) Zeigen Sie, dass $\left(\frac{0,4}{a} \mid 2 + \frac{0,16}{a}\right)$ der einzige Hochpunkt des Graphen von p_a ist. (4 P)

b5) Weisen Sie nach, dass die Hochpunkte aller Graphen von p_a auf einer gemeinsamen Geraden liegen. (3 P)

c) Der Zusammenhang zwischen den Werten von a und den Stoßweiten s mit $s > 0$ lässt sich durch die Gleichung $a = \frac{0,8}{s} + \frac{2}{s^2}$ darstellen.

c1) Leiten Sie diese Gleichung her. (3 P)

c2) Bei einem Stoß beträgt die Stoßweite 20 m. Berechnen Sie die größte Höhe über dem Boden, die die Kugel bei diesem Stoß erreicht. (4 P)

d) Abbildung 2 zeigt den Graphen der Funktion g mit $g(s) = \frac{0,8}{s} + \frac{2}{s^2}$ mit $s > 0$.

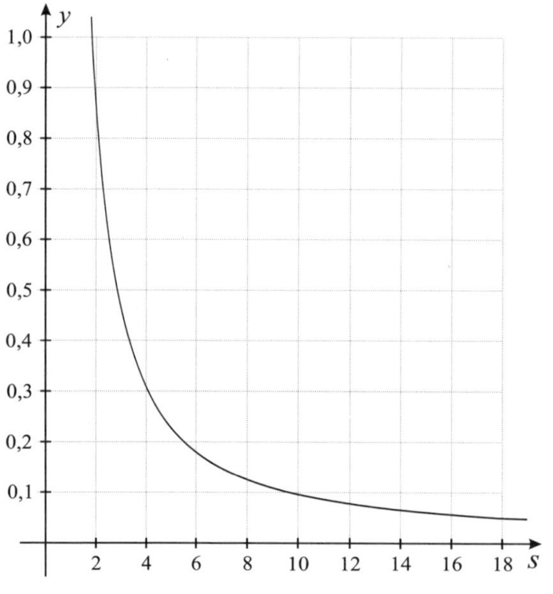

Abbildung 2

d1) Geben Sie eine Stammfunktion von g an. (2 P)

d2) Zeichnen Sie in Abbildung 2 die beiden Parallelen zur s-Achse ein, die durch die Punkte des Graphen mit den s-Koordinaten 2 bzw. 10 verlaufen. (2 P)

d3) Berechnen Sie den Inhalt des Flächenstücks, das der Graph mit der y-Achse und den beiden eingezeichneten Parallelen einschließt. (4 P)

Tipps ab Seite 82, Lösungen ab Seite 155

Abitur 2018 Mathematik – Analysis Aufgabe 2

Da das Grillen im Winter immer beliebter wird, untersucht der Hersteller eines Gasgrills den Temperaturverlauf während eines Grillvorgangs bei einer Umgebungstemperatur von 8° C.
Zwei Minuten nach Beginn der Messung wird der Deckel für einen gewissen Zeitraum geöffnet, um Grillgut aufzulegen. Die durch den Temperaturfühler im Deckel gewonnenen Messpunkte liegen auf dem Graphen einer Funktion f mit

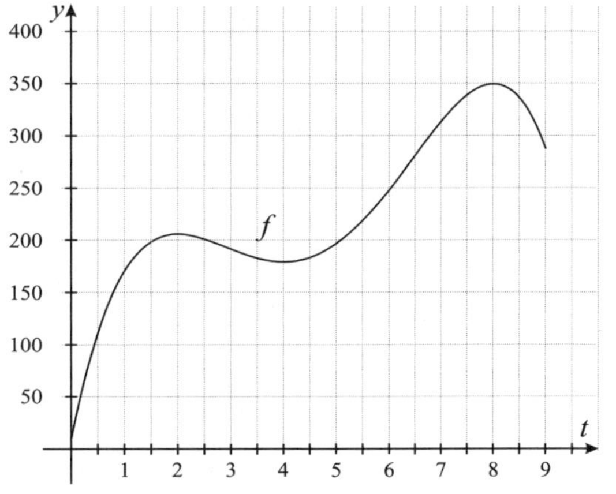

$$f(t) = -t^4 + \frac{56}{3}t^3 - 112t^2 + 256t + 8 \;;\; 0 \leqslant t \leqslant 9$$

Dabei gibt t die Zeit in Minuten und $f(t)$ die Temperatur am Temperaturfühler in °C an.

a) a1) Bestimmen Sie mit Hilfe der Grafik auf dem Beiblatt sowohl die Temperatur als auch die momentane Temperaturänderungsrate sechs Minuten nach Beginn der Messung. (4 P)

a2) Berechnen Sie die maximale Temperatur. (6 P)

a3) Berechnen Sie die durchschnittliche Temperatur über dem Zeitintervall $[0; 9]$. (3 P)

a4) Der Hersteller behauptet, dass die momentane Temperaturänderungsrate zu Beginn des Grillvorgangs 5° C pro Sekunde erreicht. Zeigen Sie rechnerisch, dass diese Behauptung bei dem untersuchten Grillvorgang nicht zutrifft. (3 P)

b) Nach 9 Minuten kühlt der ausgeschaltete Grill bei geöffnetem Deckel weiter ab. Die bei der Abkühlung gewonnenen Messpunkte liegen auf dem Graphen einer Funktion $g_{a;b}$ mit

$$g_{a;b}(t) = a \cdot e^{-b\cdot(t-9)} + 7 \;;\; 9 \leqslant t \leqslant 20;\; a > 0 \;;\; b > 0.$$

Es gilt $g_{a;b}{}'(t) = -a \cdot b \cdot e^{-b\cdot(t-9)}$.

b1) Beweisen Sie, dass die Graphen der Funktionen $g_{a;b}$ für alle $a > 0$ und $b > 0$ an jeder Stelle t fallen. (2 P)

b2) Die Graphen der Funktionen $g_{a;b}''$ verlaufen für alle $a > 0$ und $b > 0$ vollständig oberhalb der t-Achse. Erläutern Sie die Bedeutung dieser Eigenschaft für die Graphen der Funktionen $g_{a;b}$. (2 P)

b3) Auf dem Beiblatt ist der Graph einer Funktion $g_{a;b}$ abgebildet, der knickfrei an den Graphen von f anschließt. Bestimmen Sie die zugehörigen Parameter a und b. (5 P)

c) Im Folgenden wird die Funktion g mit

$$g(t) = g_{280;0,5}(t) = 280 \cdot e^{-0,5\cdot(t-9)} + 7\;;\; 9 \leqslant t \leqslant 20$$

und die durch die Funktion g beschriebene Abkühlungsphase betrachtet.

c1) Ermitteln Sie den Zeitpunkt t, an dem die momentane Temperaturänderungsrate gleich der mittleren Temperaturänderungsrate der Abkühlungsphase ist. (4 P)

c2) Berechnen Sie das zweiminütige Zeitintervall, in dem die Temperatur um genau 100° C sinkt. (3 P)

d) Der Graph von f, der Graph von g und die t-Achse begrenzen über dem Intervall $[0; 20]$ eine Fläche F.

d1) Berechnen Sie den Inhalt A dieser Fläche F.
[Kontrolle: $A \approx 2666,91$] (3 P)

d2) Durch den Punkt $M(m \mid 0)$ verläuft eine zur y-Achse parallele Gerade, die die Fläche F in zwei flächeninhaltsgleiche Teile zerlegt.
Ermitteln Sie den Wert m. (5 P)

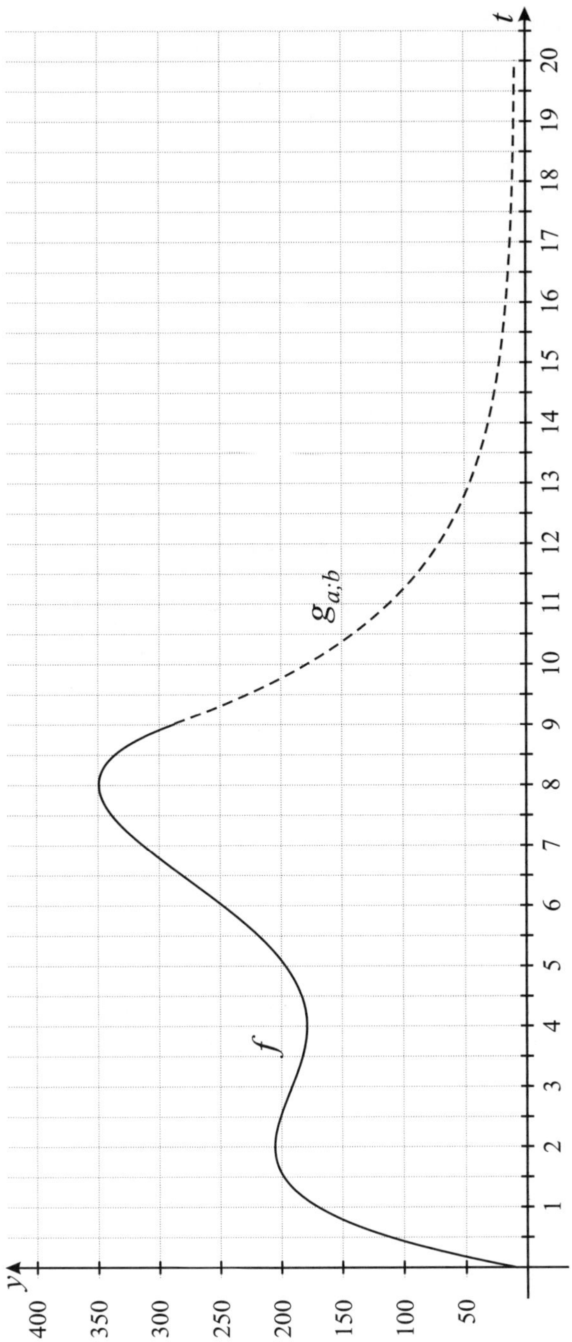
y
t
f
$g_{a;b}$
50
100
150
200
250
300
350
400
1
2
3
4
5
6
7
8
9
10
11
12
13
14
15
16
17
18
19
20

Tipps ab Seite 83, Lösungen ab Seite 161

Abitur 2018 Mathematik
Analytische Geometrie Aufgabe 3

Die Punkte A(4 | 0 | 0), B(4 | 4 | 0), C(0 | 4 | 0), F(4 | 4 | 3), und H(0 | 0 | 3), sind Eckpunkte des abgebildeten Quaders. Die Gerade h verläuft durch B und F.

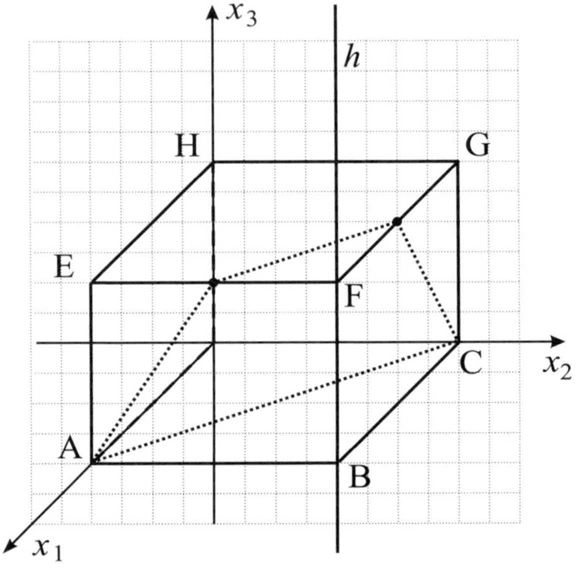

a) a1) Begründen Sie, dass das Dreieck ABC rechtwinklig und gleichschenklig ist. Geben Sie den Flächeninhalt dieses Dreiecks an. (3 P)

a2) Geben Sie eine Gleichung der Geraden g an, die durch A und C verläuft. Begründen Sie, dass diese Gerade windschief zur Geraden h ist. (3 P)

a3) Bestimmen Sie den Abstand von g zur Geraden durch B und H. (5 P)

a4) Berechnen Sie den Flächeninhalt des Dreiecks ACH. (3 P)

b) Die Punkte der Geraden h lassen sich durch $P_t(4 \mid 4 \mid t)$ mit $t \in \mathbb{R}$ darstellen. Für jeden Wert von t liegen A, C und P_t in der Ebene $E_t: t \cdot x_1 + t \cdot x_2 - 4 \cdot x_3 - 4 \cdot t = 0$.

b1) Ermitteln Sie diejenigen Werte von t, für die die zugehörige Ebene E_t mit der x_1x_2-Ebene einen Winkel der Größe 60° einschließt. (4 P)

Der abgebildete Quader wird durch eine der Ebenen E_t in zwei Teilkörper zerlegt. Die Seiten der Schnittfigur dieser Ebene und des Quaders sind in der Abbildung gepunktet dargestellt.

b2) Beschreiben Sie, wie man mit Hilfe der Abbildung den Wert von t ermitteln kann. (3 P)

b3) Es ist $t = 6$. Berechnen Sie das Volumen desjenigen der beiden Teilkörper, zu dem der Punkt B gehört, und erläutern Sie Ihr Vorgehen. (5 P)

Es gibt Werte von t, für die die Schnittfigur des Quaders und der Ebene E_t die Form eines Dreiecks hat.

b4) Geben Sie alle diese Werte von t an und beschreiben Sie in Abhängigkeit von t die Lage der Eckpunkte des Dreiecks. (4 P)

c) Es sei jetzt $t > 3$. Q_t sei der Schnittpunkt von E_t mit der Strecke $\overline{EF}$ und R_t sei der Schnittpunkt von E_t mit der Strecke $\overline{FG}$.

c1) Berechnen Sie die Koordinaten von Q_t.
[Kontrolle: $Q_t\left(4 \mid \frac{12}{t} \mid 3\right)$] (4 P)

c2) Geben Sie die Koordinaten von R_t an und berechnen Sie die Länge der Strecke $\overline{Q_tR_t}$ in Abhängigkeit von t. (3 P)

d) Die folgende Aussage stellt die Lösung einer Aufgabe im Zusammenhang mit den bisher betrachteten geometrischen Objekten dar:

$$\left|\frac{t\cdot 4+t\cdot 4-4\cdot 0-4\cdot t}{\sqrt{t^2+t^2+16}}\right| = 2 \;\Leftrightarrow\; t=-2\sqrt{2} \;\vee\; t=2\sqrt{2}$$

Formulieren Sie eine dazu passende Aufgabenstellung. (3 P)

Tipps ab Seite 85, Lösungen ab Seite 167

Landesabitur 2018 Mathematik
Stochastik Aufgabe 4

Alle in Ihren Lösungen verwendeten Zufallsgrößen müssen explizit eingeführt werden. Machen Sie auch Angaben über die Verteilung der jeweiligen Zufallsgrößen.

Eine Firma stellt Flachbildschirme her. Im Mittel ist einer von fünf hergestellten Bildschirmen fehlerhaft.

a) Es soll angenommen werden, dass die Anzahl fehlerhafter Geräte unter zufällig ausgewählten Bildschirmen durch eine binomialverteilte Zufallsgröße beschrieben werden kann.
Berechnen Sie die Wahrscheinlichkeiten folgender Ereignisse:
A: «Von 50 zufällig ausgewählten Bildschirmen sind höchstens 8 fehlerhaft.»
B: «Von 200 zufällig ausgewählten Bildschirmen sind mehr als 15% und weniger als 25% fehlerhaft.»
C: «Von 10 zufällig ausgewählten Bildschirmen sind genauso viele fehlerhaft, wie zu erwarten ist.» (8 P)

b) Fehler der Bildschirme treten am häufigsten in Form eines defekten Displays sowie in Form eines defekten Netzteils auf. Für einen zufällig ausgewählten Bildschirm beträgt die Wahrscheinlichkeit dafür, dass

- das Display defekt ist, $10,7\,\%$
- das Display und das Netzteil defekt sind, $1\,\%$
- weder das Display noch das Netzteil defekt ist, $87,3\,\%$.

b1) Stellen Sie den Sachverhalt in einer vollständig ausgefüllten Vierfeldertafel dar. (4 P)

b2) Berechnen Sie die Wahrscheinlichkeit dafür, dass entweder das Display oder das Netzteil defekt ist. (2 P)

b3) Berechnen Sie die Wahrscheinlichkeit dafür, dass ein Bildschirm mit einem defekten Netzteil ein nicht-defektes Display hat. (2 P)

b4) Untersuchen Sie, ob die beiden betrachteten Defekte unabhängig voneinander auftreten. (3 P)

c) Ein Mitarbeiter der Firma bezweifelt, dass im Mittel einer von fünf Bildschirmen fehlerhaft ist. Um einen Schätzwert für den Anteil fehlerhafter Geräte zu ermitteln, zieht er eine Stichprobe vom Umfang 180. In der Stichprobe sind 27 Bildschirme fehlerhaft.

c1) Zeigen Sie, dass der Mitarbeiter bei diesem Testergebnis die Hypothese: «Im Mittel ist einer von fünf Bildschirmen fehlerhaft» auf einem Signifikanzniveau von 5% nicht verwerfen kann.
Entscheiden Sie, ob die Zweifel des Mitarbeiters damit ausgeräumt sind. (9 P)

Bei hinreichend großem Stichprobenumfang n kann aus der relativen Häufigkeit h, die sich bei der Durchführung des Tests ergibt, die Obergrenze p_{max} bzw. Untergrenze p_{min} des 95%-Konfidenzintervalls folgendermaßen näherungsweise berechnet werden:

$$p_{max} \approx h + 1{,}96 \cdot \sqrt{\frac{h \cdot (1-h)}{n}} \; ; \; p_{min} \approx h - 1{,}96 \cdot \sqrt{\frac{h \cdot (1-h)}{n}}$$

c2) Bestimmen Sie damit das zu dem Testergebnis 27 gehörende 95%-Konfidenzintervall. (3 P)

c3) Zeigen Sie mit Hilfe der oben genannten Näherungsformeln allgemein, dass sich die Länge eines 95%-Konfidenzintervalls bei Verdoppelung des Stichprobenumfangs n und gleicher relativer Häufigkeit h verkleinert, aber nicht halbiert. (4 P)

d) Tatsächlich sind 20% aller Bildschirme fehlerhaft.
Bei einer abschließenden Prüfung werden alle fehlerfreien Bildschirme auch als fehlerfrei eingestuft. Die Wahrscheinlichkeit dafür, dass ein fehlerhafter Bildschirm als fehlerhaft eingestuft wird, wird mit x bezeichnet. Ein im Rahmen der Prüfung als fehlerfrei eingestufter Bildschirm wird zufällig ausgewählt.

Bestimmen Sie den kleinstmöglichen Wert von x, für den die Wahrscheinlichkeit dafür, dass dieser Bildschirm fehlerhaft ist, höchstens 5% beträgt. (5 P)

3 Abitur 2019

Tipps ab Seite 87, Lösungen ab Seite 172

Abitur 2019 Mathematik – HMF HMF 1 - Analytische Geometrie (Pool 1)

Gegeben sind die Punkte A(0 | 0 | 4), B(2 | 2 | 2) und C(0 | 3 | 1).

1.1 Ermitteln Sie die Koordinaten des Punktes D, so dass das Viereck ABCD ein Parallelogramm mit einer Beschriftung der Eckpunkte im üblichen Umlaufsinn ist. (2 P)

1.2 Zeigen Sie, dass der Innenwinkel des Vierecks ABCD bei Punkt B ein rechter Winkel ist. (2 P)

1.3 Überprüfen Sie, ob es sich bei dem Viereck ABCD um ein Quadrat handelt. (1 P)

HMF 2 – Analytische Geometrie (Pool 1)

Die Gerade $g: \vec{x} = \begin{pmatrix} 0 \\ 2 \\ 0 \end{pmatrix} + r \cdot \begin{pmatrix} 2 \\ 4 \\ 1 \end{pmatrix}$ mit $r \in \mathbb{R}$ und die Ebene E: $x_1 + 2x_2 - 2x_3 = 2$

schneiden sich im Punkt S.

2.1 Berechnen Sie die Koordinaten von S. (3 P)

2.2 Der Punkt P_1 liegt auf g, aber nicht in E.
Die Abbildung zeigt die Ebene E, die Gerade g sowie einen Repräsentanten des Vektors $\overrightarrow{SP_1}$.
Für den Punkt P_2 gilt $\overrightarrow{OP_2} = \overrightarrow{OP_1} - 4 \cdot \overrightarrow{SP_1}$, wobei O den Koordinatenursprung bezeichnet.
Zeichnen Sie die Punkte S, P_1 und P_2 in die Abbildung ein.

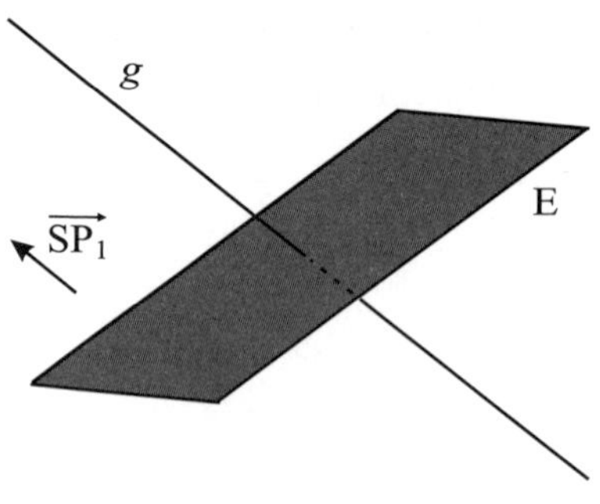

(2 P)

HMF 3 – Analytische Geometrie (Pool 2)

3.1 Die Ebene E: $3x_1 + 2x_2 + 2x_3 = 6$ enthält einen Punkt, dessen drei Koordinaten übereinstimmen.
Bestimmen Sie diese Koordinaten. (2 P)

3.2 Begründen Sie, dass folgende Aussage richtig ist:
«Es gibt unendlich viele Ebenen, die keinen Punkt enthalten, dessen drei Koordinaten übereinstimmen.» (3 P)

HMF 4 – Stochastik (Pool 1)

Ein Glücksrad besteht aus fünf gleich großen Sektoren. Einer der Sektoren ist mit «0» beschriftet, einer mit «1» und einer mit «2», die anderen beiden Sektoren sind mit «9» beschriftet.

4.1 Das Glücksrad wird viermal gedreht. Berechnen Sie die Wahrscheinlichkeit dafür, dass die Zahlen 2, 0, 1 und 9 in der angegebenen Reihenfolge erzielt werden. (2 P)

4.2 Das Glücksrad wird zweimal gedreht. Bestimmen Sie die Wahrscheinlichkeit dafür, dass die Summe der erzielten Zahlen mindestens 11 ist. (3 P)

HMF 5 – Stochastik (Pool 1)

In einem Fitness-Studio wurde eine Umfrage unter den weiblichen und männlichen Kunden durchgeführt, ob sie mit der Sauberkeit der Umkleideräume zufrieden sind.
Unter allen abgegebenen Fragebögen wird ein Bogen zufällig ausgewählt.
In der folgenden Vierfeldertafel sind einige Wahrscheinlichkeiten bereits eingetragen.
Dabei sind M: «Die Person ist männlich.» und Z: «Die Person ist mit der Sauberkeit zufrieden.»

	M	$\overline{M}$	
Z	$\frac{7}{16}$	$1/8$ $\frac{2}{16}$	$\frac{9}{16}$
$\overline{Z}$	$3/16$	$\frac{1}{4}$ $\frac{4}{16}$	$7/16$
	$5/8$ $\frac{10}{16}$	$\frac{3}{8}$ $6/16$	1 $\frac{16}{16}$

5.1 Ergänzen Sie die übrigen Einträge der Vierfeldertafel. (2 P)

5.2 Beschreiben Sie die Bedeutung des grau hinterlegten Feldes im Sachzusammenhang.
Eine Frau Beschwert sich. (1 P)

5.3 Berechnen Sie die Wahrscheinlichkeit dafür, dass eine zufällig ausgewählte Frau mit der Sauberkeit der Umkleideräume nicht zufrieden ist. (2 P)

HMF 6 – Analysis (Pool 1)

Der abgebildete Graph stellt eine Funktion f dar.

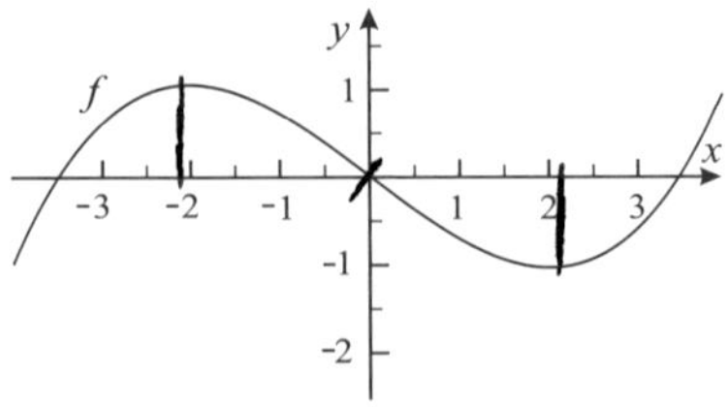

6.1 Einer der folgenden Graphen I, II oder III gehört zur ersten Ableitungsfunktion von f.

I
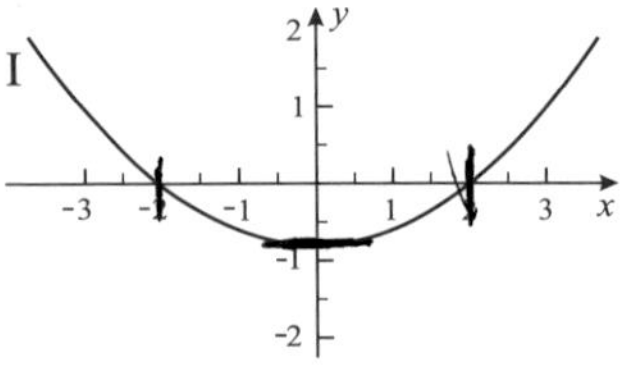

II
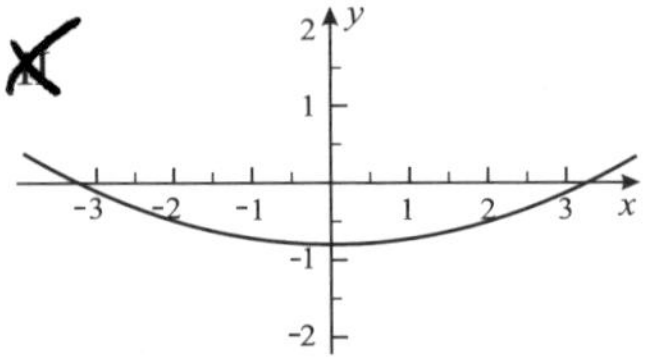

III
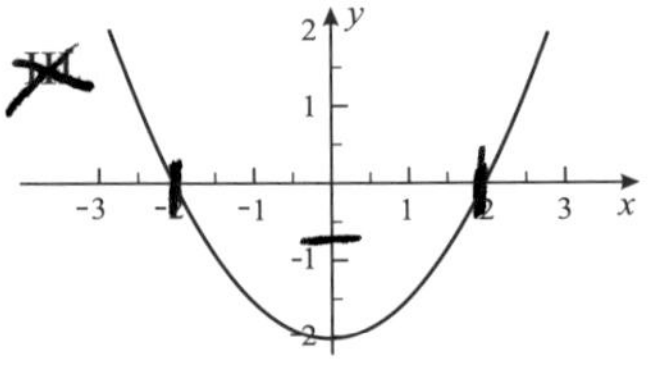

Geben Sie diesen Graphen an und begründen Sie, dass die beiden anderen Graphen dafür nicht infrage kommen. (3 P)

6.2 Die Funktion F ist eine Stammfunktion von f. Geben Sie das Monotonieverhalten von F im Intervall $[1;3]$ an. Begründen Sie Ihre Angabe. (2 P)

3 [1] Extrempunkte
2 Wendepunkte

HMF 7 – Analysis (Pool 1)

Gegeben ist die in $\mathbb{R} \setminus \{0\}$ definierte Funktion f mit $f(x) = 1 - \frac{1}{x^2}$, die die Nullstellen -1 und 1 hat. Die Abbildung zeigt den Graphen von f, der symmetrisch bezüglich der y-Achse ist.

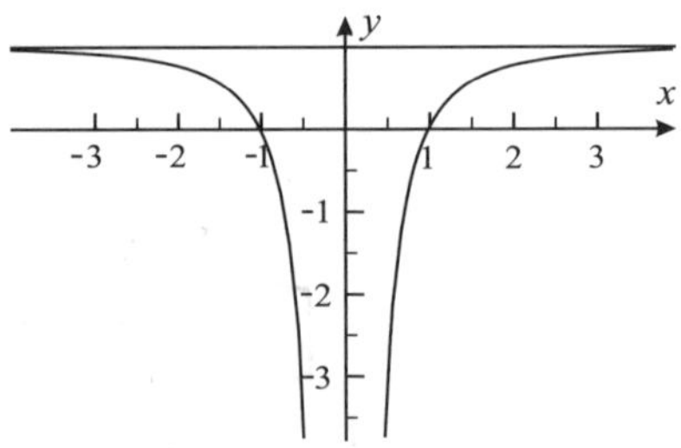

Weiterhin ist die Gerade g mit der Gleichung $y = -3$ gegeben.

7.1 Zeigen Sie, dass einer der Punkte, in denen g den Graphen von f schneidet, die x-Koordinate $\frac{1}{2}$ hat. (1 P)

7.2 Bestimmen Sie rechnerisch den Inhalt der Fläche, die der Graph von f, die x-Achse und die Gerade g einschließen. (4 P)

HMF 8 – Analysis (Pool 2)

Für jede reelle Zahl a ist die Funktion f_a durch $f_a(x) = x^2 + a \cdot (3 - 4x) + a^2$ gegeben.

8.1 Sei zunächst $a = 1$. Bestimmen Sie alle Nullstellen der Funktion f_1. (2 P)

8.2 Untersuchen Sie, ob der Punkt $P(1 \mid \frac{3}{4})$ Tiefpunkt des Graphen einer der Funktionen f_a ist. (3 P)

$f(x) = x^2 + (3 - 4x) + 1 = x^2 - 4x + 4$

$x_{1,2} = -\frac{4}{2} \pm \sqrt{\left(\frac{4}{2}\right)^2 - 4} = -2 \pm \sqrt{0} = -2$

$f_a(1) = 3/4 = 1^2 + a \cdot (3 - 4 \cdot 1) + a^2 = 1 - a + a^2$

$\Leftrightarrow (-1/4) = -a + a^2$

$\Leftrightarrow a = 0{,}5$

Tipps ab Seite 88, Lösungen ab Seite 178

Abitur 2019 Mathematik – Analysis Aufgabe 1

Zwischen zwei Orten A und B befindet sich ein Tal mit einem tiefsten Punkt T. Der Querschnitt des Tals kann durch den Graphen einer ganzrationalen Funktion f dritten Grades beschrieben werden, wobei $f(x)$ die Höhe über dem Meeresspiegel in Kilometern angibt. Im dargestellten Koordinatensystem entspricht eine Einheit einem Kilometer in der Wirklichkeit. Die Orte A und B sowie der Tiefpunkt T haben die Koordinaten $A(0 \mid 0,2)$, $B(1 \mid 0,3)$ und $T(0,5 \mid 0,13)$ (vgl. Abb. 1).

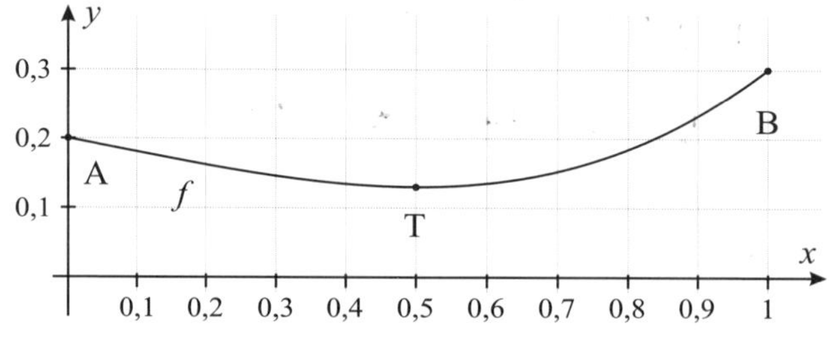

Abb. 1

Der Graph der Funktion f ist zusätzlich auf dem Beiblatt (Abb. 2) vergrößert dargestellt.

a) a1) Leiten Sie eine Gleichung der Funktion f her. (5 P)

Verwenden Sie im Folgenden $f(x) = 0,4x^3 - 0,12x^2 - 0,18x + 0,2$.

a2) Bestimmen Sie die Stelle, an der der Querschnitt des Tals eine Höhe von 240m über dem Meeresspiegel aufweist, und bestimmen Sie die Steigung an dieser Stelle. (2 P)

a3) Eine Person wandert von A nach T. Bestimmen Sie das durchschnittliche und das maximale Gefälle auf diesem Weg. (7 P)

Als Touristenattraktion soll zwischen den Punkten A und B eine Hängebrücke errichtet werden. Der Verlauf der Hängebrücke kann durch den Graphen einer Funktion g mit

$$g(x) = 0,2x^2 - 0,1x + 0,2$$

beschrieben werden.

b) b1) Ergänzen Sie die auf dem Beiblatt abgedruckte Wertetabelle und zeichnen Sie den Graphen auf das Beiblatt. (4 P)

b2) Berechnen Sie den Winkel α zwischen dem Verlauf der Hängebrücke und dem Querschnitt des Tals im Punkt B. (3 P)

c) c1) Es gibt Punkte auf der Hängebrücke, deren Höhe über dem Boden 50m beträgt. Zeichnen Sie diese Punkte auf dem Beiblatt ein. (2 P)

c2) Ermitteln Sie rechnerisch die größte Höhe der Hängebrücke über dem Boden. (5 P)

Die Länge L des Graphen der Funktion g über dem Intervall $[a;b]$ kann durch

$$\mathrm{L} = \int_a^b \sqrt{1+(g'(x))^2}\,\mathrm{d}x$$

berechnet werden.

c3) Berechnen Sie die Länge der Hängebrücke. (2 P)

c4) Begründen Sie, dass $\int_0^b \sqrt{1+(g'(x))^2}\,\mathrm{d}x > \sqrt{b^2+(g(b)-g(0))^2}$ für alle $0 < b \leqslant 1$ gilt. (3 P)

d) Auch die auf $\mathbb{R}$ definierte Funktion h mit $h(x) = \frac{1}{2} \cdot (\mathrm{e}^x + \mathrm{e}^{-x})$ kann zur Beschreibung von Hängebrücken verwendet werden.

Es gilt $h''(x) = h(x)$.

d1) Weisen Sie rechnerisch nach, dass $(h(x))^2 - (h'(x))^2 = 1$ gilt. (4 P)

d2) Leiten Sie her, dass $\int_\mathrm{a}^\mathrm{b} \sqrt{1+(h'(x))^2}\,\mathrm{d}x = h'(b) - h'(a)$ ist. (3 P)

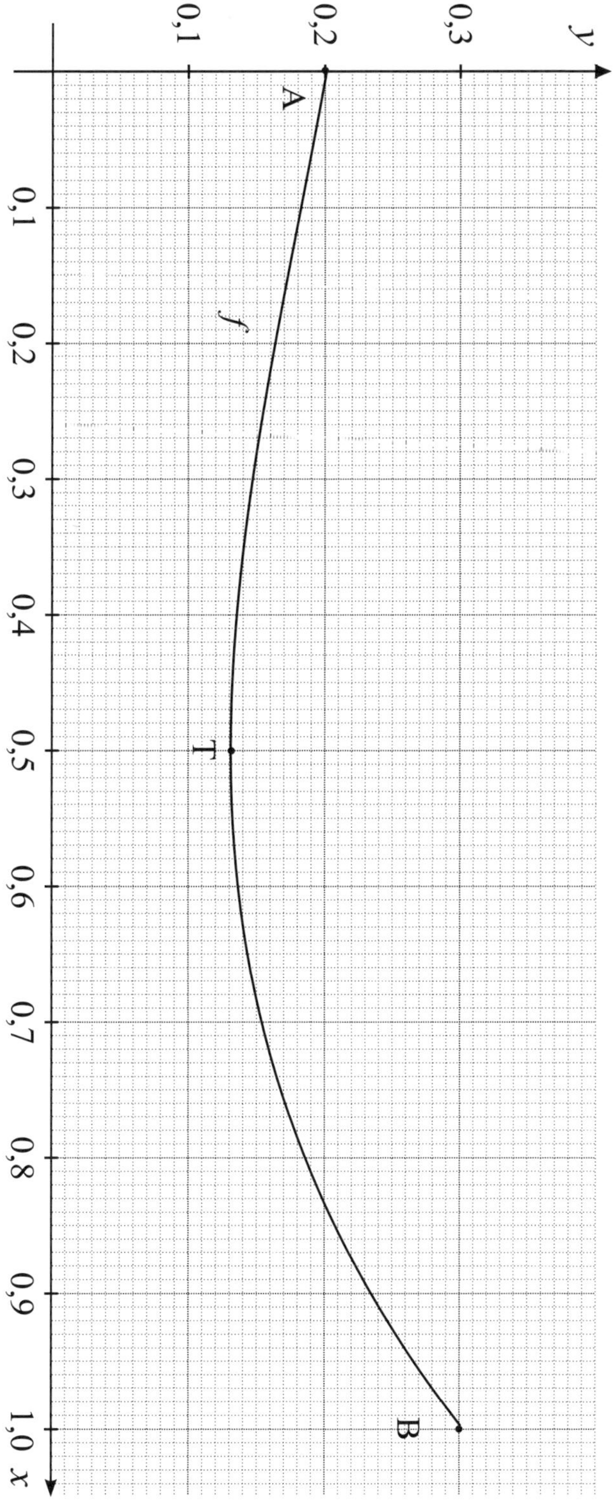

Abb. 2

Tipps ab Seite 90, Lösungen ab Seite 184

Abitur 2019 Mathematik – Analysis Aufgabe 2

Der Graph einer ganzrationalen Funktion g dritten Grades mit Definitionsbereich $\mathbb{R}$ hat den Tiefpunkt $(0 \mid 0)$ und den Wendepunkt $\left(-\frac{1}{2} \mid \frac{5}{4}\right)$.
Runden Sie im Folgenden alle Ergebnisse auf zwei Stellen nach dem Komma.

a) a1) Bestimmen Sie einen Funktionsterm von g. (5 P)

[Zur Kontrolle: $g(x) = \frac{5}{2}x^2 \cdot (2x+3)$]

a2) Erstellen Sie für $-1,5 \leqslant x \leqslant 0,5$ eine Wertetabelle für die Funktion g mit der Schrittweite $0,25$ und zeichnen Sie den Graphen. (4 P)

a3) Betrachtet wird die Tangente an den Graphen von g in dessen Wendepunkt (die sogenannte Wendetangente). Berechnen Sie die Größe des Winkels, unter dem diese Tangente die x-Achse schneidet. (3 P)

a4) Zeigen Sie, dass die Wendetangente von g und der Graph von g nur den Wendepunkt gemeinsam haben. (3 P)

b) Die Abbildung 1 zeigt den Graphen der auf $\mathbb{R}$ definierten Funktion h mit $h(x) = 5x^2 \cdot \mathrm{e}^{\frac{2}{3} \cdot x^3}$.

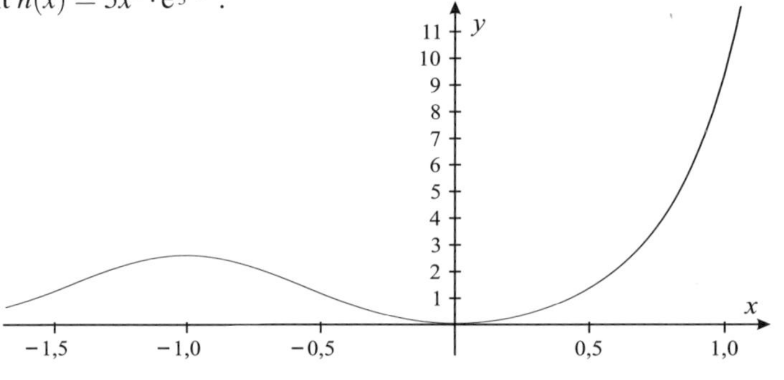

Abbildung 1

b1) Zeigen Sie, dass die Funktion h keine negativen Funktionswerte hat. (2 P)

b2) Zeigen Sie, dass $h'(x) = 10x \cdot \left(1 + x^3\right) \cdot \mathrm{e}^{\frac{2}{3} \cdot x^3}$ ein Term der ersten Ableitungsfunktion von h ist. (2 P)

b3) Die x-Achse ist eine waagerechte Tangente an den Graphen von h. Weisen Sie nach, dass neben der x-Achse die Gerade t mit $t(x) = 5 \cdot e^{-\frac{2}{3}}$ die einzige weitere waagerechte Tangente an den Graphen von h ist. (4 P)

b4) Die Tangente t und der Graph von h haben genau zwei Punkte gemeinsam. Berechnen Sie den Inhalt der Fläche, die von der Tangente t und dem Graphen von h vollständig eingeschlossen wird. (4 P)

c) c1) Bestimmen Sie die prozentuale Abweichung der mittleren Steigung des Graphen von g von der mittleren Steigung des Graphen von h im Bereich $-1 \leqslant x \leqslant 0$. (3 P)

c2) Es gilt $(h(1) - g(1)) \cdot (h(2) - g(2)) < 0$.
Geben Sie die Bedeutung dieser Tatsache hinsichtlich der gegenseitigen Lage der Graphen von g und h im Bereich $1 < x < 2$ an.
Begründen Sie Ihre Angabe. (4 P)

d) d1) Beurteilen Sie mithilfe der Abbildung 1 die folgende Aussage:
«Für $-1,5 \leqslant x \leqslant 1$ ändert sich beim Graphen jeder Stammfunktion von h genau einmal das Krümmungsverhalten.» (3 P)

d2) Einer der in Abbildung 2 abgebildeten Graphen I, II oder III ist der Graph der in $\mathbb{R}$ definierten Funktion H mit $\mathrm{H}(x) = \int_0^x h(t)\,\mathrm{d}t$.
Entscheiden Sie, welcher dies ist, und begründen Sie Ihre Entscheidung. (3 P)

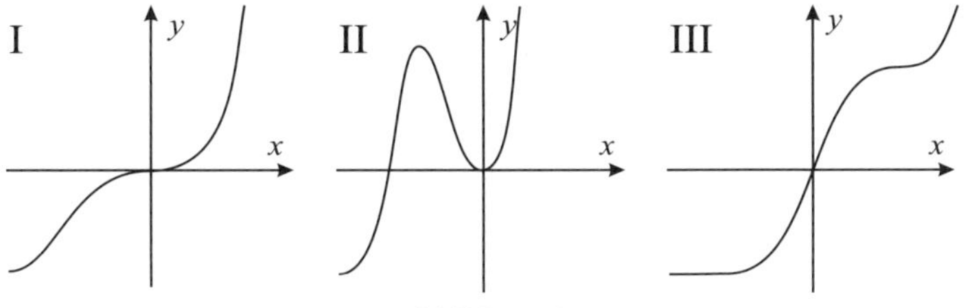

Abbildung 2

Tipps ab Seite 91, Lösungen ab Seite 189

Abitur 2019 Mathematik
Analytische Geometrie Aufgabe 3

Die Abbildung zeigt den Würfel EFGHPQRS mit E(0 | 0 | 0) und R(5 | 5 | 5) in einem kartesischen Koordinatensystem. Die Ebene T schneidet die Kanten des Würfels unter anderem in den Punkten A(5 | 0 | 1), B(2 | 5 | 0), C(0 | 5 | 2) und D(1 | 0 | 5).

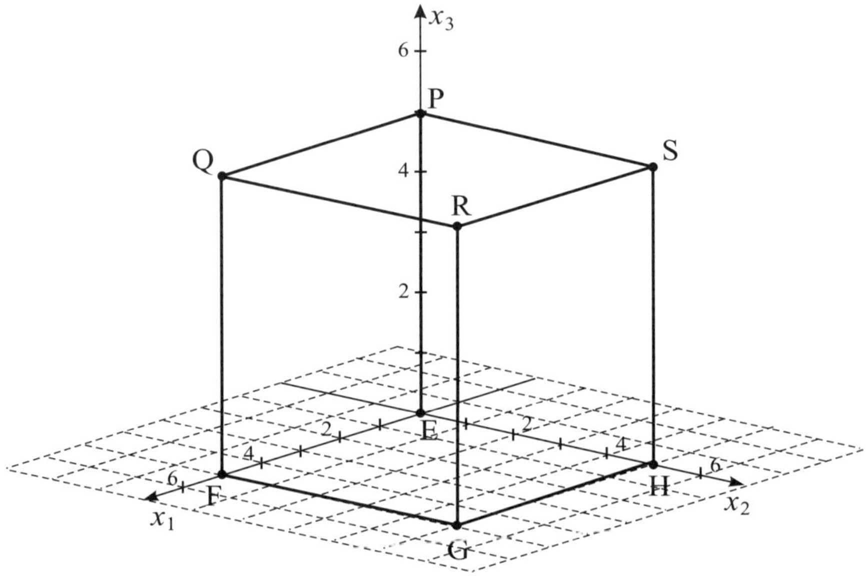

a) a1) Geben Sie die Koordinaten der Punkte G und S an. (2 P)

a2) Zeichnen Sie das Viereck ABCD in die Abbildung ein. (2 P)

a3) Zeigen Sie, dass das Viereck ABCD ein Trapez ist, bei dem zwei gegenüberliegende Seiten gleich lang sind. (3 P)

a4) Bestimmen Sie den Flächeninhalt des Vierecks ABCD. (4 P)

b) b1) Ermitteln Sie eine Gleichung der Ebene T in Koordinatenform.
[Zur Kontrolle: T: $5x_1 + 4x_2 + 5x_3 - 30 = 0$] (4 P)

b2) Die Ebene T schneidet die Kante $\overline{PS}$ des Würfels im Punkt Z.
Bestimmen Sie die Koordinaten des Punktes Z. (4 P)

c) Die Ebene T′ wird durch die Gleichung $-5x_1 + 4x_2 + 5x_3 - 5 = 0$ beschrieben.

c1) Berechnen Sie die Größe des Winkels, unter dem sich T und T′ schneiden. (3 P)

c2) Es gibt eine reelle Zahl a, so dass die Ebene T′ aus der Ebene T durch Spiegelung an der Ebene mit der Gleichung $x_1 = a$ hervorgeht.
Bestimmen Sie diese Zahl a. (4 P)

Betrachtet wird die Schar der Geraden

$$g_b : \vec{x} = \begin{pmatrix} 2,5 \\ 0 \\ 3,5 \end{pmatrix} + r \cdot \begin{pmatrix} 0 \\ -10b \\ \frac{2}{b} \end{pmatrix} \text{ mit } b \in \mathbb{R}^+ \text{ und } r \in \mathbb{R}.$$

c3) Begründen Sie, dass keine Gerade der Schar in der Ebene mit der Gleichung $x_3 = 3,5$ liegt. (2 P)

c4) Untersuchen Sie, ob die Schnittgerade von T und T′ zur betrachteten Schar gehört. (4 P)

d) Bestimmen Sie die Gleichung einer Kugel mit dem Radius $\sqrt{\frac{33}{2}}$, auf deren Oberfläche die Punkte P, Q, R und S liegen. (4 P)

e) Die Spitze einer Pyramide mit der Grundfläche ABCD liegt auf der Strecke $\overline{QR}$.
Untersuchen Sie, ob die Höhe dieser Pyramide 2 sein kann. (4 P)

Tipps ab Seite 93, Lösungen ab Seite 195

Landesabitur 2019 Mathematik
Stochastik Aufgabe 4

Alle in Ihren Lösungen verwendeten Zufallsgrößen müssen explizit eingeführt werden. Machen Sie auch Angaben über die Verteilung der jeweiligen Zufallsgrößen.

In der Kundendatei eines Reisebüros befinden sich tausende Kundendaten. Dieses Reisebüro bietet auch Fahrten mit einem Ausflugsschiff an.

a) 6% aller Kunden haben bisher schon einmal eine solche Fahrt gebucht und wurden in der Datei mit einem «S» markiert. Es werden nun 550 Kunden zufällig aus der Kundendatei ausgewählt. Verwenden Sie bei den folgenden Berechnungen die Binomialverteilung.

a1) Berechnen Sie die Wahrscheinlichkeit dafür, dass mehr als 40, aber höchstens 50 der ausgewählten Kunden mit einem «S» gekennzeichnet sind. (4 P)

a2) Berechnen Sie die Wahrscheinlichkeit dafür, dass unter den ausgewählten Kunden weniger mit einem «S» gekennzeichnet sind, als es zu erwarten ist. (3 P)

a3) Geben Sie im Sachzusammenhang ein Ereignis A an, dessen Wahrscheinlichkeit $0,94^{550}$ beträgt. (1 P)

b) Betrachtet wird nun eine Fahrt mit dem Ausflugsschiff, bei der das Schiff mit 60 Fahrgästen voll besetzt ist. Zu Beginn der Fahrt werden vier Fahrgäste zufällig ausgelost, die jeweils eine Stofftasche mit Werbegeschenken als Preis erhalten. An der Fahrt nimmt eine Familie mit Vater, Mutter und zwei Kindern teil.

b1) Geben Sie an, mit welcher Wahrscheinlichkeit der Vater einen Preis gewinnt. (1 P)

b2) Berechnen Sie die Wahrscheinlichkeit, mit der die Familie genau zwei Preise gewinnt. (3 P)

b3) Zusätzlich befindet sich in einer der Stofftaschen ein Gutscheinheft (Hauptpreis). Bestimmen Sie die Wahrscheinlichkeit, mit der die Familie genau zwei Preise, aber nicht den Hauptpreis gewinnt. (3 P)

c) Möchte man an einer Fahrt teilnehmen, so muss man dafür im Voraus eine Reservierung vornehmen. Nach der Erfahrung des Reisebüros treten nur 90% der Personen, die eine Fahrt reserviert haben, auch zur Fahrt an.

Das Reisebüro nimmt für jede Fahrt immer 64 Reservierungen an, obwohl nur 60 Plätze auf dem Schiff vorhanden sind. Erscheinen mehr als 60 Personen mit Reservierung zur Fahrt, so müssen die überzähligen Personen abgewiesen werden.
Die Zufallsgröße X beschreibt die Anzahl der Personen mit Reservierung, die zu der Fahrt erscheinen.

c1) Geben Sie im Sachzusammenhang einen Grund dafür an, dass die Zufallsgröße X im Allgemeinen nicht binomialverteilt ist.

(1 P)

Im Folgenden wird dennoch vereinfachend angenommen, dass die Zufallsgröße X binomialverteilt ist. Außerdem wird vorausgesetzt, dass für jede Fahrt 64 Reservierungen vorliegen.

c2) Bestimmen Sie die Wahrscheinlichkeit dafür, dass bei einer Fahrt mindestens eine Person mit Reservierung abgewiesen werden muss.

(3 P)

Der Fahrpreis beträgt 60 Euro. Bei der Reservierung ist eine Anzahlung von 20 Euro zu entrichten, die beim Nichtantreten der Fahrt verfällt. Wenn eine Person mit Reservierung abgewiesen werden muss, bekommt sie vom Reisebüro nicht nur die Anzahlung zurück, sondern zusätzlich eine Entschädigung in Höhe von 100 Euro ausgezahlt.

c3) Das Reisebüro geht davon aus, dass die Summe der fälligen Rück- und Entschädigungszahlungen durchschnittlich weniger als 20 Euro pro Fahrt beträgt.
Begründen Sie, dass man unter dieser Annahme mit dem Überbuchungsverfahren einen zusätzlichen Gewinn von über 60 Euro pro Fahrt gegenüber der Beschränkung auf 60 Reservierungen erwarten kann.

(2 P)

c4) Bei 64 Personen mit Reservierung beschreibt die Zufallsgröße Y die Anzahl der Personen, die zu einer Fahrt nicht antreten.
Berechnen Sie den Term $\sum_{i=0}^{3} (P(Y = i) \cdot (4 - i) \cdot 120)$ und erläutern Sie seine Bedeutung im Sachzusammenhang.

(4 P)

d) Die Geschäftsführerin des Reisebüros vermutet, dass die Wahrscheinlichkeit dafür, dass eine Person eine reservierte Fahrt antritt, kleiner als 90% ist. Sie beauftragt daher einen Mitarbeiter, einen Test mit einem Signifikanzniveau von 2,5% zu erstellen, der geeignet ist, ihre Vermutung zu stützen.

d1) Der Mitarbeiter wählt eine Stichprobe von 64 zu einer Fahrt angemeldeten Personen. Erstellen Sie den geforderten Signifikanztest, und geben Sie die entsprechende Entscheidungsregel an.

(7 P)

d2) Der Mitarbeiter wählt vier Fahrten zufällig aus. Er führt für jede dieser Fahrten seinen Test durch. Aufgrund von 54, 56, 54 bzw. 55 zur jeweiligen Fahrt angetretenen Personen kann er in keinem der vier Fälle seine Nullhypothese verwerfen.
Zeigen Sie, dass bei einem Test mit gleichem Signifikanzniveau und gleicher Nullhypothese, der aber die insgesamt ausgewählten 256 Personen als Stichprobe verwendet, das ermittelte Ergebnis im Verwerfungsbereich der Nullhypothese liegt.

(3 P)

d3) Es ist c eine positive ganze Zahl.
Die Zufallsgröße X_c ist binomialverteilt mit den Parametern $c \cdot n$ und p.
Entscheiden Sie, ob die folgenden Aussagen für alle n und p wahr sind.

(1) Für alle $c \geqslant 2$ gilt $E(X_c) = c \cdot E(X_1)$.

(2) Für alle $c \geqslant 2$ und $k \in \{1;...;n\}$ gilt $P(X_1 \leqslant k) = P(X_c \leqslant c \cdot k)$.
Führen Sie jeweils einen entsprechenden Nachweis.

(5 P)

4 Abitur 2020

Tipps ab Seite 95, Lösungen ab Seite 200

Abitur 2020 Mathematik – HMF

HMF 1 – Stochastik (Pool 1)

Für ein Zufallsexperiment mit den beiden Ereignissen A und B gilt
$P(A) = 0,6$ und $P\left(\overline{B}\right) = 0,3$ sowie $P\left(A \cap \overline{B}\right) = 0,2$.

1.1 Erstellen Sie für die beschriebene Situation eine vollständige Vierfeldertafel. (3 P)

1.2 Bestimmen Sie die Wahrscheinlichkeit $P_A\left(\overline{B}\right)$. (2 P)

HMF 2 – Stochastik (Pool 1)

Die Abbildung zeigt das Netz eines Würfels.

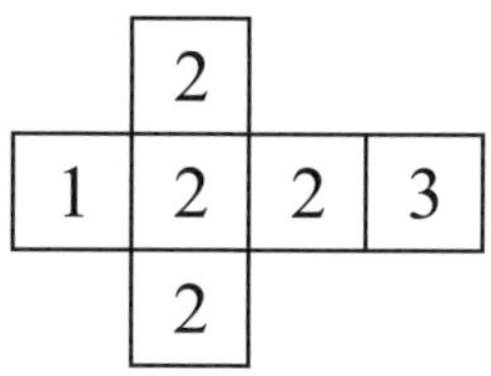

2.1 Der Würfel wird zweimal geworfen. Berechnen Sie die Wahrscheinlichkeit dafür, dass die Summe der beiden geworfenen Zahlen 4 ist. (2 P)

2.2 Die Zahlen «1» und «3» werden jeweils durch eine neue Zahl ersetzt. Das Verhältnis der beiden neuen Zahlen ist ebenfalls 1 : 3. Betrachtet man bei einmaligem Werfen des geänderten Würfels die geworfene Zahl, so ist der zugehörige Erwartungswert 4. Ermitteln Sie die beiden neuen Zahlen. (3 P)

HMF 3 - Analytische Geometrie (Pool 1)

Gegeben ist eine Kugel K mit

$K\colon (x_1-4)^2+(x_2-4)^2+(x_3-1)^2=1$

3.1 Geben Sie die Koordinaten des Mittelpunktes M und den Radius r der Kugel K sowie die Koordinaten eines Punktes P auf dieser Kugel an. (2 P)

3.2 Gegeben sind die Punkte $A(4 \mid 4 \mid 0)$ und $B(0 \mid 8 \mid 0)$.
Zeigen Sie, dass die Gerade durch A und B die Kugel K in genau einem Punkt berührt. (3 P)

HMF 4 – Analytische Geometrie (Pool 1)

In einem Koordinatensystem ist ein gerader Zylinder mit dem Radius 5 und der Höhe 10 gegeben, dessen Grundfläche in der x_1x_2-Ebene liegt.
M$(8 \mid 5 \mid 10)$ ist der Mittelpunkt der Deckfläche.

4.1 Weisen Sie nach, dass der Punkt P$(5 \mid 1 \mid 0)$ auf dem Rand der Grundfläche des Zylinders liegt.

(2 P)

4.2 Unter allen Punkten auf dem Rand der Deckfläche hat der Punkt S den kleinsten Abstand von P, der Punkt T den größten.
Geben Sie die Koordinaten von S an und bestimmen Sie die Koordinaten von T.

(3 P)

HMF 5 – Analytische Geometrie (Pool 2)

Für jedes $a \in \mathbb{R}$ sind die Geraden g_a und h_a gegeben durch

$$g_a\colon \vec{x} = \begin{pmatrix} 1 \\ 1 \\ 1 \end{pmatrix} + r \cdot \begin{pmatrix} a \\ 4 \\ 1 \end{pmatrix} \quad \text{und} \quad h_a\colon \vec{x} = \begin{pmatrix} 1 \\ 1 \\ 1 \end{pmatrix} + s \cdot \begin{pmatrix} 2a \\ a \\ 2 \end{pmatrix}$$

Die Geraden g_a und h_a haben den gemeinsamen Punkt P$(1 \mid 1 \mid 1)$.

5.1 Untersuchen Sie, ob es ein $a \in \mathbb{R}$ gibt, für das g_a und h_a sogar identisch sind.

(2 P)

5.2 Zeigen Sie, dass es genau ein $a \in \mathbb{R}$ derart gibt, so dass g_a und h_a orthogonal zueinander sind.

(3 P)

HMF 6 – Analysis (Pool 1)

Gegeben ist die Funktion f mit $f(x) = \frac{1}{5}x^5 + x^4 - \frac{8}{3}x^3$ mit $x \in \mathbb{R}$.

6.1 Berechnen Sie die lokale Änderungsrate der Funktion an der Stelle $x = -1$.

(2 P)

6.2 Die Funktion f hat drei Wendestellen. Bestimmen Sie diese Stellen.

(3 P)

HMF 7 – Analysis (Pool 1)

Die Abbildung zeigt den Graphen der Funktion f mit $f(x) = x \cdot e^{-x}$ und $x \in \mathbb{R}$. Betrachtet werden die Dreiecke mit den Eckpunkten $O(0 \mid 0)$, $P(a \mid 0)$ und $Q(a \mid f(a))$ mit $a > 0$.

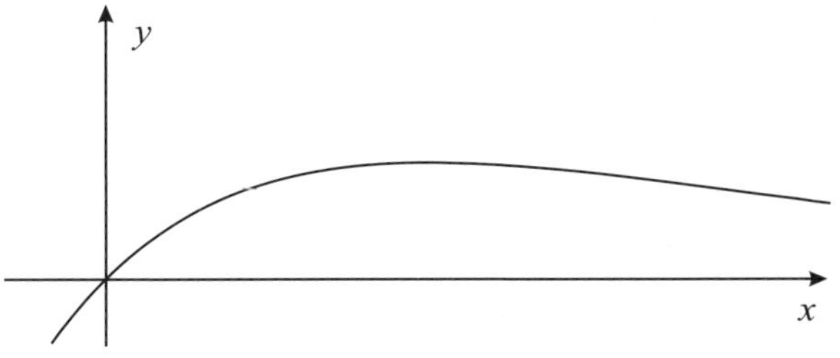

7.1 Begründen Sie, dass der Flächeninhalt jedes dieser Dreiecke mit dem Term $\frac{1}{2}a^2e^{-a}$ bestimmt werden kann.

(2 P)

7.2 Unter den betrachteten Dreiecken hat eines den größten Flächeninhalt. Bestimmen Sie den zugehörigen Wert a.

(3 P)

HMF 8 – Analysis (Pool 2)

Für jeden Wert von $a \in \mathbb{R} \setminus \{0\}$ ist eine Funktion f_a gegeben durch $f_a(x) = a \cdot (x-2)^3$ und $x \in \mathbb{R}$.

8.1 Zeigen Sie, dass die in $\mathbb{R}$ definierte Funktion F mit $F(x) = \frac{1}{2} \cdot (x-2)^4 + 3$ eine Stammfunktion von f_2 ist.

(1 P)

8.2 Untersuchen Sie mithilfe von Skizzen, für welche Werte von a sich unter den Stammfunktionen von f_a solche befinden, die nur negative Funktionswerte haben.

(4 P)

Tipps ab Seite 96, Lösungen ab Seite 206

Abitur 2020 Mathematik – Analysis Aufgabe 1

Für den Beginn des Jahres 2020 modelliert der Graph der Funktion f mit

$$f(x) = 5x \cdot e^{-x} + 1 \text{ und } x \in [0;8]$$

einen Teil einer Küstenlinie, die das Land vom Meer trennt. Die x-Achse beschreibt eine Straße in West-Ost-Richtung. Die Fläche zwischen dem Graphen und der x-Achse stellt das Land nördlich der Straße dar. Bei $L(0,5 \mid 1,5)$ steht ein Leuchtturm.
Eine Längeneinheit entspricht 100 m in der Wirklichkeit.

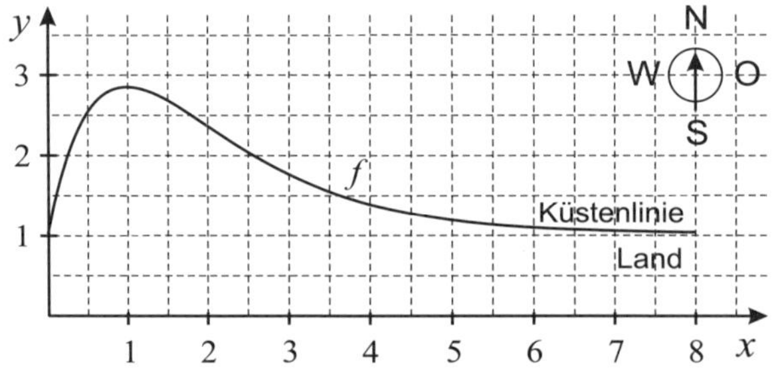

a) a1) Zeichnen Sie den Punkt L in die Abbildung ein.
Berechnen Sie die y-Koordinate des Punkts der Küstenlinie an der Stelle $x = 0,5$. (2 P)

a2) Zeichnen Sie die Tangente an den Graphen von f an der Stelle $x = 2$ in die Abbildung ein, und bestimmen Sie deren Steigung. (2 P)

a3) Es gibt auf dem betrachteten Teil der Küstenlinie Punkte, deren Abstand von der Straße 200 m beträgt.
Zeichnen Sie die entsprechenden Punkte in die Abbildung ein.
Berechnen Sie die Koordinaten dieser Punkte. (3 P)

b) b1) Berechnen Sie die Koordinaten des nördlichsten Punkts auf dem betrachteten Teil der Küstenlinie.
[Zur Kontrolle: $f'(x) = 5e^{-x} \cdot (1 - x)$] (5 P)

b2) Bestimmen Sie alle Stellen $x \in [0;8]$, für die $f''(x) = 0$ gilt. (3 P)

b3) Berechnen Sie den mittleren Abstand der Punkte des betrachteten Teils der Küstenlinie zur Straße in Metern. (3 P)

b4) Bestimmen Sie mittels Integration einen Funktionsterm für eine Stammfunktion F von f. (4 P)

Der betrachtete Teil der Küstenlinie wird sich im Laufe der Jahre verändern. In einem Rechenmodell wird der künftige Verlauf für $a \geqslant 20$ durch die Funktionen f_a mit

$$f_a(x) = 5x \cdot e^{-0{,}05a \cdot x} + 1 \text{ und } x \in [0\,;8]$$

modelliert. Der Wert von a gibt an, wie viele Jahre seit Beginn des Jahres 2000 vergangen sind. Also entspricht $a = 20$ dem Beginn des Jahres 2020.

c) c1) Berechnen Sie, in welchem Jahr der Leuchtturm auf der Küstenlinie stehen wird. (3 P)

Für jedes a hat der Graph der Funktion f_a einen Hochpunkt an der Stelle $x = \frac{20}{a}$. Dieser Hochpunkt beschreibt den nördlichsten Punkt der jeweiligen Küstenlinie.

c2) Bestimmen Sie eine Gleichung der Ortskurve, auf der die Hochpunkte liegen. (3 P)

c3) Vom Leuchtturm aus führt ein Weg genau in Nordrichtung. Zu einem bestimmten Zeitpunkt endet dieser Weg am nördlichsten Punkt der Küstenlinie. Bestimmen Sie die Länge des Weges zu diesem Zeitpunkt. (3 P)

d) d1) Berechnen Sie den Inhalt der Landfläche zwischen der Küstenlinie und der Straße im Intervall $[0\,;8]$ zu Beginn des Jahres 2150.
Begründen Sie, dass der Inhalt der Landfläche auch in allen Jahren nach 2150 größer als 8 Hektar sein wird. (4 P)

d2) Es gibt genau einen Wert $a \geqslant 20$, der die folgende Gleichung erfüllt:

$$\int_0^8 \left(5x \cdot e^{-0{,}05a \cdot x} + 1\right) \mathrm{d}x = 0{,}8 \cdot \int_0^8 \left(5x \cdot e^{-x} + 1\right) \mathrm{d}x$$

Interpretieren Sie die Bedeutung dieses Wertes a im Sachzusammenhang. (2 P)

d3) Bestimmen Sie alle reellen Zahlen a, für die $f_a(x) < f(x)$ für $0 \leqslant x \leqslant 8$ gilt. (3 P)

Tipps ab Seite 97, Lösungen ab Seite 212

Abitur 2020 Mathematik – Analysis Aufgabe 2

Die Abbildung zeigt den Graphen einer in $\mathbb{R}$ definierten ganzrationalen Funktion f vierten Grades. Die Tangente im Wendepunkt $W(4 \mid 8)$ des Graphen hat die Steigung -4.

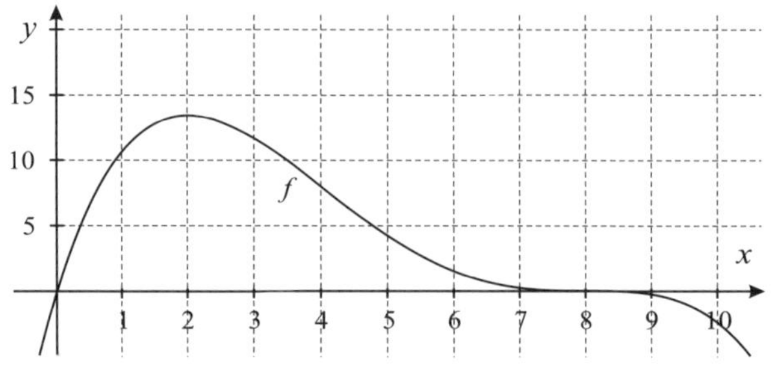

a) a1) Zeichnen Sie die beschriebene Tangente in die Abbildung ein. Bestimmen Sie eine zugehörige Geradengleichung mit Hilfe der gegebenen Werte. (3 P)

a2) Die erste Ableitungsfunktion f' von f besitzt zwei ganzzahlige Nullstellen. Geben Sie diese beiden Nullstellen an.
Der Graph von f' besitzt einen Tiefpunkt.
Geben Sie die Koordinaten dieses Tiefpunkts an, und begründen Sie Ihre Angabe. (5 P)

a3) Die Funktion f hat eine Gleichung der Form

$$f(x) = ax^4 + bx^3 + cx^2 + 16x$$

Bestimmen Sie die Werte der Parameter a, b und c.
[Zur Kontrolle: $f(x) = -\frac{1}{32}x^4 + \frac{3}{4}x^3 - 6x^2 + 16x$] (6 P)

a4) Weisen Sie rechnerisch nach, dass der Graph von f an der Stelle $x = 8$ einen Sattelpunkt, d.h. einen Wendepunkt mit waagerechter Tangente, hat. (4 P)

Am 26. April 1986 ereignete sich in der Ukraine ein Reaktorunfall, bei dem radioaktives Plutonium-241 freigesetzt wurde. Plutonium-241 zerfällt exponentiell, d.h. in jedem Jahr nimmt die Masse des vorhandenen Plutonium-241 um einen konstanten prozentualen Anteil ab. Der Zerfall einer bestimmten Menge Plutonium-241 wird im Folgenden durch die Funktion p mit

$$p(x) = 200 \cdot e^{-0{,}048x} \text{ und } x \geqslant 0$$

beschrieben. Dabei ist x die Zeit in Jahren, die seit dem Reaktorunfall vergangen ist, $p(x)$ die Masse des verbliebenen Plutonium-241 in Milligramm.

b) b1) Geben Sie die Bedeutung des Faktors 200 im Sachzusammenhang an. Berechnen Sie den prozentualen Anteil, um den die Masse des Plutonium-241 in jedem Jahr abnimmt. (3 P)

b2) Bestimmen Sie das Jahr, in dessen Verlauf erstmals weniger als ein Milligramm des Plutonium-241 vorhanden sein wird. (4 P)

Beim Zerfall eines radioaktiven Stoffs kann ein weiterer radioaktiver Stoff entstehen, der ebenfalls exponentiell zerfällt.
Für ein geeignetes $k > 0$ modelliert die Funktion h_k mit

$$h_k(x) = 10 \cdot \left(1 - e^{-kx}\right) \cdot e^{-x} \text{ und } x \geqslant 0$$

die zur Zeit x vorhandene Masse des neu entstandenen Stoffs. Die Abbildung zeigt den Graphen von h_1.

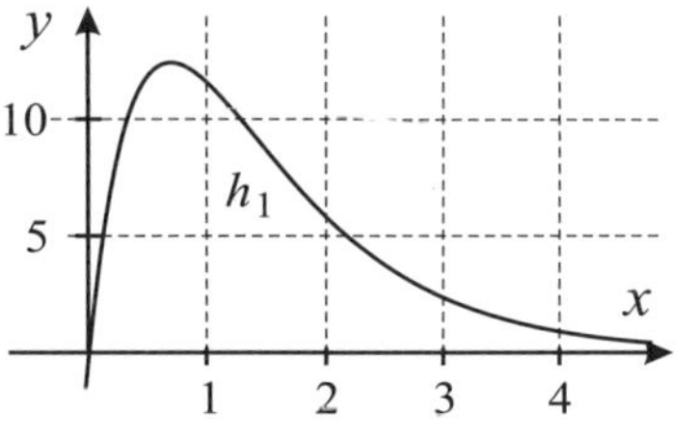

c) c1) Zeigen Sie, dass h_k nur die Nullstelle $x = 0$ hat. (2 P)

c2) Der Graph der Funktion h_k hat genau einen Hochpunkt.
Für die erste Ableitungsfunktion $h_k{}'$ gilt

$$h_k{}'(x) = 10 \cdot \left((k+1) \cdot e^{-kx} - 1\right) \cdot e^{-x}.$$

Bestimmen Sie die x-Koordinate des Hochpunkts in Abhängigkeit von k. (3 P)

d) Beim Zerfall von Plutonium-241 entsteht als weiterer radioaktiver Stoff Americum-241. Die Funktion a mit

$$a(x) = 207 \cdot \left(1 - e^{-0{,}0464x}\right) \cdot e^{-0{,}0016x} \text{ und } x \geqslant 0$$

gibt für jedes Jahr x die Masse des vorhandenen Americums-241 in Milligramm an.

d1) Der Graph von a kann für einen Wert von k aus dem Graphen der Funktion h_k erzeugt werden, indem man diesen in x-Richtung und in y-Richtung streckt. Geben Sie die beiden Streckungsfaktoren an und bestimmen Sie den passenden Wert von k. (3 P)

d2) Im Funktionsterm von a beschreibt der Faktor $1 - e^{-0{,}0464x}$ die Zunahme der Masse des vorhandenen Americum-241 und der Faktor $e^{-0{,}0016x}$ den Zerfall des vorhandenen Americum-241.
Begründen Sie, dass es einen Zeitpunkt gibt, zu dem beide Faktoren den gleichen Wert annehmen, ohne diesen Zeitpunkt zu berechnen. (3 P)

e) Für jeden Wert von k gibt es zu der Funktion h_k eine Stammfunktion H_k mit

$$\mathrm{H}_k(x) = -10 \cdot e^{-x} + \tfrac{10}{k+1} \cdot e^{-(k+1)x}.$$

Zeigen Sie, dass $\int_0^\infty h_k(x)\mathrm{d}x < 10$ für alle $k > 0$ gilt. (4 P)

Tipps ab Seite 98, Lösungen ab Seite 217

Abitur 2020 Mathematik
Analytische Geometrie Aufgabe 3

Gegeben sind der Punkt L $\left(-\frac{25}{4} \mid -8 \mid 6\right)$ und die Gerade

$$g: \vec{x} = \begin{pmatrix} 0 \\ -12 \\ 9 \end{pmatrix} + r \cdot \begin{pmatrix} 1 \\ 0 \\ 0 \end{pmatrix} \text{ mit } r \in \mathbb{R}.$$

a) a1) Begründen Sie, dass g parallel zur x_1-Achse verläuft, aber nicht durch den Punkt L. (2 P)

a2) L und g liegen in der Ebene E.
Ermitteln Sie eine Gleichung von E in Koordinatenform.
[Zur Kontrolle: E: $3x_2 + 4x_3 = 0$] (4 P)

In der Abbildung ist neben L und g das Viereck OPQR dargestellt, dessen Eckpunkte O$(0 \mid 0 \mid 0)$, P$\left(-\frac{25}{2} \mid 0 \mid 0\right)$, Q$\left(-\frac{25}{2} \mid -12 \mid 9\right)$ und R$(0 \mid -12 \mid 9)$ in E liegen.
Q und R liegen außerdem auf g.

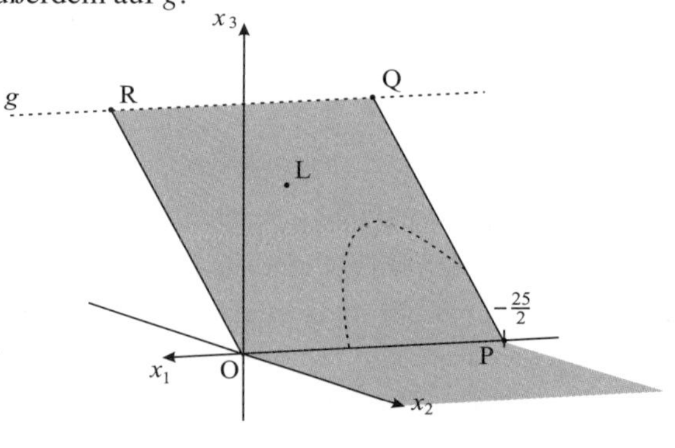

b) b1) Markieren Sie auf der x_2-Achse die Stelle -12 und auf der x_3-Achse die Stelle 9. (2 P)

b2) Begründen Sie, dass OPQR ein Rechteck ist.
Berechnen Sie den Flächeninhalt dieses Rechtecks. (5 P)

b3) Geben Sie eine Gleichung der Geraden h an, die durch die Punkte P und R verläuft. (1 P)

b4) O$'$ ist der Punkt in der Ebene E, der durch Spiegelung des Punktes O an der Geraden h entsteht. Beschreiben Sie ein Verfahren, mit dem man die Koordinaten des Punktes O$'$ ermitteln könnte. (3 P)

Das Viereck OPQR stellt modellhaft den geneigten Teil einer Minigolfbahn dar, der Punkt L das Loch dieser Bahn. Im verwendeten Koordinatensystem beschreibt die x_1x_2-Ebene den horizontalen Untergrund, eine Längeneinheit entspricht 10 cm in der Realität.

c) c1) Berechnen Sie die Größe des Winkels, den der geneigte Teil der Bahn mit dem Untergrund einschließt. (3 P)

Im Punkt $A(-5 \mid 8 \mid 24)$ befindet sich eine Lichtquelle.

c2) Berechnen Sie den Punkt F der Ebene E, der den kürzesten Abstand zur Beleuchtung A aufweist.
[Zur Kontrolle: $F(-5 \mid -6{,}4 \mid 4{,}8)$] (5 P)

c3) Zeigen Sie, dass der Punkt F innerhalb des Vierecks OPQR liegt. (3 P)

c4) Der geneigte Teil der Bahn wirft durch die Beleuchtung einen viereckigen Schatten $OPQ'R'$ auf den horizontalen Untergrund. Ermitteln Sie die Koordinaten des Eckpunktes R'. (3 P)

d) Im Folgenden wird der in der Abbildung gestrichelt dargestellte Teil des Weges eines Minigolfballs auf der Bahn betrachtet. Der Ball soll im Folgenden als punktförmig angenommen werden. Seine Positionen auf dem dargestellten Teil des Weges können durch die Punkte $B_t\left(-5-3t \mid -8t+\frac{8}{3}t^2 \mid 6t-2t^2\right)$ mit geeigneten Werten $t \in \mathbb{R}$ beschrieben werden.

d1) Geben Sie die Koordinaten des Punktes B_0 an und zeichnen Sie den Punkt in die Abbildung ein. (2 P)

d2) Berechnen Sie im Modell die Koordinaten des Punktes, in dem der Weg des Balls auf die seitliche Begrenzung der Minigolfbahn trifft. (4 P)

d3) Ermitteln Sie die maximale Höhe über dem Untergrund, die der Ball erreicht, und geben Sie diese Höhe in Zentimetern an. (3 P)

Tipps ab Seite 100, Lösungen ab Seite 224

Landesabitur 2020 Mathematik
Stochastik Aufgabe 4

Alle in Ihren Lösungen verwendeten Zufallsgrößen müssen explizit eingeführt werden. Machen Sie auch Angaben über die Verteilung der jeweiligen Zufallsgrößen.

Ein Fahrradhändler hat festgestellt, dass es sich bei 40% aller von ihm verkauften Fahrräder um Mountainbikes handelt. Es soll davon ausgegangen werden, dass in einer zufälligen Auswahl verkaufter Fahrräder die Anzahl der Mountainbikes binomialverteilt ist.

a) a1) Bestimmen Sie die Wahrscheinlichkeit dafür, dass sich in einer zufälligen Auswahl von 100 verkauften Fahrrädern

- genau 30 Mountainbikes befinden;
- mindestens 35 und weniger als 45 Mountainbikes befinden. (5 P)

a2) Ermitteln Sie die Wahrscheinlichkeit dafür, dass in einer zufälligen Auswahl von 250 verkauften Fahrrädern die Anzahl der Mountainbikes um mindestens 10% größer ist als der Erwartungswert für diese Anzahl. (3 P)

a3) Beschreiben Sie im Sachzusammenhang ein Zufallsexperiment, bei dem die Wahrscheinlichkeit eines Ereignisses mit dem Term
$1 - 0{,}6^{10} - 10 \cdot 0{,}4 \cdot 0{,}6^{9}$
berechnet werden kann. Geben Sie dieses Ereignis an. (3 P)

a4) Der Händler hat berechnet, dass er im September des Jahres 2020 mit einer Wahrscheinlichkeit von mehr als 96% mehr als 800 Mountainbikes verkaufen wird.
Ermitteln Sie, von welcher Anzahl verkaufter Fahrräder er bei seiner Berechnung mindestens ausgegangen ist. (4 P)

b) Der Anteil der Mountainbikes unter allen verkauften Fahrrädern beträgt weiterhin 40%. 20% aller verkauften Fahrräder haben einen Rahmen aus Aluminium. 45% aller verkauften Fahrräder sind weder Mountainbikes noch haben sie einen Rahmen aus Aluminium.
Bestimmen Sie den Anteil der Fahrräder mit einem Rahmen aus Aluminium unter den verkauften Mountainbikes. (4 P)

c) Die Abbildung 1 (siehe Beiblatt) zeigt für einige Monate des Jahres 2019 jeweils den Anteil der Mountainbikes unter allen verkauften Fahrrädern.

c1) Im April wurden 810 Mountainbikes verkauft. Bestimmen Sie für diesen Monat die Anzahl aller verkauften Fahrräder. (2 P)

c2) Der Anteil der Mountainbikes lag im Mai und Juni insgesamt bei 46%; im Juli war er größer als im Mai und im August größer als im Juni. Entscheiden Sie, ob es dennoch möglich ist, dass der Anteil der Mountainbikes im Juli und August insgesamt kleiner war als insgesamt im Mai und Juni.
Begründen Sie Ihre Entscheidung. (3 P)

d) Der Händler verkauft 70% der von ihm verkauften Fahrräder über sein Ladengeschäft (L), den Rest über sein Onlineportal (O). In beiden Fällen bietet er an, für das gekaufte Fahrrad eine Garantieverlängerung abzuschließen (G).

d1) Vervollständigen Sie zu diesem Sachverhalt das Baumdiagramm in Abbildung 2 (siehe Beiblatt).
Zeigen Sie, dass die Wahrscheinlichkeit dafür, dass für ein zufällig ausgewähltes verkauftes Fahrrad eine Garantieverlängerung abgeschlossen wird, kleiner als 70% ist. (5 P)

d2) Nach einer Neugestaltung seines Onlineportals vermutet der Händler, dass der Anteil der Fahrräder, für die beim Onlinekauf eine Garantieverlängerung abgeschlossen wird, auf über 45% gestiegen ist.
Erstellen Sie einen Hypothesentest mit einer Stichprobengröße von 80 Fahrrädern, der geeignet ist, die Vermutung des Händlers auf einem Signifikanzniveau von 5% zu stützen.
Geben Sie auch die entsprechende Entscheidungsregel an. (8 P)

e) Betrachtet werden zwei Ereignisse A und B eines Zufallsexperiments, deren Wahrscheinlichkeit jeweils ungleich Null ist.
Beweisen Sie folgende Aussage:
Wenn $P(A) \cdot P\left(\overline{B}\right) = P\left(A \cap \overline{B}\right)$ ist, dann ist auch $P(A) \cdot P(B) = P(A \cap B)$. (3 P)

Abbildung 1:

Anteil der Mountainbikes unter allen verkauften Fahrrädern für einige Monate des Jahres 2019

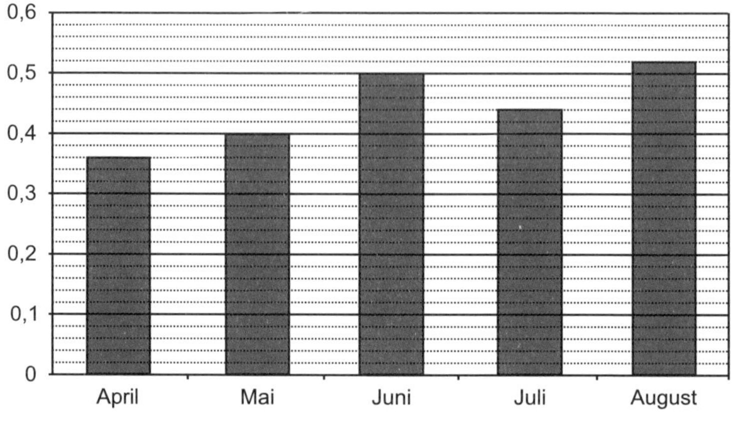

Abbildung 2:

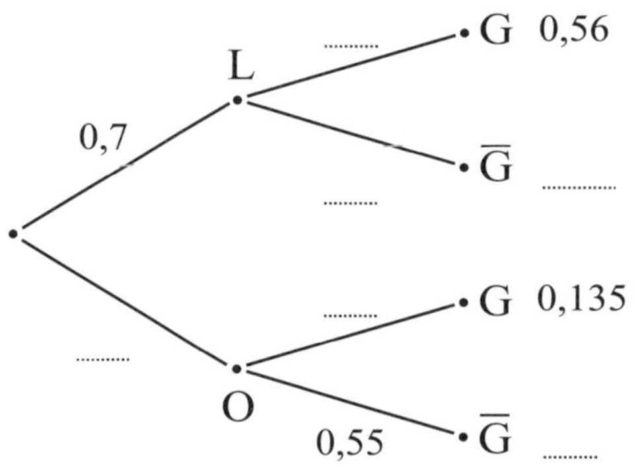

5 Abitur 2021

Tipps ab Seite 102, Lösungen ab Seite 229

Abitur 2021 Mathematik – HMF

HMF 1 – Analysis (Pool 1)

Gegeben ist die Funktion f mit $f(x) = 4x^3 - 12x$.

1.1 Zeigen Sie, dass $x = 1$ eine lokale Minimalstelle von f ist. (3 P)

1.2 Geben Sie einen Funktionsterm einer Stammfunktion F von f mit $F(0) \neq 0$ an. (2 P)

HMF 2 – Analysis (Pool 1)

Im Koordinatensystem ist der Graph der Funktion f mit $f(x) = -\frac{1}{2}x^3 + \frac{3}{2}x^2 + 2x$ dargestellt.

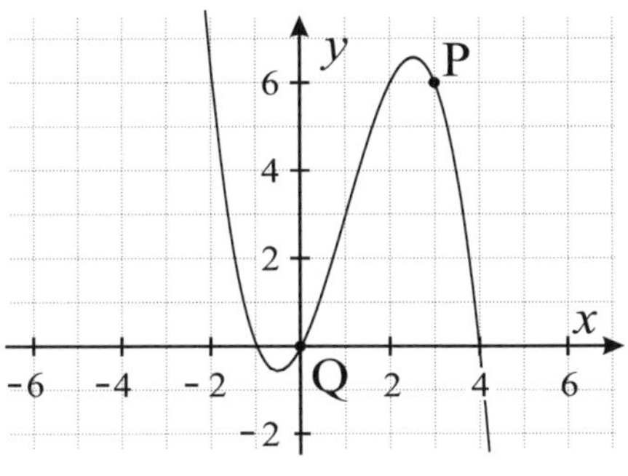

Die Tangente an den Graphen von f im Punkt $P(3 \mid 6)$ heißt t_P, diejenige im Punkt $Q(0 \mid 0)$ heißt t_Q.

2.1 Es ist $f'(3) = -\frac{5}{2}$.
Ermitteln Sie zeichnerisch die Nullstelle der Tangente t_P. (2 P)

2.2 Prüfen Sie rechnerisch, ob die Tangente t_Q durch P verläuft. (3 P)

HMF 3 - Analysis (Pool 1)

Es gibt Funktionen f mit den folgenden Eigenschaften:

(1.) $f(0) = 2$

(2.) $f'(-1) = 0$ und $f''(-1) < 0$

3.1 Zeichnen Sie den Graphen einer Funktion mit diesen Eigenschaften in das abgebildete Koordinatensystem.

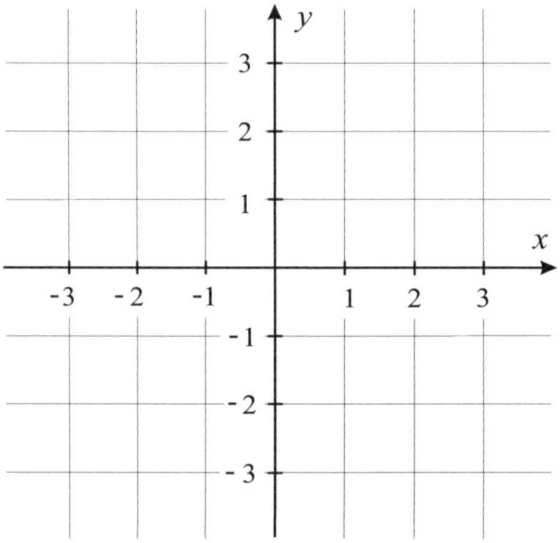

(2 P)

3.2 Eine der Funktionen mit den obigen Eigenschaften hat den Funktionsterm $-0,5x^4 + bx + c$. Bestimmen Sie die Werte von b und c. (3 P)

HMF 4 – Analysis (Pool 2)

Die Abbildung zeigt den Graphen der Funktion f mit $f(x) = (2x+3)e^{-0,5x}$.

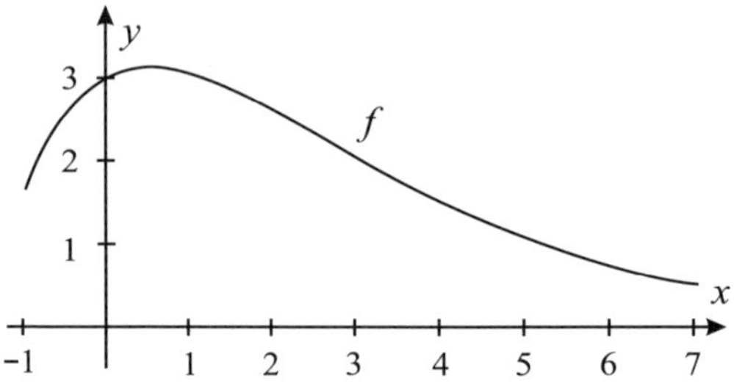

4.1 Zeigen Sie, dass die Funktion F mit $\mathrm{F}(x) = (-4x-14)e^{-0,5x}$ eine Stammfunktion von f ist. (2 P)

4.2 Untersuchen Sie, ob für jede reelle Zahl $k > 0$ gilt:

$$\int_0^k f(x)\mathrm{d}x < 14$$ (3 P)

HMF 5 – Analytische Geometrie (Pool 1)

Gegeben ist die Ebene E mit E: $x_1 + 3x_2 + 2x_3 = 6$.
Die Schnittpunkte der Ebene E mit den Koordinatenachsen sind die sogenannten Spurpunkte der Ebene E. So ist $S_1(6 \mid 0 \mid 0)$ ein Spurpunkt der Ebene E.

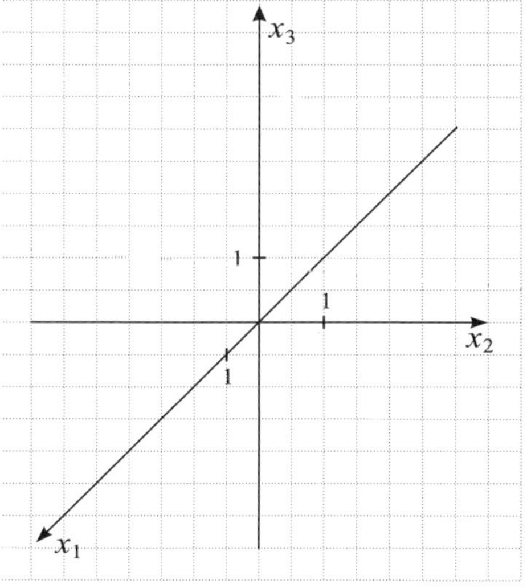

5.1 Geben Sie die Koordinaten der anderen beiden Spurpunkte S_2 und S_3 der Ebene E an und zeichnen Sie das Dreieck $S_1S_2S_3$ in das Koordinatensystem ein. (3 P)

5.2 Es gibt unendlich viele Geraden, die parallel zu E sind und durch den Punkt $P(2 \mid 5 \mid 7)$ verlaufen.
Bestimmen Sie eine Gleichung einer solchen Geraden g. (2 P)

HMF 6 – Analytische Geometrie (Pool 1)

Gegeben ist die Ebene E: $2x_1 + 2x_2 + x_3 = 3$.

6.1 Geben Sie diejenige Zahl a an, für die der Punkt $A(a \mid 0 \mid -1)$ in der Ebene E liegt. (1 P)

6.2 Der Punkt S ist der Schnittpunkt der Ebene E mit der Geraden g, die senkrecht auf E steht und durch den Punkt $B(1 \mid 3 \mid 4)$ verläuft.
Bestimmen Sie die Koordinaten von S. (4 P)

HMF 7 – Analytische Geometrie (Pool 2)

Für alle reellen Zahlen a ist sowohl eine Ebene E_a mit $E_a: x_1 + 2x_2 + ax_3 = 5$ als auch eine Gerade

g_a mit $g_a: \vec{x} = \begin{pmatrix} 1 \\ 0 \\ 0 \end{pmatrix} + t \cdot \begin{pmatrix} 1 \\ 2+a \\ -3 \end{pmatrix}$ gegeben.

7.1 Zeigen Sie, dass es keine Zahl a gibt, für die g_a orthogonal zu E_a verläuft. (2 P)

7.2 Untersuchen Sie, ob es einen Wert für a gibt, so dass die Gerade g_a und die Ebene E_a keinen gemeinsamen Punkt haben. (3 P)

HMF 8 – Stochastik (Pool 1)

8.1 Vervollständigen Sie das folgende Baumdiagramm.

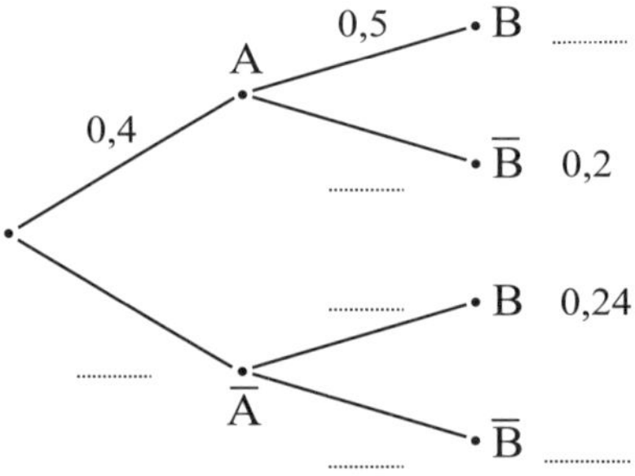

(3 P)

8.2 Bestimmen Sie für das folgende Baumdiagramm denjenigen Wert für x, für den $P(D) = 0,6$ ist.

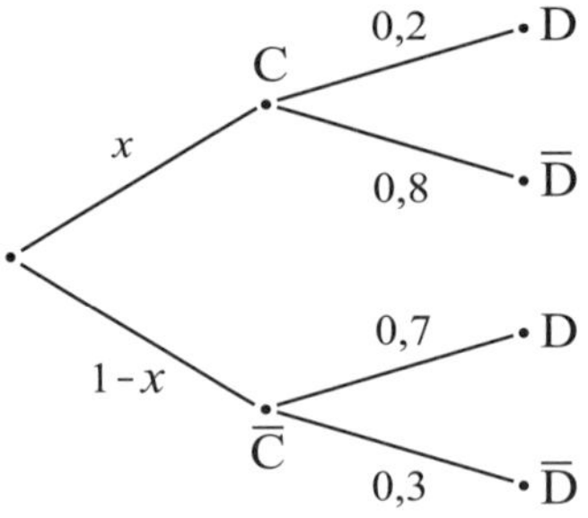

(2 P)

HMF 9 – Stochastik (Pool 1)

Ein sechsseitiger Spielwürfel wird fünfmal geworfen.

9.1 Ordnen Sie durch Ankreuzen jedem Ereignis denjenigen Term zu, dessen Wert die Wahrscheinlichkeit des Ereignisses ist.

	I	II	III	IV	V
Es werden genau zwei Sechsen geworfen					
Es wird mindestens eine Sechs geworfen					
Es werden genau zwei Sechsen geworfen, wobei die zweite Sechs erst im letzten Wurf fällt.					

I $4 \cdot \left(\frac{1}{6}\right)^1 \cdot \left(\frac{5}{6}\right)^3 \cdot \frac{1}{6}$ II $\binom{5}{2} \cdot \left(\frac{1}{6}\right)^2 \cdot \left(\frac{5}{6}\right)^3$

III $\frac{5}{2} \cdot \left(\frac{1}{6}\right)^2 \cdot \left(\frac{5}{6}\right)^3$ IV $1 - \left(\frac{5}{6}\right)^5$ V $\left(\frac{1}{6}\right)^1 \cdot \left(\frac{5}{6}\right)^4$ (3 P)

9.2 Geben Sie ein Ereignis mit der Wahrscheinlichkeit

$$\binom{5}{3} \cdot \left(\frac{1}{6}\right)^3 \cdot \left(\frac{5}{6}\right)^2 + \binom{5}{4} \cdot \left(\frac{1}{6}\right)^4 \cdot \left(\frac{5}{6}\right)^1$$

an. (2 P)

HMF 10 – Stochastik (Pool 2)

Eine Urne enthält weiße und rote Kugeln. Es wird fünfmal mit Zurücklegen gezogen.

10.1 Berechnen Sie die Wahrscheinlichkeit dafür, keine rote Kugel zu ziehen, falls sich in der Urne eine weiße und neun rote Kugeln befinden. (2 P)

10.2 Es ist p die Wahrscheinlichkeit dafür, bei einem Zug eine rote Kugel zu ziehen. Die Zufallsgröße X beschreibt die Anzahl der gezogenen roten Kugeln. Bestimmen Sie alle Werte für p, für die $P(X = 0) = P(X = 1)$ gilt. (3 P)

Tipps ab Seite 104, Lösungen ab Seite 238

Abitur 2021 Mathematik – Analysis Aufgabe 1

Im Jahr 2019 zerstörte ein Großbrand das Dach der Kathedrale Notre-Dame de Paris. Eine der vielen Ideen für den geplanten Wiederaufbau sieht die Errichtung eines Glasdachs mit einem gläsernen Turm darauf vor.

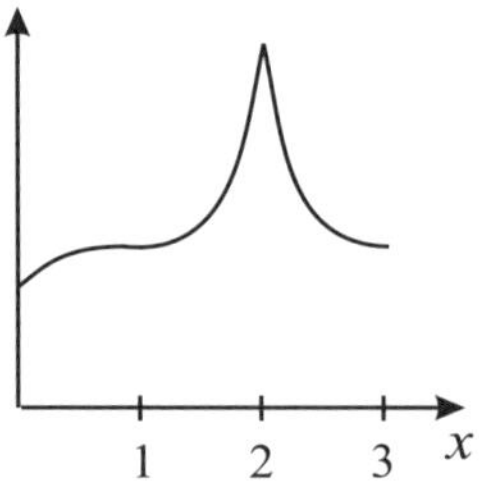

In einem geeigneten Koordinatensystem wird der Dachfirst mit Hilfe von Funktionsgraphen modelliert. Die Funktionswerte geben die Höhe des Dachfirsts über dem Boden an; die x-Achse beschreibt das Bodenniveau. Dabei entspricht eine Längeneinheit 10 m in der Wirklichkeit.

a) Zunächst wird eine ganzrationale Funktion f dritten Grades betrachtet. Der Graph von f verläuft durch die beiden Punkte P$(0 \mid 3)$ und W$(3 \mid 4)$. Dabei ist W ein Wendepunkt mit waagerechter Tangente. Mit Hilfe des Graphen von f wird über dem Intervall $[0; 3]$ ein erstes Teilstück des Dachfirsts modelliert.

a1) Leiten Sie einen Funktionsterm von f her. (6 P)
[Kontrolle: $f(x) = \frac{1}{27}x^3 - \frac{1}{3}x^2 + x + 3$]

a2) Berechnen Sie die Höhe des Dachfirsts über dem Boden an der Stelle $x = 1$. (2 P)

a3) Geben Sie einen Funktionsterm der Ableitungsfunktion f' und die Steigung des Graphen von f an der Stelle $x = 0$ an. (2 P)

a4) Weisen Sie mit Hilfe einer Rechnung nach, dass der Graph von f für $x < 3$ rechtsgekrümmt ist. (3 P)

b) Nun werden eine Funktion g und ihre Ableitungsfunktion g' mit

$$g(x) = (x-3) \cdot e^{x-5,5} + 4 \text{ und } g'(x) = (x-2) \cdot e^{x-5,5}$$

betrachtet. Mit Hilfe des Graphen von g wird über dem Intervall $[3;6]$ ein weiteres Teilstück des Dachfirsts modelliert.

b1) Ergänzen Sie die Wertetabelle zu g auf dem Beiblatt, und zeichnen Sie den Graphen von g über dem Intervall $[3;6]$ in das dort vorgegebene Koordinatensystem. (4 P)

b2) Die Graphen von f und g verlaufen beide durch den Punkt $W(3 \mid 4)$. Prüfen Sie, ob der Dachfirst dort knickfrei modelliert wird. (3 P)

b3) Bestimmen Sie alle Extrem- und Wendestellen der auf ganz $\mathbb{R}$ definierten Funktion g. (8 P)

b4) Der Graph der Funktion g wird an der y-Achse gespiegelt und dann um zwölf Längeneinheiten nach rechts verschoben. Dadurch ergibt sich der Graph der Funktion g^*, der über dem Intervall $[6;9]$ auf dem Beiblatt gezeigt wird.
Ermitteln Sie einen Funktionsterm $g^*(x)$ und stellen Sie diesen Term in der Form $(ax+b) \cdot e^{-x+c} + 4$ mit geeigneten reellen Werten a, b, c dar. (4 P)

c) Für eine verbesserte Modellierung des Dachfirsts wird anstelle der Funktion g aus Teilaufgabe b) die Verwendung der Funktionen h_k und ihrer Ableitungsfunktionen $h_k{}'$ mit

$$h_k(x) = \frac{5}{9}(x-3)^2 \cdot e^{k(x-6)} + 4$$

und

$$h_k{}'(x) = \frac{5}{9}(x-3)(kx-3k+2) \cdot e^{k(x-6)}$$

mit $k \geqslant 0$ vorgeschlagen.

c1) Weisen Sie nach, dass die Funktion g aus Teilaufgabe b) nicht in der Schar der Funktionen h_k enthalten ist. (2 P)

c2) Zeigen Sie, dass der Term $5k + \frac{10}{3}$ die Steigung des Graphen von h_k an der Stelle $x = 6$ angibt. (2 P)

c3) So wie in der Teilaufgabe b4) lässt sich aus dem Graphen von h_k der Graph einer Funktion h_k^* erzeugen. Bei $x = 6$ modellieren die Graphen von h_k und h_k^* dann die Spitze des Dachfirsts.
Bestimmen Sie denjenigen Wert für k, für den der Innenwinkel der Spitze $30°$ beträgt. (4 P)

Beiblatt zu den Teilaufgaben b1) und b4)

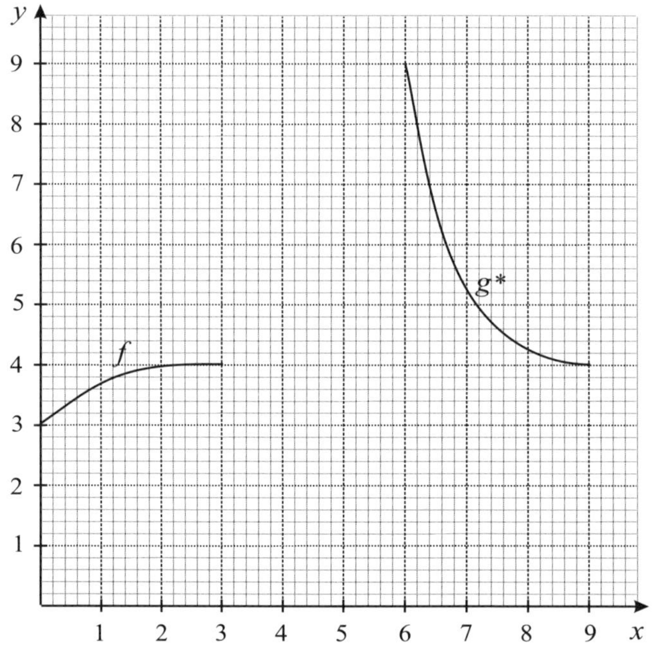

x	3	3,5	4	4,5	5	5,5	6
$g(x)$	4,00		4,22			6,50	

Tipps ab Seite 105, Lösungen ab Seite 242

Abitur 2021 Mathematik – Analysis Aufgabe 2

Ein digitales Messgerät misst bei einem Diabetes-Patienten kontinuierlich den Glukosewert (Blutzuckerwert). Der Glukosewert dieses Patienten wird in Abhängigkeit von der Zeit t im Intervall $[0;3,75]$ mit Hilfe der Funktion g mit

$$g(t) = 13 \cdot t^3 - 78 \cdot t^2 + 104 \cdot t + 96$$

modelliert. Dabei wird der Glukosewert $(g(t)$ in u (Units) und die Zeit t in h (Stunden) seit Messbeginn angegeben. Die Abbildung 1 auf dem Beiblatt zeigt den Graphen von g im betrachteten Intervall.

a) a1) Bei einem Glukosewert von unter $70\,u$ spricht man von Unterzuckerung. Bestimmen Sie mit Hilfe des Graphen die Länge des Zeitraums, in dem Unterzuckerung vorliegt. (2 P)

a2) Etwas mehr als drei Stunden nach Messbeginn liegt im Bereich der Unterzuckerung der niedrigste Glukosewert. Berechnen Sie den zugehörigen Zeitpunkt. (3 P)

a3) Weisen Sie nach, dass der Glukosewert eine Stunde nach Messbeginn um mehr als 40% größer ist als zu Beginn der Messung. (3 P)

a4) Berechnen Sie den durchschnittlichen Glukosewert innerhalb der ersten zwei Stunden nach Messbeginn. (3 P)

b) Aus medizinischer Sicht ist ein zu schnelles Absinken des Glukosewerts gefährlich.

b1) $T(2 \mid -52)$ ist der tiefste Punkt des Graphen der Ableitungsfunktion g' über dem Intervall $[0;3,75]$.
Interpretieren Sie dies im Sachzusammenhang (3 P)

b2) Die folgenden Terme beschreiben unterschiedliche Änderungsraten der Funktion g.
Term A: $\frac{g(3)-g(1)}{3-1}$
Term B: $\lim\limits_{h\to 0} \dfrac{g(1+h)-g(1)}{h}$
Geben Sie an, welche Änderungsraten diese beiden Terme beschreiben. (4 P)

b3) Liegt die momentane Änderungsrate unter einem Wert von $-40\,u/h$, so zeigt das Messgerät des Patienten ein Warnsymbol an.
Weisen Sie nach, dass dieses Warnsymbol im betrachteten Zeitintervall mehr als eine Stunde lang angezeigt wird. (4 P)

Gegeben ist die Funktionenschar f_a mit

$$f_a(t) = a \cdot \left(t^3 - 4 \cdot t\right) \text{ und } a > 0.$$

Die Abbildung 2 auf dem Beiblatt zeigt den Graphen von f_1.

c) Es ist $f_a(t) = a \cdot \left(t^3 - 4 \cdot t\right)$ und $a > 0$.

c1) Für jedes $a > 0$ hat der Graph von f_a genau einen Hochpunkt H_a. Beschreiben Sie, wie sich die Lage von H_a ändert, wenn sich der Wert des Parameters a verdreifacht. (3 P)

c2) Die Tangente an den Graphen von f_a im Punkt $(2 \mid 0)$ schließt mit der t-Achse einen Winkel ein.
Bestimmen Sie denjenigen Wert von a, für den dieser Winkel 45° beträgt. (3 P)

c3) Weisen Sie durch Rechnung nach:
Verschiebt man den Graphen von g nach links entlang der t-Achse um 2 Einheiten und anschließend entlang der y-Achse nach unten um 96 Einheiten, so erhält man einen Graphen, der zur Schar f_a gehört. (5 P)

d) Gegeben ist die Funktionenschar h_a mit $h_a(t) = -a \cdot t$ und $a > 0$.
Betrachtet wird der folgende Term:

$$\left| \int_1^{t_0} f_a(t)\,\mathrm{d}t \right| - \left| \int_1^{t_0} h_a(t)\,\mathrm{d}t \right|$$

Dabei ist t_0 diejenige Lösung der Gleichung $f_a(t) = h_a(t)$, für die $1 < t_0 < 2$ gilt.

d1) Zeichnen Sie in Abbildung 2 ein Flächenstück ein, dessen Inhalt mit dem angegebenen Term für $a = 1$ berechnet werden kann. (2 P)

d2) Berechnen Sie t_0 sowie den Wert des obigen Terms in Abhängigkeit von a. (5 P)

Beiblatt

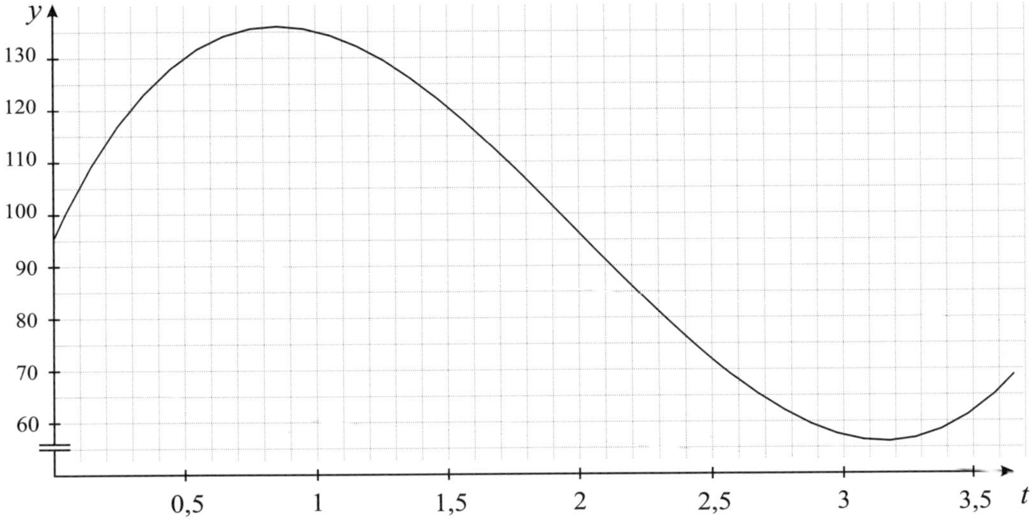

Abbildung 1: der Graph von g im betrachteten Zeitintervall $[0; 3,75]$

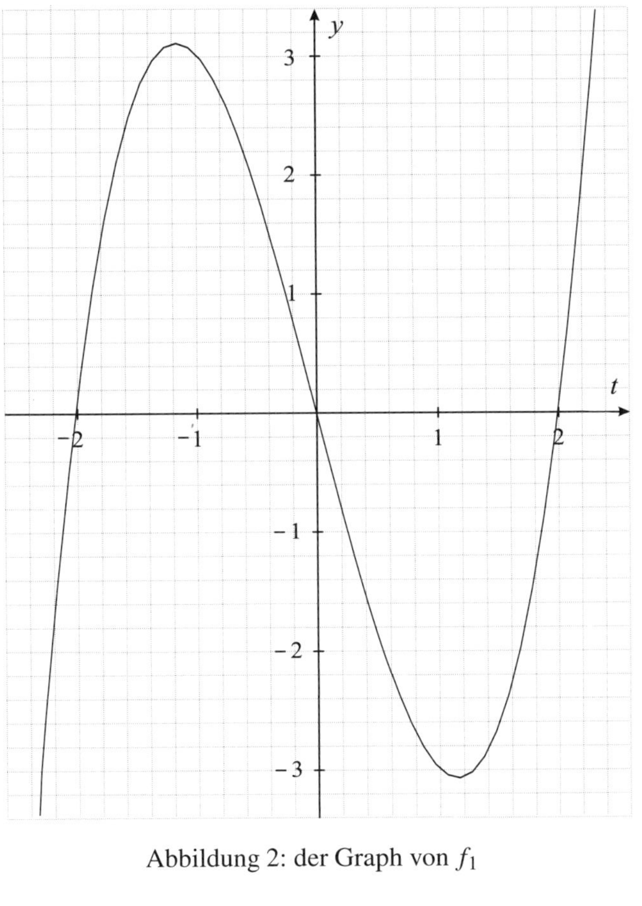

Abbildung 2: der Graph von f_1

Tipps ab Seite 107, Lösungen ab Seite 247

Abitur 2021 Mathematik
Analytische Geometrie Aufgabe 3

Ein Sportler trainiert in einer Kletterhalle. Die Situation wird in einem geeigneten Koordinatensystem modelliert, wobei eine Längeneinheit einem Meter in der Realität entspricht. Die x_1x_2-Ebene stellt den Hallenboden dar. Der Kletterer steht zunächst auf dem Startpunkt $(0 \mid 0 \mid 0)$. Er klettert an der Wand PQRS hoch, greift von dort auf die Wand RSTU über und hangelt sich an ihr nach vorne bis zur Kante $\overline{TU}$.

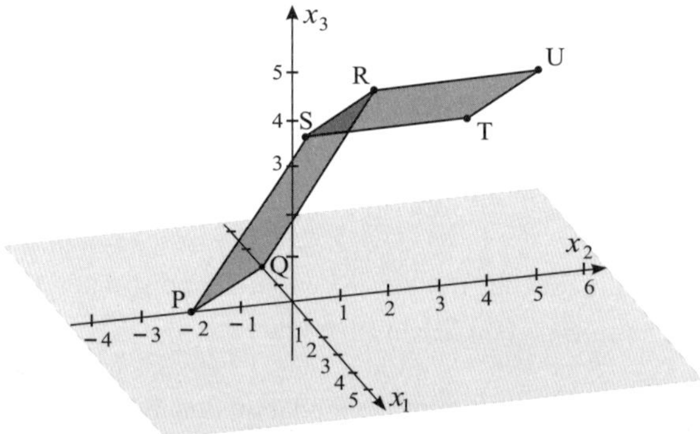

Die ebenen Vierecke PQRS und RSTU haben die Eckpunkte
$P(0 \mid -2 \mid 0)$, $Q(-2 \mid 0 \mid 0)$, $R(-1 \mid 2 \mid 4)$, $S(1 \mid 0 \mid 4)$, $T(2 \mid 3 \mid 4{,}5)$ und $U(0 \mid 5 \mid 4{,}5)$.
Das Viereck PQRS liegt in der Ebene E.

a) a1) Berechnen Sie die Länge der Kante $\overline{PQ}$. (2 P)

a2) Zeigen Sie, dass das Viereck PQRS ein Parallelogramm, aber kein Rechteck ist. (5 P)

a3) Bestimmen Sie eine Gleichung der Ebene E in Koordinatenform. [Kontrolle: E: $4x_1 + 4x_2 - 3x_3 = -8$] (4 P)

a4) Berechnen Sie den Schnittpunkt der Ebene E mit der x_3-Achse und geben Sie die Höhe der Wand senkrecht über dem Startpunkt an. (4 P)

a5) Untersuchen Sie, ob es in der Ebene E einen Punkt $(x_1 \mid x_2 \mid 2)$ mit ganzzahligen Koordinaten x_1 und x_2 gibt. (3 P)

b) In der Nähe der Kante $\overline{\mathrm{TU}}$ hängt bei $\mathrm{G}(3 \mid 3{,}5 \mid 4{,}5)$ eine Glocke, die mit einer Leine am Hallendach befestigt ist. Zum Abschluss seiner Trainingseinheit läutet der Kletterer diese Glocke mit der einen Hand, während er sich mit der anderen Hand an demjenigen Punkt K auf der Kante $\overline{\mathrm{TU}}$ festhält, der den geringsten Abstand zu G hat.

Durch T und U verläuft die Gerade $g\colon \vec{x} = \overrightarrow{\mathrm{OT}} + r \cdot \overrightarrow{\mathrm{TU}} = \begin{pmatrix} 2 \\ 3 \\ 4{,}5 \end{pmatrix} + r \cdot \begin{pmatrix} -2 \\ 2 \\ 0 \end{pmatrix}$.

b1) Bestimmen Sie den Fußpunkt F des Lotes von G auf g. (5 P)
[Kontrolle: $\mathrm{F}(2{,}25 \mid 2{,}75 \mid 4{,}5)$]

b2) Begründen Sie, dass K und F nicht identisch sind. (2 P)

b3) Künftig soll die Glocke an einem anderen Punkt G^* platziert werden. Der Punkt G^* befindet sich in einer Höhe von $4{,}5\,\mathrm{m}$ und ist gleich weit von T und U entfernt; sein Abstand vom Mittelpunkt M der Kante $\overline{\mathrm{TU}}$ beträgt 35 cm.
Ermitteln Sie die Koordinaten des Punktes M und die Koordinaten eines Punktes G^* mit den beschriebenen Eigenschaften. (5 P)

c) Im Rahmen einer Renovierung wird darüber nachgedacht, den Winkel zwischen den beiden Wänden zu verändern. Für jedes $a \in \mathbb{R}$ ist durch $\mathrm{E}_a\colon x_1 + x_2 - ax_3 = 1 - 4a$ eine Ebene E_a gegeben. Jede dieser Ebenen enthält die Gerade durch R und S.

c1) Es gibt genau eine Zahl a mit $\mathrm{E}_a = \mathrm{E}$. Bestimmen Sie diese Zahl. (3 P)

c2) E_8 ist diejenige Ebene, in der das Viereck RSTU liegt. Berechnen Sie den Schnittwinkel der Ebenen E und E_8. (3 P)

c3) Bestimmen Sie alle Zahlen a, so dass sich E und E_a unter einem $60°$-Winkel schneiden. (4 P)

Tipps ab Seite 108, Lösungen ab Seite 253

Landesabitur 2021 Mathematik
Stochastik Aufgabe 4

Alle in Ihren Lösungen verwendeten Zufallsgrößen müssen explizit eingeführt werden. Machen Sie auch Angaben über die Verteilung der jeweiligen Zufallsgrößen.

Eine Gruppe von Bogenschützen schießt im Training regelmäßig auf die in der Abbildung dargestellte Scheibe. Es soll angenommen werden, dass für jedes Mitglied der Gruppe die Anzahl der Treffer ins Zentrum durch eine binomialverteilte Zufallsgröße beschrieben werden kann. Die 18-jährige Nike trifft dabei das Zentrum der Scheibe mit einer Wahrscheinlichkeit von 70%.

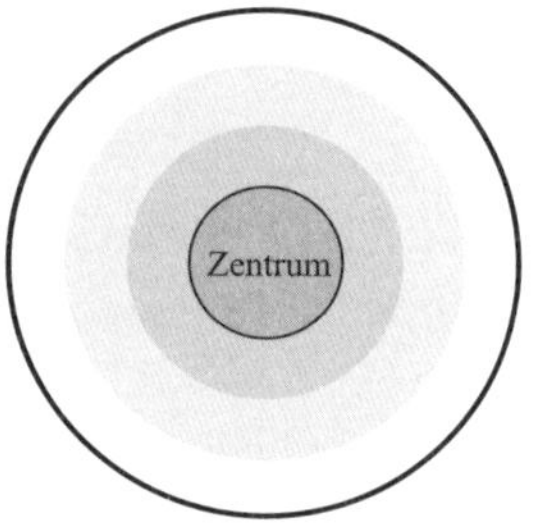

a) a1) Berechnen Sie die Wahrscheinlichkeit dafür, dass Nike in einer Serie von 20 Schüssen das Zentrum

- genau 14-mal trifft;
- mindestens 10-mal trifft;
- mit mehr als 60% und weniger als 80% ihrer Schüsse trifft. (7 P)

a2) Bestimmen Sie - beispielsweise durch systematisches Probieren - die Anzahl an Schüssen, die Nike mindestens abgeben muss, um mit einer Wahrscheinlichkeit von mehr als 99% mindestens zweimal das Zentrum zu treffen. (4 P)

b) Nike und Victor trainieren oft gemeinsam. Die Wahrscheinlichkeiten in der abgebildeten Vierfeldertafel beruhen auf ihren bisherigen Trainingsergebnissen. Beschrieben wird eine Situation, in der beide jeweils einen Schuss abgeben.

Nike/Viktor	V	$\overline{V}$	
N	0,28		0,7
$\overline{N}$			
	0,4		1

V: «Victor trifft ins Zentrum.»
N: «Nike trifft ins Zentrum.»

b1) Vervollständigen Sie die Vierfeldertafel. (3 P)

b2) Zum Trainingsauftakt schießen die beiden jeweils einen Pfeil ab. Nur einer der beiden Pfeile landet im Zentrum. Berechnen Sie die Wahrscheinlichkeit dafür, dass dieser Pfeil von Nike abgeschossen wurde. (4 P)

b3) Für das Spiel «Treffer gewinnt» vereinbaren Nike und Viktor folgende Regeln: Sie schießen abwechselnd, wobei Victor beginnt.
Wer zuerst das Zentrum trifft, gewinnt. Das Spiel ist damit sofort beendet.
Sollten beide jeweils dreimal am Zentrum vorbeischießen, so endet das Spiel ebenfalls und Victor ist Sieger.
Untersuchen Sie, wer von den beiden bei diesem Spiel die bessere Gewinnchance hat. (4 P)

c) Für die Teilnahme an einem Wettbewerb testet Nike einen neuen Bogen. Nach einer ausreichenden Eingewöhnungsphase hat sie die Vermutung, mit dem neuen Bogen ihre bisherige Trefferquote ins Zentrum auf mehr als 70% verbessern zu können.

c1) Erstellen Sie für eine Serie von 150 Schüssen, die Nike mit dem neuen Bogen abgibt, einen Hypothesentest, der geeignet ist, ihre Vermutung auf einem Signifikanzniveau von 10% zu stützen.
Geben Sie die entsprechende Entscheidungsregel an. (8 P)

c2) Beschreiben Sie den Fehler zweiter Art im Sachzusammenhang.
Bestimmen Sie dessen Wahrscheinlichkeit unter der Annahme, dass Nikes Trefferquote ins Zentrum mit dem neuen Bogen tatsächlich auf 75% gestiegen ist. (4 P)

d) In ihrem Köcher hat Nike 20 Pfeile, von denen 17 Pfeile rote Federn und zwei Pfeile blaue Federn haben. Einer der 20 Pfeile hat goldene Federn.
Nike schießt eine Serie von zehn Pfeilen. Dabei zieht sie vor jedem Schuss ohne hinzusehen einen Pfeil aus ihrem Köcher und schießt diesen ab.

d1) Bestimmen Sie die Wahrscheinlichkeit dafür, dass in der Serie alle Pfeile rote Federn haben. (3 P)

d2) Bestimmen Sie die Wahrscheinlichkeit dafür, dass die Serie mindestens einen Pfeil jeder Federnfarbe enthält. (3 P)

Tipps

Das Vektorprodukt

Wenn man einen Vektor $\vec{n}$ sucht, der senkrecht auf zwei gegebenen Vektoren $\vec{a}$ und $\vec{b}$ steht (der Normalenvektor), geschieht dies einfach und schnell mit dem Vektorprodukt:

$$\vec{n} = \left(\vec{a} \times \vec{b}\right) = \begin{pmatrix} a_2b_3 & - & a_3b_2 \\ a_3b_1 & - & a_1b_3 \\ a_1b_2 & - & a_2b_1 \end{pmatrix}$$

Die Merkhilfe dazu:

1. Beide Vektoren werden je zweimal untereinandergeschrieben, dann werden die erste und die letzte Zeile gestrichen.
2. Anschließend wird «über Kreuz» multipliziert. Dabei erhalten die abwärts gerichteten Pfeile ein positives und die aufwärts gerichteten Pfeile ein negatives Vorzeichen.
3. Die einzelnen Komponenten werden subtrahiert – fertig!

$$\begin{array}{cc} \cancel{a_1} & \cancel{b_1} \\ a_2 & b_2 \\ a_3 & b_3 \\ a_1 & b_1 \\ a_2 & b_2 \\ \cancel{a_3} & \cancel{b_3} \end{array} \qquad \begin{array}{cc} a_2 & b_2 \\ a_3 & b_3 \\ a_1 & b_1 \\ a_2 & b_2 \end{array} \Rightarrow \begin{pmatrix} a_2b_3 - a_3b_2 \\ a_3b_1 - a_1b_3 \\ a_1b_2 - a_2b_1 \end{pmatrix}$$

Anmerkung: Der Betrag des senkrecht stehenden Vektors entspricht genau der Flächenmaßzahl des Parallelogramms, das von den beiden Vektoren aufgespannt wird.

Beispiel: Sind $\vec{a} = \begin{pmatrix} 1 \\ 3 \\ 2 \end{pmatrix}$ und $\vec{b} = \begin{pmatrix} -1 \\ 4 \\ 0 \end{pmatrix}$, ergibt sich für den gesuchten Vektor:

$$\begin{array}{cc} \cancel{1} & \cancel{-1} \\ 3 & 4 \\ 2 & 0 \\ 1 & -1 \\ 3 & 4 \\ \cancel{2} & \cancel{0} \end{array} \Rightarrow \begin{array}{cc} 3 & 4 \\ 2 & 0 \\ 1 & -1 \\ 3 & 4 \end{array} \Rightarrow \begin{pmatrix} 3 \cdot 0 - 2 \cdot 4 \\ 2 \cdot (-1) - 1 \cdot 0 \\ 1 \cdot 4 - 3 \cdot (-1) \end{pmatrix} = \begin{pmatrix} -8 \\ -2 \\ 7 \end{pmatrix}$$

1 Abitur 2017

Hilfsmittelfreier Teil

1.1 Die erste und zweite Ableitung von f erhalten Sie mit der Potenzregel. Beachten Sie, dass der Graph einer ganzrationalen Funktion zweiten Grades eine Parabel ist.

1.2 Um zu zeigen, dass der Ursprung $(0 \mid 0)$ ein Sattelpunkt (also ein Wendepunkt mit waagerechter Tangente) des Graphen der Funktion f ist, setzen Sie $x = 0$ in $f(x)$, $f'(x)$, $f''(x)$ und $f'''(x)$ ein. Falls $f(0) = 0$, $f'(0) = 0$, $f''(0) = 0$ und $f'''(0) \neq 0$ liegt bei $x = 0$ eine Wendestelle mit waagerechter Steigung vor.

2.1 Die Nullstelle von f erhalten Sie, indem Sie die Gleichung $f(x) = 0$ durch Logarithmieren lösen.

2.2 Die Gleichung der Tangente t an den Graphen der Funktion f im Punkt S erhalten Sie, indem Sie zuerst die Steigung m der Tangente t mit Hilfe der 1. Ableitung von f bestimmen. Verwenden Sie die Kettenregel und setzen Sie den x-Wert von S in $f'(x)$ ein.
Setzen Sie anschließend m und die Koordinaten von S in die Punkt-Steigungsform $y - y_1 = m \cdot (x - x_1)$ ein, um die Gleichung der Tangente t zu erhalten. Der Schnittpunkt S von t mit der y-Achse ist schon gegeben, den Schnittpunkt N von t mit der x-Achse erhalten Sie, indem Sie die Gleichung $y = 0$ nach x auflösen. Skizzieren Sie das Dreieck OSN und überlegen Sie, welche Seiten die gleiche Länge besitzen.

3.1 Beachten Sie, dass das Skalarprodukt zweier Vektoren und der Betrag eines Vektors eine Zahl ergibt, dass aber die Summe, die Differenz und das Vektorprodukt zweier Vektoren einen Vektor ergibt. Außerdem ist das Vektorprodukt nur zwischen zwei Vektoren definiert.

3.2 Beachten Sie, dass das Skalarprodukt zweier Vektoren, die orthogonal zueinander sind, Null ergibt und dass der Vektor $\vec{a} \times \vec{b}$ sowohl orthogonal zu $\vec{a}$ als auch orthogonal zu $\vec{b}$ ist.

4.1 Um zu untersuchen, ob die Gerade g die Kugel K schneidet, setzen Sie den allgemeinen Punkt P_s von g in die Kugelgleichung ein und lösen, falls möglich, die entstandene Gleichung nach s auf. Falls die Gleichung keine relle Lösung hat, schneidet die Gerade g die Kugel K nicht.

4.2 Skizzieren Sie die Problemstellung. Bestimmen Sie den Mittelpunkt M der Kugel sowie den Vektor $\overrightarrow{BM}$. Wählen Sie einen Richtungsvektor $\vec{u}$ der gesuchten Geraden h so, dass er orthogonal zum Vektor $\overrightarrow{BM}$ ist, d.h. dass das Skalarprodukt der beiden Vektoren Null ergibt. Als Stützvektor der Geraden h verwenden Sie den Ortsvektor von B.

5.1 Den Schnittpunkt S_1 von E mit der x_1-Achse erhalten Sie, indem Sie $x_2 = 0$ und $x_3 = 0$ in die Ebenengleichung einsetzen. Den Schnittpunkt S_2 von E mit der x_2-Achse erhalten Sie, indem Sie $x_1 = 0$ und $x_3 = 0$ in die Ebenengleichung einsetzen. Skizzieren Sie das

sich ergebende rechtwinklige Dreieck und bestimmen Sie die Grundseite g und die Höhe h. Verwenden Sie für den Flächeninhalt des Dreiecks die Formel $A = \frac{g \cdot h}{2}$.

5.2 Als Ansatz für einen Normalenvektor $\vec{n}$ von E verwenden Sie $\vec{n} = k \cdot \begin{pmatrix} 2 \\ 1 \\ -2 \end{pmatrix}$. Da dieser Vektor auch der Ortsvektor eines Punktes der Ebene E ist, setzen Sie seine Komponenten in die Ebenengleichung ein und lösen die entstandene Gleichung nach k auf.

6.1 Bezeichnen Sie mit F: Frau, $\overline{\text{F}}$: Mann, S: kauft Süßigkeiten und $\overline{\text{S}}$: kauft keine Süßigkeiten. Da von den teilnehmenden Personen 60% Frauen sind, erhalten Sie $P(F)$ und mit Hilfe der Wahrscheinlichkeit des Gegenereignisses $P(\overline{F}) = 1 - P(F)$. Da 80% der reisenden Frauen Süßigkeiten am Kiosk kaufen, erhalten Sie $P_F(S)$ und wegen $P_F(S) = \frac{P(F \cap S)}{P(F)}$ berechnen Sie $P(F \cap S)$. Da 40% der reisenden Männer Süßigkeiten am Kiosk kaufen, erhalten Sie $P_{\overline{F}}(S)$ und wegen $P_{\overline{F}}(S) = \frac{P(\overline{F} \cap S)}{P(\overline{F})}$ berechnen Sie $P(\overline{F} \cap S)$. Tragen Sie diese Werte in die Vierfeldertafel ein, die Sie durch Differenzen- und Summenbildung ergänzen.

6.2 Die Wahrscheinlichkeit, dass eine Person, die am Kiosk Süßigkeiten gekauft hat, eine Frau ist, erhalten Sie mit Hilfe der bedingten Wahrscheinlichkeit: $P_S(F) = \frac{P(S \cap F)}{P(S)}$.

7.1 Bestimmen Sie den Anteil der Überraschungseier mit einer Figur und ohne Figur. Bezeichnen Sie mit F: Figur enthalten und mit $\overline{\text{F}}$: keine Figur enthalten. Die Wahrscheinlichkeit, dass nur in den letzten beiden Überraschungseiern jeweils eine Figur enthalten ist, erhalten Sie mit Hilfe der Pfadregeln.

7.2 Bestimmen Sie die Parameter n und p der binomialverteilten Zufallsvariblen X und berechnen Sie den Erwartungswert von X mit Hilfe der Formel $E(X) = \mu = n \cdot p$. Beachten Sie, dass sich bei einer binomialverteilten Wahrscheinlichkeitsverteilung das Maximum bei $k \approx \mu$ befindet und eine Binomialverteilung verschiedene Werte hat.

8.1 Bezeichnen Sie mit s: Kugel ist schwarz und mit w: Kugel ist weiß und zeichnen Sie ein Baumdiagramm. Beachten Sie, dass sich die Anzahl der Kugeln ändert. Überlegen Sie, welche Ergebnisse zum Ereignis gehören und verwenden Sie die Pfadregeln.

8.2 Bezeichnen Sie mit A, B und C die drei Urnen, mit s: Kugel ist schwarz und mit w: Kugel ist weiß und zeichnen Sie ein Baumdiagramm. Berechnen Sie mit Hilfe der Pfadregeln die Wahrscheinlichkeit, dass die gezogene Kugel schwarz ist. Legen Sie X als Zufallsvariable für den Gewinn fest und bezeichnen Sie mit x den Geldbetrag, der ausgezahlt wird, wenn die gezogene Kugel schwarz ist. Bestimmen Sie den Erwartungswert für den Gewinn des Spielers, indem Sie den Auszahlungsbetrag mit der entsprechenden Wahrscheinlichkeit multiplizieren und den Einsatz subtrahieren. Beachten Sie, dass das Spiel fair sein soll, d.h. der Erwartungswert Null sein soll. Stellen Sie eine Gleichung auf und lösen Sie diese nach x auf.

Abitur 2017 – Analysis Aufgabe 1

a1) Lesen Sie anhand der Grafik den y-Wert für $t = 5$ ab.
Den Zeitraum, in dem das Volumen mindestens 350 Kubikmeter beträgt, erhalten Sie, indem Sie den Graphen von f mit der Geraden $y = 350$ schneiden und die Schnittstellen bestimmen.

a2) Die momentane Änderungsrate des Wasservolumens zwei Stunden nach Beobachtungsbeginn erhalten Sie, indem Sie die Tangente im Punkt $P(2 \mid f(2))$ einzeichnen und die Steigung m der Tangente bestimmen. Wählen Sie ein geschicktes Steigungsdreieck und berechnen Sie $m = \frac{\triangle y}{\triangle t}$.

a3) Zeichnen Sie die Tangente im Punkt $Q(15 \mid f(15))$ ein und schneiden Sie diese mit der t-Achse.

a4) Beachten Sie, dass $f(t)$ die Wassermenge zu einem Zeitpunkt t und $f(t+6)$ die Wassermenge 6 Stunden später beschreibt.

a5) Beachten Sie, dass die Funktionsgleichung der Form I dritten Grades ist und überlegen Sie, wie viele Extrempunkte der zugehörige Graph damit höchstens haben kann. Beachten Sie, dass in der Funktionsgleichung der Form II nur gerade Exponenten vorkommen und damit eine bestimmte Symmetrie des zugehörigen Graphen vorliegt.

b1) Bestimmen Sie das Maximum der Funktion g mit Hilfe der 1. und 2. Ableitung von g. Als notwendige Bedingung lösen Sie die Gleichung $g'(t) = 0$ mit Hilfe des Taschenrechners nach t auf. Setzen Sie die erhaltenen t-Werte in $g''(t)$ ein. Falls $g''(t) < 0$ handelt es sich um ein lokales Maximum. Den zugehörigen y-Wert erhalten Sie, indem Sie den t-Wert in $g(t)$ einsetzen. Zur Untersuchung auf Randmaxima für $0 \leqslant t \leqslant 15$ setzen Sie $t = 0$ und $t = 15$ in $g(t)$ ein. Prüfen Sie, ob ein Randwert höher ist als das lokale Maximum.

b2) Bestimmen Sie zuerst die Zeitpunkte, zu denen das Volumen des Wassers weder zu- noch abnimmt, indem Sie die Gleichung $g(t) = 0$ mit Hilfe des Taschenrechners nach t auflösen. Um zu prüfen, in welchem Zeitraum das Volumen des Wassers abnimmt, berechnen Sie beispielsweise die Funktionswerte an den Stellen, die zwischen den Stellen mit $g(t) = 0$ liegen, z.B. bei $t = 5$, $t = 10$ und $t = 15$. Überlegen Sie, in welchen Intervallen die Funktionswerte negativ sind. Alternativ können Sie auch mit Hilfe einer Wertetabelle den Graphen von g zeichnen und den Bereich mit negativen Funktionswerten bestimmen.

b3) Die Zunahme Z des Wasservolumens in den ersten drei Stunden erhalten Sie mit Hilfe eines Integrals, da die Zuwächse addiert werden. Verwenden Sie die angegebene Stammfunktion. Die Wassermenge zu Beginn erhalten Sie, indem Sie von der Wassermenge drei Stunden nach Beobachtungsbeginn die zugeflossene Wassermenge subtrahieren.

b4) Die Wassermenge W zum Zeitpunkt t erhalten Sie mit Hilfe eines Integrals und der Wassermenge zu Beobachtungsbeginn (siehe b3). Verwenden Sie die angegebene Stammfunktion. Um zu untersuchen, ob es nach Beobachtungsbeginn einen Zeitpunkt gibt, zu dem das Wasservolumen ebenso groß ist wie zu Beobachtungsbeginn, stellen Sie eine geeignete Gleichung auf und lösen diese mit Hilfe des Taschenrechners.

c1) Berechnen Sie mit Hilfe eines Integrals den Zufluss Z , der in zwei Stunden erfolgt. Überlegen Sie, wie viel Wasser zugeflossen sein muss, stellen Sie eine Gleichung auf und lösen Sie diese durch Logarithmieren nach k auf.

c2) Um einen Term der 103. Ableitung von h_k anzugeben, bilden Sie mit Hilfe der Kettenregel die ersten drei Ableitungen von h_k. Bestimmen Sie eine Regel für die n-te Ableitung von h_k und bestimmen Sie damit die gesuchte Ableitung.

Abitur 2017 – Analysis Aufgabe 2

a1) Die durchschnittliche Steigung $\overline{m}$ zwischen Start- und Endpunkt der Rutschbahn, also zwischen A und B, erhalten Sie mit der Formel $m = \frac{\triangle y}{\triangle x} = \frac{y_2 - y_1}{x_2 - x_1}$. Die Steigung m_C im Punkt C erhalten Sie, indem Sie die Tangente in C einzeichnen und mit Hilfe eines geeigneten Steigungsdreiecks die Steigung bestimmen.

a2) Als Ansatz für eine ganzrationale Funktion f dritten Grades verwenden Sie $f(x) = ax^3 + bx^2 + cx + d$ mit $f'(x) = 3ax^2 + 2bx + c$. Stellen Sie vier Gleichungen auf, indem Sie die drei gegebenen Punkte in den Ansatz und die gegebene Steigung in die 1. Ableitung einsetzen. Stellen Sie ein lineares Gleichungssystem auf und lösen Sie dieses mit Hilfe des Taschenrechners.

b1) Um die Stellen, an denen die zwei vertikalen Pfeiler mit 10 Meter und 15 Meter Höhe stehen, zu bestimmen, lösen Sie die Gleichungen $f(x) = 15$ bzw. $f(x) = 10$ mit Hilfe des Taschenrechners. Um zu berechnen, wie weit die Pfeiler voneinander entfernt stehen, bestimmen Sie den Abstand d zwischen den beiden Stellen: $\mathrm{d} = x_2 - x_1$.

b2) Bestimmen Sie mit Hilfe der Potenzregel die 1. Ableitung von f. Um rechnerisch zu zeigen, dass $f'(x) < 0$ für alle $x \in [0; 40]$ gilt, versuchen Sie zuerst die Nullstellen von $f'(x)$ zu bestimmen. Lösen Sie dazu die Gleichung $f'(x) = 0$. Beachten Sie, dass $f'(0) = -1$ ist, und überlegen Sie, ob alle Funktionswerte von f' negativ sein müssen. Beachten Sie, dass eine negative Steigung ein Gefälle beschreibt.

b3) Um zu zeigen, dass der Punkt C ein Wendepunkt des Graphen von f ist, verwenden Sie die 2. und 3. Ableitung von f. Setzen Sie den x-Wert von C in $f''(x)$ und $f'''(x)$ ein. Falls $f''(x) = 0$ und $f'''(x) \neq 0$ gilt, sind die notwendige und die hinreichende Bedingung für eine Wendestelle erfüllt.

c1) Um den Graphen von $g_{1,5}$ zu skizzieren, setzen Sie $a = 1,5$ in $g_a(x)$ ein und erstellen eine Wertetabelle. Die Höhe h, aus der ein Badegast am Ende dieser Rutsche ins Wasser fällt, erhalten Sie, indem Sie $x = 40$ in $g_{1,5}(x)$ einsetzen.

c2) Stellen Sie anhand der Bedingungen zwei Ungleichungen auf und lösen Sie diese nach a auf. Beachten Sie, dass die Höhe ein Funktionswert ist, dass der Neigungswinkel im Startpunkt negativ ist und mit Hilfe von $\tan(\alpha) = g_a{}'(0)$ bestimmt werden kann.

c3) Den zweiten Summanden des angegebenen Terms erhalten Sie, indem Sie $i = 1$ einsetzen. Überlegen Sie, welche Länge mit Hilfe dieser Formel berechnet werden kann. Beachten Sie, dass mit dem angegebenen Term vier Teillängen berechnet werden.

d1) Um G(5) zu berechnen, setzen Sie $a = 5$ in G(a) und $g_a(x)$ ein und verwenden den Hauptsatz der Differential- und Integralrechnung.

d2) Um zu zeigen, dass für jedes $a > 0$ gilt: $\mathrm{G}(a) < \frac{480}{a}$, berechnen Sie G($a$) bzw. das Integral mit Hilfe des Hauptsatzes der Differential- und Integralrechnung. Beachten Sie, dass $a > 0$ und $e^{-2a} > 0$ ist.

Abitur 2017 – Analytische Geometrie

a1) Skizzieren Sie das Rechteck RSTU und bestimmen Sie die Koordinaten des vierten Eckpunktes U mit Hilfe einer Vektorkette.

a2) Die Entfernung der Drohne zum Punkt P nach 15 Sekunden erhalten Sie, indem Sie zuerst die Position Z der Drohne nach 15 Sekunden bestimmen. Dazu setzen Sie $t = 15$ in g ein. Anschließend berechnen Sie den Abstand d von P zu Z, indem Sie den Betrag des entsprechenden Verbindungsvektors bestimmen.

a3) Den Steigungswinkel α der Flugbahn erhalten Sie, indem Sie den Winkel α zwischen der x_1x_2-Ebene und der Geraden g bestimmen. Diesen erhalten Sie mit Hilfe der Formel $\sin(\alpha) = \frac{|\vec{u} \cdot \vec{n}|}{|\vec{u}| \cdot |\vec{n}|}$, wobei $\vec{u}$ der Richtungsvektor von g und $\vec{n}$ ein Normalenvektor der x_1x_2-Ebene ist.

b1) Den Flächeninhalt A der Seitenfläche RSS′R′ des Hauses erhalten Sie, indem Sie den Flächeninhalt des Rechtecks mit der Grundseite $g = \overline{\mathrm{RS}}$ und der Haushöhe h mit der Formel $\mathrm{A} = g \cdot h$ berechnen.

b2) Um zu untersuchen, ob die Drohne die Fläche RSS′R′ treffen wird, bestimmen Sie zuerst die Gleichung der Ebene E, in der diese Fläche liegt und schneiden sie anschließend mit der Geraden g. Die Ebene E, in der die Punkte R, S und S′ liegen, hat z.B. den Stützpunkt R und die Spannvektoren $\overrightarrow{\mathrm{RS}}$ und $\overrightarrow{\mathrm{RS'}}$. Einen Normalenvektor $\vec{n}$ von E erhalten Sie mit Hilfe des Vektorprodukts (siehe Seite 71) der beiden Spannvektoren. Setzen Sie den Ortsvektor von R und den Normalenvektor $\vec{n}$ in die Normalenform $\vec{n} \circ (\vec{x} - \vec{r}) = 0$ ein, um die Koordinatenform zu erhalten.
Die Koordinaten des Schnittpunktes W von E und g erhalten Sie, indem Sie einen allgemeinen Punkt W_t der Geraden g in die Koordinatenform der Ebene E einsetzen. Setzen Sie den erhaltenen t-Wert in W_t ein. Vergleichen Sie den x_3-Wert von W mit der Höhe des Hauses.

b3) Bestimmen Sie die Gleichung der Geraden h durch die Punkte R′ und S′. Den Abstand d, den die Flugbahn der Drohne zur Geraden h hat, erhalten Sie, indem Sie den Abstand der beiden windschiefen Geraden g und h mit der Formel $\mathrm{d} = \frac{|(\vec{r}\,' - \vec{p}) \circ \vec{n}|}{|\vec{n}|}$ bestimmen, wobei $\vec{n}$ ein Vektor ist, der auf beiden Richtungsvektoren der Geraden g und h senkrecht steht. Den Vektor $\vec{n}$ erhalten Sie mit Hilfe des Vektorprodukts (siehe Seite 71) der beiden Richtungsvektoren von g und h.

c1) Um die Koordinaten des Punktes D, an dem die Drohne den Sendebereich von S_1 verlässt, zu bestimmen, verwenden Sie einen allgemeinen Punkt P_s von k und bestimmen den Parameter s so, dass der Abstand von P_s zu S_1, also der Betrag des entsprechenden Verbindungsvektors, genau der Reichweite des Senders S_1 entspricht. Stellen Sie eine Gleichung auf und lösen Sie diese nach s auf. Verwenden Sie den Taschenrechner. Beachten Sie, dass wegen $s > 0$ nur eine Lösung in Frage kommt. Setzen Sie den erhaltenen s-Wert in P_s ein, um den Punkt D zu erhalten.
Um zu prüfen, ob die Drohne bereits im Sendebereich von S_2 ist, berechnen Sie den Abstand d von D zu S_2, indem Sie den Betrag des entsprechenden Verbindungsvektors bestimmen und mit der Reichweite von S_2 vergleichen.

c2) Um zu berechnen, zu welcher Zeit die Drohne nur noch einen Abstand von 200 m zur Ebene F hat, bestimmen Sie zuerst den Abstand d eines allgemeinen Punktes P_s von k zur Ebene F mit Hilfe der Abstandsformel. Anschließend lösen Sie die Gleichung $\mathrm{d} = 200$ nach s auf. Beachten Sie, dass die Betragsgleichung durch Fallunterscheidung gelöst wird und überlegen Sie, welche Lösung in Frage kommt, da die Drohne auf die Ebene zufliegt.

d1) Um zu untersuchen, ob der angegebene Vektor eine Lösung der angegebenen Gleichung ist, setzen Sie ihn in die Gleichung ein und berechnen das entstandene Vektorprodukt (siehe Seite 71).

d2) Beachten Sie, dass das Vektorprodukt zweier Vektoren genau dann gleich dem Nullvektor ist, wenn die beiden Vektoren ein Vielfaches voneinander sind. Wenden Sie dies auf die beiden gegebenen Vektoren an und lösen Sie die entstandene Gleichung nach $\vec{x}$ auf. Überlegen Sie, welche Form die Lösung hat und welchem geometrischen Objekt diese entspricht.

Abitur 2017 – Stochastik

a1) Bezeichnen Sie mit A: Samenkorn hat Qualitätsstufe A, mit B: Samenkorn hat Qualitätsstufe B, mit K: Samenkorn keimt und mit $\overline{\mathrm{K}}$: Samenkorn keimt nicht und bestimmen Sie anhand der gegebenen Angaben und mit Hilfe der Wahrscheinlichkeit des Gegenereignisses folgende Werte: $P(A)$ und $P(B) = 1 - P(A)$, $P_A(K)$ und $P_A(\overline{K}) = 1 - P_A(K)$ sowie $P_B(K)$ und $P_B(\overline{K}) = 1 - P_B(K)$.

a2) Die Wahrscheinlichkeit, dass es sich bei einem zufällig ausgewählten keimenden Samenkorn um ein Samenkorn der Qualitätsstufe B handelt, erhalten Sie mit Hilfe der bedingten

Wahrscheinlichkeit: $P_K(B) = \frac{P(K \cap B)}{P(K)}$. Bestimmen Sie mit Hilfe der Pfadregeln $P(K \cap B)$ und $P(K) = P(A \cap K) + P(B \cap K)$.

a3) Legen Sie X als binomialverteilte Zufallsgröße für die Anzahl der keimenden Samenkörner mit den Parametern n und p fest. Die Wahrscheinlichkeit des Ereignisses E erhalten Sie mit Hilfe der Binomialverteilung. Die Wahrscheinlichkeit des Ereignisses F erhalten Sie mit Hilfe der kumulierten Binomialverteilung.

a4) Beschreiben Sie zuerst die Bedeutung der Terme $\sum_{i=0}^{120} \binom{200}{i} \cdot 0,7^i \cdot 0,3^{200-i}$ und $\sum_{i=160}^{200} \binom{200}{i} \cdot 0,7^i \cdot 0,3^{200-i}$ und anschließend die zugehörigen Gegenereignisse.

b) Bezeichnen Sie mit AK: Samenkorn der Qualitätsstufe A keimt, mit BK: Samenkorn der Qualitätsstufe B keimt, mit G: Gurke wächst und mit $\overline{G}$: Gurke wächst nicht und zeichnen Sie das zugehörige Baumdiagramm. Die Wahrscheinlichkeit, dass aus einem Samenkorn der Qualitätsstufe A eine Gurke entsteht, erhalten Sie mit Hilfe der Pfadregel: $P(AK \cap G)$. Bestimmen Sie die Anzahl erntereifer Gurkenpflanzen, wenn Sie n Samenkörner der Qualitätsstufe A säen, und die zugehörigen Samenkosten für n Samenkörner. Sie erhalten die Samenkosten pro erntereifer Gurkepflanze der Qualitätsstufe A, indem Sie die Samenkosten für n Samenkörner durch die Anzahl erntereifer Gurkenpflanzen teilen.
Die Wahrscheinlichkeit, dass aus einem Samenkorn der Qualitätsstufe B eine Gurke entsteht, erhalten Sie ebenfalls mit Hilfe der Pfadregel: $P(BK \cap G)$. Bestimmen Sie die Anzahl erntereifer Pflanzen, wenn Sie m Samenkörner der Qualitätsstufe B säen, und die zugehörigen Samenkosten für m Samenkörner. Sie erhalten die Samenkosten pro erntereifer Pflanzen der Qualitätsstufe B, indem Sie die Samenkosten für m Samenkörner durch die Anzahl erntereifer Pflanzen teilen. Vergleichen Sie die beiden Samenkosten pro erntereifer Gurkenpflanze.

c1) Da die Entscheidungsregel für einen Hypothesentest das Ziel hat, die Behauptung des Großhändlers zu stützen, legen Sie als Nullhypothese die gegenteilige Behauptung des Großhändlers fest. Damit lautet die Nullhypothese: $H_0: p \leqslant ....$ Legen Sie X als binomialverteilte Zufallsgröße für die Anzahl der keimenden Samenkörner der Qualitätsstufe B mit den Parametern n und p fest. Formulieren Sie die zugehörige Alternativhypothese H_1. Wegen $H_1: p > ...$ handelt es sich um einen rechtsseitigen Test mit Signifikanzniveau (Irrtumswahrscheinlichkeit) α.
Man wird die Nullhypothese verwerfen, wenn bei den 100 Samenkörnern deutlich mehr als die erwartete Anzahl Samenkörner (Erwartungswert $E(X) = n \cdot p$) keimen. Also ist ein minimales $k \in \mathbb{N}$ und damit ein Ablehnungsbereich $\overline{A} = \{k, ..., 100\}$ der Nullhypothese so zu bestimmen, dass gilt: $P(X \in \overline{A}) \leqslant \alpha$ bzw. $P(X \geqslant k) \leqslant 0,05$. Bestimmen Sie k mit Hilfe der Wahrscheinlichkeit des Gegenereignisses und der kumulierten Binomialverteilung unter Verwendung des Taschenrechners. Bestimmen Sie mit Hilfe des Ablehnungsbereichs die Entscheidungsregel.

c2) Beachten Sie, dass bei einem Fehler 2. Art die Nullhypothese angenommen wird, obwohl sie falsch ist. Bestimmen Sie den Annahmebereich A des Tests. Legen Sie Y als binomialverteilte Zufallsvariable für die Anzahl der keimenden Samenkörner der Qualitätsstufe B mit den Parametern p und n fest. Die Wahrscheinlichkeit β für den Fehler 2. Art erhalten Sie, indem Sie die Wahrscheinlichkeit des Annahmebereichs des Tests für die Zufallsvariable Y bestimmen: $\beta = P(Y \in A)$. Verwenden Sie die kumulierte Binomialverteilung.

d1) Legen Sie Z als binomialverteilte Zufallsgröße für die Anzahl der keimenden Samenkörner der Qualitätsstufe C mit den Parametern n und unbekanntem p fest. Um zu prüfen, ob eine Keimwahrscheinlichkeit von 60% ($p = 0,6$) mit dem Stichprobenergebnis 27 auf einem Signifikanzniveau von 5% verträglich ist, berechnen Sie, ob 27 im 95%-Annahmebereich der Hypothese $H: p = 0,6$ liegt. Dies ist der Fall, wenn gilt: $P(Z \leqslant 26) \geqslant \frac{0,05}{2} = 0,025$ und $P(Z \leqslant 27) \leqslant 1 - \frac{0,05}{2} = 0,975$. Verwenden Sie die kumulierte Binomialverteilung.
Alternativ können Sie auch den 95%-Annahmebereich A berechnen. Dieser liegt symmetrisch um den Erwartungswert $\mu = n \cdot p$ herum: $A = [\mu - a; \mu + a]$. Es ist also eine Zahl a so zu bestimmen, dass gilt: $P(Z \in A) \geqslant 0,95$.
Verwenden Sie die kumulierte Binomialverteilung.

d2) Die obere Grenze für die Keimwahrscheinlichkeit p des dazugehörigen 95%-Konfidenzintervalls erhalten Sie, indem Sie dasjenige maximale p bestimmen, für das gilt:
$P(Z \leqslant 26) \leqslant 0,025$.
Durch Ausprobieren erhalten Sie mit Hilfe des Taschenrechners das maximale p und damit die obere Grenze für die Keimwahrscheinlichkeit des 95%-Konfidenzintervalls.

2 Abitur 2018

Hilfsmittelfreier Teil

1.1 Beachten Sie, dass die beiden Geraden g und h denselben Stützvektor besitzen. Berechnen Sie das Skalarprodukt der beiden Richtungsvektoren $\vec{u}$ von g und $\vec{v}$ von h. Falls das Ergebnis Null ist, sind die Geraden g und h senkrecht zueinander.

1.2 Um eine Gleichung der Ebene E zu bestimmen, verwenden Sie den Stützvektor einer Geraden und die beiden Richtungsvektoren von g und h als Spannvektoren. Einen Normalenvektor $\vec{n}$ von E erhalten Sie mit Hilfe des Vektorprodukts (siehe Seite 71) der beiden Spannvektoren. Setzen Sie den Stützvektor und den Normalenvektor $\vec{n}$ in die Normalenform $\vec{n} \circ (\vec{x} - \vec{p}) = 0$ ein. Alternativ können Sie auch die Koordinaten des Stützpunktes in die Koordinatenform $ax_1 + bx_2 + cx_3 = d$ einsetzen.

2.1 Bestimmen Sie das Skalarprodukt des Richtungsvektors $\vec{u}$ von g und des Normalenvektors $\vec{n}$ der Koordinatenebenen; falls das Ergebnis Null ergibt, ist die Gerade g parallel zur entsprechenden Ebene. Beachten Sie, dass die Gerade g parallel zur x_2x_3-Ebene ist und bestimmen Sie den Abstand des Stützpunktes von g zur x_2x_3-Ebene mit Hilfe der Abstandsformel. Berechnen Sie das Skalarprodukt des Richtungsvektors $\vec{u}$ von g und des Normalenvektors $\vec{n}$ der Ebene E; falls das Ergebnis Null ergibt sind g und E parallel oder g ist in E enthalten. Setzen Sie die Koordinaten des Stützpunktes in die Gleichung von E ein. Bei einer falschen Aussage liegt er nicht in E und g und E sind echt parallel.

2.2 Den Abstand d der Ebene E vom Ursprung bestimmen Sie mit der Abstandsformel $\mathrm{d} = \frac{|a \cdot p_1 + b \cdot p_2 + c \cdot p_3 - d|}{\sqrt{a^2+b^2+c^2}}$.

3.1 Setzen Sie die Koordinaten von S in E ein; bei einer wahren Aussage liegt S in E.

3.2 Bestimmen Sie die Gleichung der Geraden durch P und Q und prüfen Sie, ob der Richtungsvektor $\vec{u}$ der Geraden ein Vielfaches des Normalenvektors $\vec{n}$ der Ebene E ist.

3.3 Skizzieren Sie die Problemstellung und überlegen Sie, durch welche beiden Punkte die Gerade h verlaufen muss.

4.1 Setzen Sie $x = 1$ in $f'(x)$ ein.

4.2 Bestimmen Sie die Koordinaten des Wendepunkts, indem Sie $x = 1$ in $f(x)$ einsetzen. Skizzieren Sie die Wendetangente und Geraden, die flacher und steiler verlaufen.

5.1 Setzen Sie $x_1 = 2$, $x_2 = 0$ und $x_3 = 1$ in $h(x)$ ein. Die Steigung des Graphen von h an der Stelle 1 erhalten Sie, indem Sie $x = 1$ in $h'(x)$ einsetzen.

5.2 Setzen Sie $x = 1$ in $f(x)$ und $g(x)$ ein. Um zu zeigen, dass die Graphen der Funktionen f und g an der Stelle 1 die gleiche Steigung haben, setzen Sie $x = 1$ in $f'(x)$ und $g'(x)$ ein.

6.1 Setzen Sie die Koordinaten des Punktes $P(0 \mid 1)$ in $f_k(x)$ ein und lösen Sie die entstandene Gleichung nach k auf.

6.2 Verwenden Sie den Hauptsatz der Differential- und Integralrechnung und lösen Sie die entstandene Gleichung durch Logarithmieren nach k auf.

7.1 Bestimmen Sie die gesuchten Wahrscheinlichkeiten mit Hilfe der Pfadregeln.

7.2 Die Wahrscheinlichkeit für das Ereignis A erhalten Sie mit Hilfe der Pfadregeln. Die Wahrscheinlichkeit für das Ereignis B erhalten Sie durch $P(B) = P(2)$. Die Wahrscheinlichkeit für $P(A \cap B)$ erhalten Sie, indem Sie die Wahrscheinlichkeit für $(2;2)$ mit Hilfe der Pfadregeln berechnen. Berechnen Sie anschließend $P(A) \cdot P(B)$. Falls $P(A) \cdot P(B) = P(A \cap B)$ sind die Ereignisse A und B stochastisch unabhängig

8.1 Bestimmen Sie $P(X = 5)$ mit Hilfe der Wahrscheinlichkeit des Gegenereignisses. Den Erwartungswert E von X erhalten Sie, indem Sie die jeweiligen Werte mit den zugehörigen Wahrscheinlichkeiten multiplizieren und die Ergebnisse addieren.

8.2 Überlegen Sie, wie groß die Wahrscheinlichkeit, dass Y den Wert 5 annimmt, mindestens und höchstens ist. Berechnen Sie für diese beiden Wahrscheinlichkeiten jeweils den Erwartungswert von Y.

Abitur 2018 – Aufgabe 1

a1) Bestimmen Sie die Koordinaten des Abstoßpunktes A und des Punktes R, indem Sie $x = 0$ und $x = -2$ in $f(x)$ einsetzen. Die Länge der Strecke $\overline{RA}$ erhalten Sie mithilfe der Formel $d = \sqrt{(x_2 - x_1)^2 + (y_2 - y_1)^2}$ für den Abstand zweier Punkte.

a2) Lösen Sie die Gleichung $f(x) = 1,5$ durch Logarithmieren nach x auf und berechnen Sie die Differenz zum x-Wert von R.

a3) Beachten Sie, dass sich die Werte von $h_i - f(x_i)$ teilweise gegenseitig aufheben können, wenn sie unterschiedliche Vorzeichen haben, auch wenn die Abweichungen von der gemessenen Höhe zur modellierten Höhe groß ist.

b1) Bestimmen Sie jeweils die 1. Ableitung von $f(x)$ und $p_a(x)$. Beachten Sie, dass die Steigung des Graphen von f an der Stelle $x = 0$ gleich groß wie die Steigung des Graphen von p_a an dieser Stelle ist, da kein Knick vorhanden sein soll. Lösen Sie die Gleichung $f'(0) = p_a{}'(0)$ nach b auf.

b2) Setzen Sie die Koordinaten des Punktes $(3 \mid 3,5)$ in $p_a(x)$ ein und lösen Sie die entstandene Gleichung nach a auf.

b3) Die Größe des Winkels α, unter dem die Kugel bei einer Stoßweite von 10 m auf den Boden aufrtifft, erhalten Sie durch $\tan(\alpha) = m$. Die Steigung m erhalten Sie, indem Sie $x = 10$ in die 1. Ableitung von $p_{0,1}$ einsetzen.

b4) Den Hochpunkt des Graphen von $p_a(x)$ erhalten Sie mithilfe der 1. und 2. Ableitung von p_a. Als notwendige Bedingung lösen Sie die Gleichung $p_a{}'(x) = 0$ nach x auf. Setzen Sie den erhaltenen x-Wert in $p_a{}''(x)$ ein; falls das Ergebnis negativ ist, handelt es sich um einen Hochpunkt. Beachten Sie, dass der Graph von p_a eine nach unten geöffnete Parabel ist. Den zugehörigen y-Wert erhalten Sie, indem Sie den x-Wert in $p_a(x)$ einsetzen.

b5) Die Ortskurve der Hochpunkte H_a aller Graphen von p_a erhalten Sie, indem Sie den x-Wert von H_a nach a auflösen und in den y-Wert von H_a einsetzen.

c1) Um die gegebene Gleichung herzuleiten, bezeichnen Sie die Nullstelle von $p_a(x)$ mit s und lösen die Gleichung $p_a(s) = 0$ nach a auf.

c2) Setzen Sie $s = 20$ in die gegebene Formel ein und lösen Sie die entstandene Gleichung nach a auf. Die größte Höhe h über dem Boden, die die Kugel bei diesem Stoß erreicht, erhalten Sie, indem Sie den erhaltenen a-Wert in den y-Wert des gegebenen Hochpunkts H_a einsetzen.

d1) Schreiben Sie $g(s)$ als Potenz mit negativer Hochzahl und verwenden Sie die Integrationsregeln.

d2) Setzen Sie $s = 2$ und $s = 10$ in $g(s)$ ein, um die entsprechenden Punkte zu erhalten, durch welche die Parallelen zur s-Achse gezeichnet werden können.

d3) Den Inhalt A des Flächenstücks, das der Graph mit der y-Achse und den beiden eingezeichneten Parallelen einschließt, erhalten Sie, indem Sie die beiden Teilflächen A_1 und A_2 berechnen. Die Fläche A_1 ist ein Rechteck. Den Flächeninhalt der Fläche A_2 erhalten Sie mithilfe eines Integrals. Verwenden Sie den Hauptsatz der Differential- und Integralrechnung. Addieren Sie die Inhalte der beiden Teilflächen.

Abitur 2018 – Tipps Aufgabe 2

a1) Bestimmen Sie anhand der Grafik den Funktionswert für $t = 6$ sowie die Steigung m_t der Tangente an dieser Stelle.

a2) Die maximale Temperatur erhalten Sie mit Hilfe der 1. und 2. Ableitung von f. Als notwendige Bedingung lösen Sie die Gleichung $f'(t) = 0$ mit Hilfe des Taschenrechners nach t auf. Setzen Sie die erhaltenen t-Werte in $f''(t)$ ein; falls ein Ergebnis negativ ist, handelt es sich um einen Hochpunkt. Die zugehörigen y-Werte erhalten Sie, indem Sie die t-Werte in $f(t)$ einsetzen. Zur Überprüfung der Randwerte setzen Sie zusätzlich $t = 0$ und $t = 9$ in $f(t)$ ein.

a3) Die durchschnittliche Temperatur $\overline{T}$ über dem Zeitintervall $[0; 9]$ erhalten Sie mit Hilfe eines Integrals $\overline{T} = \frac{1}{b-a} \cdot \int_a^b f(t)\mathrm{d}t$. Verwenden Sie den Taschenrechner.

a4) Die momentane Temperaturänderungsrate zu Beginn des Grillvorgangs erhalten Sie, indem Sie $t = 0$ in $f'(t)$ einsetzen. Teilen Sie diesen Wert durch 60, um die momentane Temperaturänderungsrate pro Sekunde zu erhalten.

b1) Um zu beweisen, dass die Graphen der Funktionen $g_{a;b}$ für alle $a > 0$ und $b > 0$ an jeder Stelle t fallen, zeigen Sie, dass die 1. Ableitung von $g_{a;b}$ stets negativ ist.

b2) Überlegen Sie, welche Krümmung bei den Graphen von $g_{a;b}$ vorliegt, wenn $g_{a;b}''(t) > 0$ ist.

b3) Beachten Sie, dass an der Stelle $t = 9$ die Funktionswerte und die Steigungen der beiden Graphen übereinstimmen, da der Graph einer Funktion $g_{a;b}$ knickfrei an den Graphen von f anschließt. Bestimmen Sie die beiden Bedingungen und lösen Sie das zugehörige Gleichungssystem.

c1) Die momentane Temperaturänderungsrate enspricht der 1. Ableitung von g, die Sie mit der Kettenregel bestimmen. Die mittlere Temperaturänderungsrate erhalten Sie, indem Sie die Steigung m zwischen den Punkten $\mathrm{P}(9 \mid g(9))$ und $\mathrm{Q}(20 \mid g(20))$ mit Hilfe der Formel $m = \frac{\triangle y}{\triangle x} = \frac{y_2 - y_1}{x_2 - x_1}$ bestimmen. Den Zeitpunkt t, an dem die momentane Temperaturänderungsrate gleich der mittleren Temperaturänderungsrate der Abkühlungsphase ist, erhalten Sie, indem Sie die Gleichung $g'(t) = m$ durch Logarithmieren nach t auflösen.

c2) Das zweiminütige Zeitintervall $[t; t+2]$, in dem die Temperatur um genau $100°\,\mathrm{C}$ sinkt, erhalten Sie, indem Sie die Gleichung $g(t) - g(t+2) = 100$ bzw. $g(t) = g(t+2) + 100$ nach t auflösen. Verwenden Sie zum Umformen die Regel $e^{a+b} = e^a \cdot e^b$.

d1) Den Inhalt A der Fläche F, die der Graph von f, der Graph von g und die t-Achse über dem Intervall $[0; 20]$ begrenzen, erhalten Sie durch die Bestimmung zweier Teilflächen, die Sie mit Hilfe von Integralen unter Verwendung des Taschenrechners berechnen.

d2) Skizzieren Sie die Problemstellung. Bestimmen Sie den Flächeninhalt A^* einer Teilfläche. Den Flächeninhalt einer Teilfläche in Abhängigkeit von m erhalten Sie mit Hilfe eines Integrals. Verwenden Sie den Hauptsatz der Differential- und Integralrechnung. Stellen Sie eine Gleichung auf und lösen Sie diese mit Hilfe des Taschenrechners nach m auf.

Abitur 2018 – Tipps Aufgabe 3

a1) Um zu begründen, dass das Dreieck ABC rechtwinklig ist, berechnen Sie das Skalarprodukt der Vektoren $\overrightarrow{\mathrm{BA}}$ und $\overrightarrow{\mathrm{BC}}$. Falls das Skalarprodukt Null ergibt, sind die beiden Vektoren orthogonal zueinander.
Um zu begründen, dass das Dreieck ABC gleichschenklig ist, berechnen Sie die Längen

der Seiten $\overline{AB}$ und $\overline{BC}$, indem Sie die Beträge der entsprechenden Verbindungsvektoren bestimmen. Den Flächeninhalt A des rechtwinkligen Dreiecks ABC erhalten Sie mit der Formel $A = \frac{g \cdot h}{2}$.

a2) Um die Gleichung der Geraden g zu bestimmen, verwenden Sie A als Stützpunkt und den Vektor $\overrightarrow{AC}$ als Richtungsvektor. Um zu begründen, dass die Gerade g windschief zur Geraden h ist, überlegen Sie, in welcher Ebene die Gerade g liegt und welchen Punkt die Gerade h mit dieser Ebene gemeinsam hat. Alternativ kann man auch die Gleichung der Geraden h, die durch B und F verläuft, aufstellen und die Geradengleichungen gleichsetzen. Bei einem Widerspruch haben g und h keinen gemeinsamen Punkt. Prüfen Sie noch, ob zusätzlich die Richtungsvektoren $\vec{u}$ von g und $\vec{v}$ von h kein Vielfaches voneinander sind, um auszuschließen, dass g und h parallel sind.

a3) Bestimmen Sie die Gleichung der Geraden i, die durch B und H verläuft. Den Abstand der Geraden g und i erhalten Sie, indem Sie den Abstand der beiden windschiefen Geraden g und i mit der Formel $d = \frac{|(\vec{a} - \vec{b}) \circ \vec{n}|}{|\vec{n}|}$ bestimmen, wobei $\vec{n}$ ein Vektor ist, der auf beiden Richtungsvektoren der Geraden g und i senkrecht steht. Den Vektor $\vec{n}$ erhalten Sie mit Hilfe des Vektorprodukts (siehe Seite 71) der beiden Richtungsvektoren.

a4) Den Flächeninhalt A des Dreiecks ACH erhalten Sie mit Hilfe des Vektorprodukts (siehe Seite 71): $A = \frac{1}{2} \cdot \left| \overrightarrow{AC} \times \overrightarrow{AH} \right|$.

b1) Den Winkel α der Ebene E_t mit der x_1x_2-Ebene erhalten Sie mit Hilfe der Formel $\cos(\alpha) = \frac{|\vec{n}_t \circ \vec{n}|}{|\vec{n}_t| \cdot |\vec{n}|}$, wobei $\vec{n}_t$ ein Normalenvektor von E_t und $\vec{n}$ ein Normalenvektor der x_1x_2-Ebene ist. Um diejenigen Werte von t zu ermitteln, für die die zugehörige Ebene E_t mit der x_1x_2-Ebene einen Winkel der Größe 60° einschließt, stellen Sie eine Gleichung auf und lösen diese nach t auf.

b2) Verlängern Sie eine der beiden nicht-parallelen Seiten der Schnittfigur der Ebene und des Quaders geradlinig so, dass die Verlängerung die Gerade h durch B und F in einem Punkt S schneidet. Bestimmen Sie die Koordinaten von S und setzen Sie sie in die Gleichung der Ebene E_t ein.

b3) Setzen Sie $t = 6$ in P_t ein und bestimmen Sie die Koordinaten des Punktes P_6 auf der Geraden h. Skizzieren Sie die Problemstellung. Das Volumen V desjenigen der beiden Teilkörper, zu dem der Punkt B gehört, erhalten Sie, indem Sie vom Volumen der Pyramide $ABCP_6$ das Volumen der Pyramide, welche den Teilkörper zur Pyramide $ABCP_6$ ergänzt, subtrahieren. Das Volumen V_1 der Pyramide $ABCP_6$ erhalten Sie mit $V_1 = \frac{1}{3} \cdot G_1 \cdot h_1$. Die Grundfläche G_1 dieser Pyramide ist das Dreieck ABC, die zugehörige Höhe h_1 ist die Strecke von B zu P_6. Das Volumen V_2 der Pyramide, welche den Teilkörper zur Pyramide $ABCP_6$ ergänzt, erhalten Sie mit der Formel $V_2 = \frac{1}{3} \cdot G_2 \cdot h_2$. Die Grundfläche G_2 dieser Pyramide ist ein Dreieck auf der Deckfläche des Quaders, die zugehörige Höhe h_2 ist die Strecke von F zu P_6.

b4) Beachten Sie, dass zwei Eckpunkte des Schnittdreiecks die Punkte A und C sind. Überlegen Sie, für welchen Wert von t der Punkt F bzw. der Punkt H ein Eckpunkt des Schnittdreiecks sind und auf welchen Geraden die dritte Ecke sonst liegt.

c1) Die Koordinaten des Schnittpunkts Q_t von E_t mit der Strecke $\overline{EF}$ erhalten Sie, indem Sie die Gerade k durch die Punkte E und F mit E_t schneiden. Stellen Sie eine Gleichung von k auf und setzen Sie den allgemeinen Punkt P_s von k in die Gleichung von E_t ein. Setzen Sie den erhaltenen s-Wert in P_s ein.

c2) Die Koordinaten von R_t, dem Schnittpunkt von E_t mit der Strecke $\overline{FG}$, erhalten Sie aufgrund von Symmetriebetrachtungen. Die Länge der Strecke $\overline{Q_tR_t}$ erhalten Sie, indem Sie die Länge des zugehörigen Verbindungsvektors bestimmen.

d) Beachten Sie, dass die angegebene Lösung die Berechnung des Abstands eines Punktes zu einer Ebene angibt.

Abitur 2018 – Tipps Aufgabe 4

a) Legen Sie X als binomialverteilte Zufallsgröße für die Anzahl der fehlerhaften Bildschirme mit den Parametern n und p fest. Die Wahrscheinlichkeit des Ereignisses A erhalten Sie mit Hilfe der kumulierten Binomialverteilung.
Legen Sie Y als binomialverteilte Zufallsgröße für die Anzahl der fehlerhaften Bildschirme mit den Parametern n und p fest. Die Wahrscheinlichkeit des Ereignisses B erhalten Sie ebenfalls mit Hilfe der kumulierten Binomialverteilung.
Legen Sie Z als binomialverteilte Zufallsgröße für die Anzahl der fehlerhaften Bildschirme mit den Parametern n und p fest. Bestimmen Sie den Erwartungswert von Z durch $E(Z) = n \cdot p$. Die Wahrscheinlichkeit des Ereignisses C erhalten Sie mit Hilfe der Binomialverteilung.

b1) Bezeichnen Sie mit D: Das Display ist defekt und mit N: Das Netzteil ist defekt und bestimmen Sie anhand der gegebenen Angaben $P(D)$, $P(D \cap N)$ und $P\left(\overline{D} \cap \overline{N}\right)$. Tragen Sie diese Werte in eine Vierfeldertafel ein und ergänzen Sie diese durch Differenzen- und Summenbildung.

b2) Die Wahrscheinlichkeit dafür, dass entweder (nur) das Display oder (nur) das Netzteil defekt ist, erhalten Sie mit Hilfe der Vierfeldertafel: $P\left(D \cap \overline{N}\right) + P\left(\overline{D} \cap N\right)$.

b3) Die Wahrscheinlichkeit dafür, dass ein Bildschirm mit einem defekten Netzteil ein nichtdefektes Display besitzt, erhalten Sie mithilfe der bedingten Wahrscheinlichkeit:
$P_N\left(\overline{D}\right) = \frac{P\left(N \cap \overline{D}\right)}{P(N)}$.

b4) Um zu untersuchen, ob die beiden betrachteten Defekte unabhängig voneinander auftreten, vergleichen Sie $P(D \cap N)$ mit $P(D) \cdot P(N)$. Falls $P(D \cap N) \neq P(D) \cdot P(N)$ sind die beiden Defekte nicht unabhängig voneinander.

c1) Bestimmen Sie zur gegebenen Nullhypothese die Alternativhypothese des Mitarbeiters. Beachten Sie, dass es sich um einen zweiseitigen Test mit dem Ablehnungsbereich $\overline{A} = \{0, ..., k_1\} \cup \{k_2, ..., n\}$ handelt und dass für jeden Teilbereich des Ablehnungsbereichs das Signifikanzniveau $\frac{\alpha}{2} = 2,5\%$ beträgt.
Legen Sie X als binomialverteilte Zufallsvariable für die Anzahl der defekten Bildschirme mit den Parametern n und p fest. Bestimmen Sie den Erwartungswert von X durch $E(X) = n \cdot p$ und beachten Sie, dass die Nullhypothese verworfen wird, wenn bei den 180 Bildschirmen entweder deutlich weniger oder deutlich mehr als die erwarteten Bildschirme defekt sind.
Bestimmen Sie also einerseits ein maximales $k_1 \in \mathbb{N}$ und damit einen Ablehnungsbereich $\overline{A_1} = \{0, ..., k_1\}$ so, dass gilt: $P(X \in A_1) \leqslant \frac{\alpha}{2}$ bzw. $P(X \leqslant k_1) \leqslant \frac{\alpha}{2}$. Verwenden Sie die kumulierte Binomialverteilung. Bestimmen Sie andererseits ein minimales $k_2 \in \mathbb{N}$ und damit einen Ablehnungsbereich $\overline{A_2} = \{k_2, ..., n\}$ der Nullhypothese so, dass gilt: $P(X \in A_2) \leqslant \frac{\alpha}{2}$ bzw. $P(X \geqslant k_2) \leqslant \frac{\alpha}{2}$. Verwenden Sie die Wahrscheinlichkeit des Gegenereignisses und die kumulierte Binomialverteilung. Prüfen Sie, ob der Wert von 27 im Ablehnungsbereich der Nullhypothese liegt. Überlegen Sie, welche Bedeutung das Signifikanzniveau hat.

c2) Berechnen Sie die relative Häufigkeit h, indem Sie das Testergebnis von 27 durch die Gesamtanzahl n teilen. Setzen Sie n und h in die gegebenen Formeln ein und bestimmen Sie damit näherungsweise das zugehörige 95%-Konfidenzintervall.

c3) Bestimmen Sie allgemein das 95%-Konfidenzintervall I_n sowie seine Länge l_n, indem Sie die beiden Intervallgrenzen voneinander subtrahieren.
Bestimmen Sie für den verdoppelten Stichprobenumfang 2n das zugehörige 95%-Konfidenzintervall I_{2n} sowie seine Länge l_{2n}. Formen Sie I_{2n} so um, dass es die Form $l_{2n} = k \cdot l_n$ hat.

d) Bezeichnen Sie mit B: Der Bildschirm ist fehlerhaft und mit FF: Der Bildschirm wird als fehlerfrei eingestuft. Bestimmen Sie anhand der gegebenen Daten P(B) und daraus $P(\overline{B})$, $P_{\overline{B}}(FF)$ und $P_B(\overline{FF})$. Zeichnen Sie das zugehörige Baumdiagramm. Um den Wert von x so zu bestimmen, dass die Wahrscheinlichkeit dafür, dass ein als fehlerfrei eingestufter Bildschirm fehlerhaft ist, höchstens 5% beträgt, stellen Sie eine Ungleichung auf und lösen diese mit Hilfe der bedingten Wahrscheinlichkeit und der Pfadregeln nach x auf.

3 Abitur 2019

Hilfsmittelfreier Teil

1.1 Skizzieren Sie die Problemstellung. Die Koordinaten des Punktes D erhalten Sie mithilfe einer geeigneten Vektorkette.

1.2 Skizzieren Sie die Problemstellung. Um zu zeigen, dass der Innenwinkel des Vierecks ABCD bei Punkt B ein rechter Winkel ist, berechnen Sie das Skalarprodukt der Vektoren $\overrightarrow{BA}$ und $\overrightarrow{BC}$. Falls das Ergebnis gleich Null ist, sind die Vektoren $\overrightarrow{BA}$ und $\overrightarrow{BC}$ orthogonal zueinander und somit ist der Innenwinkel bei B ein rechter Winkel.

1.3 Um zu prüfen, ob es sich bei dem Viereck ABCD um ein Quadrat handelt, betrachten Sie die Längen der Seiten AB und BC, indem Sie die Beträge der entsprechenden Vektoren bestimmen.

2.1 Die Koordinaten von S, in welchem sich die Gerade g und die Ebene E schneiden, erhalten Sie, indem Sie einen allgemeinen Punkt P_r von g in die Ebenengleichung einsetzen und die Gleichung nach r auflösen. Setzen Sie anschließend den erhaltenen r-Wert in P_r ein.

2.2 Beachten Sie, dass S der Schnittpunkt von g und E ist. Wählen Sie einen Punkt P_1 auf g und bestimmen Sie P_2 mithilfe der gegebenen Vektorkette.

3.1 Beachten Sie, dass ein Punkt Q, dessen drei Koordinaten übereinstimmen, die Darstellung $Q(a \mid a \mid a)$ hat. Setzen Sie die Koordinaten von Q in die Gleichung von E ein und lösen Sie die entstandene Gleichung nach a auf.

3.2 Beachten Sie, dass alle Punkte Q mit $Q(a \mid a \mid a)$ auf einer Geraden h liegen. Überlegen Sie, ob es Ebenen gibt, die h nicht enthalten.

4.1 Die Wahrscheinlichkeit dafür, dass die Zahlen 2, 0, 1 und 9 in der angegebenen Reihenfolge erzielt werden, erhalten Sie mithilfe der Pfadregeln.

4.2 Die Wahrscheinlichkeit dafür, dass die Summe der erzielten Zahlen mindestens 11 ist, erhalten Sie ebenfalls mithilfe der Pfadregeln.

5.1 Die übrigen Einträge der Vierfeldertafel erhalten Sie durch Summen- bzw. Differenzenbildung.

5.2 Beachten Sie, dass für das grau hinterlegte Feld gilt: $P\left(\overline{Z} \cap \overline{M}\right) = \frac{1}{4}$. Formulieren Sie dazu die Bedeutung im Sachzusammenhang.

5.3 Die Wahrscheinlichkeit dafür, dass eine zufällig ausgewählte Frau mit der Sauberkeit der Umkleideräume nicht zufrieden ist, erhalten Sie mithilfe der bedingten Wahrscheinlichkeit: $P_{\overline{M}}\left(\overline{Z}\right) = \frac{P\left(\overline{M} \cap \overline{Z}\right)}{P\left(\overline{M}\right)}$.

6.1 Beachten Sie, dass die Extremstellen des Graphen von f die Nullstellen des Graphen der ersten Ableitungsfunktion von f sind. Bestimmen Sie die Steigung des Graphen von f an der Stelle $x = 0$ und prüfen Sie, welcher der Graphen an dieser Stelle einen anderen Funktionswert hat.

6.2 Beachten Sie, dass $\mathrm{F}'(x) = f(x)$ gilt. Falls $\mathrm{F}'(x)$ im Intervall $[1; 3]$ kleiner als Null ist, ist F streng monoton fallend, sonst monoton wachsend.

7.1 Um zu zeigen, dass einer der Punkte, in denen g den Graphen von f schneidet, die x-Koordinate $\frac{1}{2}$ hat, setzen Sie $x = \frac{1}{2}$ in $f(x)$ ein. Alternativ können Sie auch dic Schnittstellen von g und dem Graphen von f berechnen, indem Sie die Gleichung $f(x) = -3$ nach x auflösen.

7.2 Den Inhalt A der Fläche, die der Graph von f, die x-Achse und die Gerade g einschließen, erhalten Sie, indem Sie die Fläche in drei Teilflächen zerlegen, von denen zwei aufgrund der Symmetrie den gleichen Flächeninhalt haben. Den Flächeninhalt A_1 einer Fläche zwischen dem Graphen von f und der x-Achse erhalten Sie mithilfe eines Integrals. Beachten Sie, dass die x-Achse oberhalb des Graphen von f liegt. Verwenden Sie den Hauptsatz der Differential- und Integralrechnung. Eine Teilfläche ist ein Rechteck mit den Seiten a und b mit dem Flächeninhalt $\mathrm{A}_2 = a \cdot b$.

8.1 Setzen Sie $a = 1$ in $f_a(x)$ ein. Die Nullstellen der Funktion f_1 erhalten Sie, indem Sie die Gleichung $f_1(x) = 0$ nach x auflösen. Verwenden Sie die abc- Formel zum Lösen der quadratischen Gleichung.

8.2 Um zu untersuchen, ob der Punkt P Tiefpunkt des Graphen einer der Funktionen f_a ist, bestimmen Sie zuerst die 1. und 2. Ableitung von f_a. Als notwendige Bedingung lösen Sie die Gleichung $f_a{}'(x) = 0$ nach x auf. Da P den x-Wert 1 hat, können Sie damit a berechnen. Prüfen Sie anschließend, ob P auf dem Graphen f_a liegt, indem Sie $x = 1$ in f_a einsetzen. Setzen Sie $x = 1$ in $f_a{}''(x)$ ein. Falls das Ergebnis größer als Null ist, handelt es sich um einen Tiefpunkt.

Abitur 2019 – Aufgabe 1

a1) Als Ansatz für eine ganzrationale Funktion f dritten Grades verwenden Sie die Funktion $f(x) = ax^3 + bx^2 + cx + d$ mit $f'(x) = 3ax^2 + 2bx + c$. Stellen Sie vier Bedingungen auf, da die drei Punkte auf dem Graphen von f liegen und einer der Punkte ein Tiefpunkt ist. Lösen Sie das entstandene lineare Gleichungssystem mithilfe des WTR.

a2) Lösen Sie die Gleichung $f(x) = 0,24$ nach x mithilfe des WTR auf. Die Steigung m erhalten Sie, indem Sie den x-Wert in $f'(x)$ einsetzen.

a3) Das durchschnittliche Gefälle auf dem Weg von A nach T erhalten Sie, indem Sie die Steigung m_{AT} von A zu T mithilfe der Formel $m = \frac{y_T - y_A}{x_T - x_A}$ berechnen. Das maximale Gefälle auf dem Weg von A nach T erhalten Sie, indem Sie das globale Minimum von f' im Intervall $[0; 0,5]$ berechnen. Bestimmen Sie die 1. Ableitung von $f'(x)$, also $f''(x)$. Als notwendige Bedingung lösen Sie die Gleichung $f''(x) = 0$ nach x auf. Prüfen Sie mit $f'''(x)$, ob ein Minimum vorliegt. Zur Untersuchung der Randwerte setzen Sie die entsprechenden x-Werte in $f'(x)$ ein, um das globale Minimum und damit das minimale Gefälle zu bestimmen.

b1) Erstellen Sie mithilfe des WTR eine Wertetabelle und zeichnen Sie damit den Graphen von g.

b2) Den Winkel α zwischen dem Verlauf der Hängebrücke und dem Querschnitt des Tals im Punkt B erhalten Sie, indem Sie den Winkel zwischen den beiden Tangenten im Punkt B berechnen. Skizzieren Sie die Problemstellung. Die Steigungswinkel α_1 und α_2 erhalten Sie durch $\tan(\alpha_1) = g'(1)$ und $\tan(\alpha_2) = f'(1)$. Bilden Sie die Differenz der beiden Steigungswinkel.

c1) Bestimmen Sie in der Abbildung zwei Punkte P und Q, deren Abstand vom Graphen von g zum Graphen von f genau $0,05$ beträgt, was 50m entspricht.

c2) Die größte Höhe der Hängebrücke über dem Boden erhalten Sie, indem Sie das globale Maximum der Funktion $d(x) = g(x) - f(x)$ im Intervall $[0; 1]$ berechnen. Stellen Sie $d(x)$ auf und bestimmen Sie die 1. und 2. Ableitung von $d(x)$. Als notwendige Bedingung lösen Sie die Gleichung $d'(x) = 0$ nach x auf. Verwenden Sie den WTR und überlegen Sie, welche Lösung wegen $0 \leqslant x \leqslant 1$ in Frage kommt. Setzen Sie den erhaltenen x-Wert in $d''(x)$ ein. Falls das Ergebnis kleiner als Null ist, handelt es sich um ein Maximum. Zur Untersuchung der Randwerte setzen Sie die entsprechenden x-Werte in $d(x)$ ein. Bestimmen Sie damit die größte Höhe der Hängebrücke über dem Boden.

c3) Setzen Sie $g'(x)$ in die angegebene Formel ein und verwenden Sie den WTR zur Berechnung des Integrals.

c4) Überlegen Sie, welche Länge L_1 mithilfe des Terms $\int_0^b \sqrt{1 + (g'(x))^2}\,dx$ und welche Länge L_2 mithilfe des Terms $\sqrt{b^2 + (g(b) - g(0))^2}$ zwischen den beiden Punkten $A\,(0 \mid g(0))$ und $Q\,(b \mid g(b))$ berechnet wird. Beachten Sie, dass die eine Länge nicht geradlinig ist.

d1) Bestimmen Sie die 1. Ableitung von h mit der Kettenregel. Setzen Sie $h'(x)$ in den Term $(h(x))^2 - (h'(x))^2$ ein und vereinfachen Sie diesen. Beachten Sie die Potenzgesetze und die binomischen Formeln.

d2) Bestimmen Sie mithilfe von $(h(x))^2 - (h'(x))^2 = 1$ einen Term für $(h'(x))^2$ und setzen Sie diesen in $\int_a^b \sqrt{1 + (h'(x))^2}\,dx$ ein. Vereinfachen Sie und verwenden Sie noch $h''(x) = h(x)$ sowie den Hauptsatz der Differential- und Integralrechnung.

Abitur 2019 – Tipps Aufgabe 2

a1) Als Ansatz für eine ganzrationale Funktion f dritten Grades verwenden Sie $g(x) = ax^3 + bx^2 + cx + d$ mit $g'(x) = 3ax^2 + 2bx + c$ und $g''(x) = 6ax + 2b$. Stellen Sie vier Bedingungen auf, aufgrund der Information, dass die zwei Punkte auf dem Graphen von g liegen und einer der Punkte ein Tiefpunkt und der andere ein Wendepunkt ist. Lösen Sie das entstandene lineare Gleichungssystem mithilfe des WTR.

a2) Erstellen Sie mithilfe des WTR eine Wertetabelle und zeichnen Sie damit den Graphen von g.

a3) Die Steigung m_{t_W} der Tangente an den Graphen von g im Wendepunkt W $\left(-\frac{1}{2} \mid \frac{5}{4}\right)$ erhalten Sie, indem Sie $x = -\frac{1}{2}$ in $g'(x) = 3ax^2 + 2bx + c$ einsetzen. Die Größe des Winkels, unter dem die Tangente im Wendepunkt die x-Achse schneidet, erhalten Sie, indem Sie den Steigungswinkel α mit $\tan(\alpha) = m_{t_W}$ berechnen.

a4) Stellen Sie zuerst die Gleichung der Wendetangente t_W mithilfe der Tangentengleichung $t_W: y = m_{t_W} \cdot (x - x_W) + y_W$ auf. Die gemeinsamen Punkte von t_W und dem Graphen von g erhalten Sie durch Gleichsetzen der Funktionsgleichungen. Verwenden Sie den WTR und orientieren Sie sich am Funktionsgraph.

b1) Beachten Sie, dass gilt: $5x^2 \geqslant 0$ und $\mathrm{e}^{\frac{2}{3} \cdot x^3} > 0$.

b2) Die 1. Ableitung von h erhalten Sie mit der Produkt- und Kettenregel.

b3) Eine waagerechnte Tangente hat der Graph an den Extremstellen. Lösen Sie die Gleichung $h'(x) = 0$ nach x auf. Verwenden Sie den Satz vom Nullprodukt. Setzen Sie die erhaltenen x-Werte in $h(x)$ ein und bestimmen Sie damit die Gleichungen der waagrechten Tangenten.

b4) Die zwei gemeinsamen Punkte der Tangente t und des Graphen von h erhalten Sie durch Gleichsetzen der Funktionsgleichungen. Verwenden Sie den WTR.
Den Inhalt A der Fläche, die von der Tangente t und dem Graphen von h vollständig eingeschlossen wird, erhalten Sie mithilfe eines Integrals. Beachten Sie, dass die Tangente t oberhalb des Graphen von h verläuft. Verwenden Sie den WTR.

c1) Die mittlere Steigung m_1 des Graphen von g im Bereich $-1 \leqslant x \leqslant 0$ erhalten Sie, indem Sie die Steigung zwischen den Punkten $\mathrm{P}(-1 \mid 2{,}5)$ und $\mathrm{O}(0 \mid 0)$ berechnen. Die mittlere Steigung m_2 des Graphen von h im Bereich $-1 \leqslant x \leqslant 0$ erhalten Sie, indem Sie die Steigung zwischen den Punkten $\mathrm{H}\left(-1 \mid 5 \cdot e^{-\frac{2}{3}}\right)$ und $\mathrm{O}(0 \mid 0)$ berechnen. Verwenden Sie dazu die Steigungsformel: $m = \frac{y_2 - y_1}{x_2 - x_1}$. Bestimmen Sie die Abweichung der beiden Steigungen und teilen Sie diese durch die Steigung m_2, um die prozentuale Abweichung zu erhalten.

c2) Beachten Sie, dass mit dem Term $h(1) - g(1)$ die Differenz der Funktionswerte an der Stelle $x = 1$ und mit dem Term $h(2) - g(2)$ die Differenz der Funktionswerte an der Stelle

$x = 2$ berechnet werden. Überlegen Sie, ob wegen $(h(1) - g(1)) \cdot (h(2) - g(2)) < 0$ die beiden Terme gleiche oder unterschiedliche Vorzeichen haben. Damit können Sie das Vorhandensein von Schnittpunkten der Graphen von g und h im Bereich $1 < x < 2$ bestimmen.

d1) Beachten Sie, dass sich das Krümmungsverhalten des Graphen einer Stammfunktion von h an den Extremstellen von h ändert. Bestimmen Sie die Anzahl der Extremstellen von h.

d2) Beachten Sie, dass wegen $\mathrm{H}(x) = \int_0^x h(t)\,\mathrm{d}t$ gilt: $\mathrm{H}'(x) = h(x)$ und dass die Funktion h keine negativen Funktionswerte hat. Bestimmen Sie damit das Monotonieverhalten von H und überlegen Sie, welche Graphen für H in Frage kommen. Beachten Sie, dass gilt: $h(0) = 0$. Bestimmen Sie damit die Steigung des Graphen von H an der Stelle $x = 0$ und überlegen Sie, welcher Graph in Frage kommt.

Abitur 2019 – Tipps Aufgabe 3

a1) Beachten Sie, dass der Punkt G senkrecht unterhalb von R und der Punkt S auf gleicher Höhe wie R liegt.

a2) Beachten Sie, dass die Punkte A, B, C und D auf Kanten des Würfels liegen.

a3) Um zu zeigen, dass das Viereck ABCD ein Trapez ist, weisen Sie nach, dass zwei gegenüberliegende Seiten parallel sind. Dazu bestimmen Sie die Vektoren $\overrightarrow{\mathrm{BC}}$ und $\overrightarrow{\mathrm{AD}}$. Falls diese ein Vielfaches voneinander sind, sind die Seiten parallel. Bestimmen Sie die Längen der Seiten $\overline{\mathrm{AB}}$ und $\overline{\mathrm{CD}}$, indem Sie die Beträge der entsprechenden Vektoren berechnen.

a4) Den Flächeninhalt $\mathrm{A}_{\mathrm{Viereck}}$ des Vierecks ABCD erhalten Sie, indem Sie die Flächeninhalte A_1 und A_2 der Dreiecke ABD und BCD mithilfe des Vektorprodukts berechnen und die Ergebnisse addieren.

b1) Verwenden Sie für die Parametergleichung der Ebene T, in der die Punkte A, B, C und D liegen, beispielsweise den Stützpunkt A und die Spannvektoren $\overrightarrow{\mathrm{AB}}$ und $\overrightarrow{\mathrm{AC}}$. Einen Normalenvektor $\vec{n}$ von T erhalten Sie mithilfe des Kreuzprodukts (siehe Seite 71) der Spannvektoren. Eine Koordinatengleichung von T erhalten Sie, indem Sie die Koordinaten des Punktes A in den Ansatz $ax_1 + bx_2 + cx_3 = d$ einsetzen, wobei $\vec{n} = \begin{pmatrix} a \\ b \\ c \end{pmatrix}$ ist.

b2) Stellen Sie die Gleichung der Geraden h durch die Punkte P und S auf, auf der die Kante $\overline{\mathrm{PS}}$ des Würfels liegt. Die Koordinaten des Punktes Z, in welchem die Ebene T die Kante $\overline{\mathrm{PS}}$ des Würfels schneidet, erhalten Sie, indem Sie den allgemeinen Punkt P_t von h in die Ebenengleichung von T einsetzen und die Gleichung nach t auflösen. Anschließend setzen Sie den erhaltenen t-Wert in P_t ein.

c1) Die Größe des Winkels α, unter dem sich T und T′ schneiden, erhalten Sie mit der Formel $\cos(\alpha) = \frac{|\vec{n}_1 \circ \vec{n}_2|}{|\vec{n}_1| \cdot |\vec{n}_2|}$, wobei $\vec{n}_1$ ein Normalenvektor von T und $\vec{n}_2$ ein Normalenvektor von T′ ist.

c2) Überlegen Sie, auf welchen Punkt D′ der Punkt D durch Spiegelung an der Ebene mit der Gleichung $x_1 = a$ abgebildet wird. Setzen Sie die Koordinaten von D′ in die Ebenengleichung von T′ ein und bestimmen Sie damit a.

c3) Um zu begründen, dass keine Gerade der Schar g_b in der Ebene mit der Gleichung $x_3 = 3,5$ liegt, setzen Sie die Koordinaten eines allgemeinen Punktes P_r von g_b in die Ebenengleichung $x_3 = 3,5$ ein.
Wenn es für r eine eieindeutige Lösung gibt, hat jede Gerade der Schar g_b genau einen Schnittpunkt mit der Ebene der Gleichung $x_3 = 3,5$.

c4) Um zu untersuchen, ob die Schnittgerade von T und T′ zur Schar g_b gehört, setzen Sie die Koordinaten eines allgemeinen Punktes P_r von g_b in die Ebenengleichungen von T und T′ ein und lösen die Gleichungen jeweils nach b auf. Beachten Sie, dass b positiv ist. Falls sich bei beiden Gleichungen dasselbe Ergebnis ergibt, ist eine Gerade der Schar die Schnittgerade von T und T′.

d) Beachten Sie, dass der Mittelpunkt M der Kugel, auf deren Oberfläche die Punkte P, Q, R und S liegen, aus Symmetriegründen auf einer Geraden durch den Mittelpunkt des Quadrats PQRS liegen muss, so dass Sie für $M\,(m_1 \mid m_2 \mid m_3)$ die Koordinaten m_1 und m_2 angeben können. Da der Abstand von M zum Punkt P gleich groß wie der Radius sein muss, stellen Sie die Gleichung $\left|\overrightarrow{MP}\right| = r$ auf und lösen diese durch Quadrieren nach m_3 auf. Verwenden Sie den WTR. Eine Kugel hat die Gleichung: $K: (x_1 - m_1)^2 + (x_2 - m_2)^2 + (x_3 - m_3)^2 = r^2$.

e) Bestimmen Sie die Koordinaten der Punkte Q und R und stellen Sie die Gleichung der Strecke $\overline{QR}$ auf, indem Sie die Gleichung der Gerade durch Q und R aufstellen und den Parameter t durch ein geeignetes Intervall beschränken. Wenn die Spitze S einer Pyramide mit der Grundfläche ABCD auf der Strecke $\overline{QR}$ liegt, können Sie die Koordinaten von S allgemein in Abhängigkeit eines Parameters t angeben. Die Höhe h der Pyramide erhalten Sie, indem Sie den Abstand von S zur Ebene T mithilfe der Abstandsformel für den Abstand eines Punktes zu einer Ebene berechnen. Um zu untersuchen, ob die Höhe dieser Pyramide 2 betragen kann, lösen Sie die Gleichung $h = 2$ nach t auf. Prüfen Sie, ob der erhaltene t-Wert im zulässigen Intervall liegt.

Abitur 2019 – Tipps Aufgabe 4

a1) Legen Sie X als binomialverteilte Zufallsgröße für die Anzahl der Kunden mit einem «S» mit den Parametern n und p fest. Die Wahrscheinlichkeit des Ereignisses E_1: «Von 550 zufällig ausgewählten Kunden sind mehr als 40, aber höchstens 50 der ausgewählten Kunden mit einem «S» gekennzeichnet.» erhalten Sie mithilfe der kumulierten Binomialverteilung.

a2) Legen Sie X als binomialverteilte Zufallsgröße für die Anzahl der Kunden mit einem «S» mit den Parametern n und p fest. Den Erwartungswert von X erhalten Sie mit der Formel $E(X) = \mu = n \cdot p$. Die Wahrscheinlichkeit des Ereignisses E_2: «Unter den 550 zufällig ausgewählten Kunden sind weniger mit einem «S» gekennzeichnet, als es zu erwarten ist, also weniger als 33 Kunden.» erhalten Sie mithilfe der kumulierten Binomialverteilung.

a3) Bestimmen Sie die Wahrscheinlichkeit, dass ein Kunde nicht mit einem «S» gekennzeichnet ist, mithilfe der Wahrscheinlichkeit des Gegenereignisses. Legen Sie Y als binomialverteilte Zufallsgröße für die Anzahl der Kunden ohne «S» mit den Parametern n und p fest. Formen Sie das angegebene Ergebnis mithilfe der Bernoulliformel um. Formulieren Sie damit das Ereignis A.

b1) Beachten Sie, dass es keine Rolle spielt, ob der Vater oder eine andere Person einen Preis gewinnt.

b2) Beachten Sie, dass es $\binom{60}{4}$ Möglichkeiten gibt, die vier Preise auf 60 Personen zu verteilen. Überlegen Sie, wie viele Möglichkeiten es gibt, dass die Familie von vier Preisen genau zwei Preise gewinnt, und wie viele Möglichkeiten es gibt, von den 56 Nieten genau zwei zu erhalten. Legen Sie X als Zufallsvariable für die Anzahl der von der Familie erhaltenen Preise fest und beachten Sie, dass X hypergeometrisch verteilt ist.

b3) Beachten Sie, dass es wieder $\binom{60}{4}$ Möglichkeiten gibt, die vier Preise, also 3 gewöhnliche Preise und den Hauptpreis, auf 60 Personen zu verteilen. Überlegen Sie, wie viele Möglichkeiten es gibt, dass die Familie von den drei gewöhlichen Preisen genau zwei gewöhnliche Preise gewinnt, und wie viele Möglichkeiten es gibt, von einem Hauptpreis keinen und von den 56 Nieten genau zwei zu erhalten. Legen Sie X als Zufallsvariable für die Anzahl der von der Familie erhaltenen gewöhnlichen Preise fest. Beachten Sie, dass X hypergeometrisch verteilt ist.

c1) Überlegen Sie, ob alle Personen, die eine Fahrt reservieren, dies unabhängig voneinander tun.

c2) Legen Sie X als binomialverteilte Zufallsgröße für die Anzahl der Personen mit Reservierung, die zu der Fahrt erscheinen, mit den Parametern n und p fest. Bestimmen Sie die Wahrscheinlichkeit, dass mehr als 60 Personen reserviert haben, mithilfe der kumulierten Binomialverteilung und der Wahrscheinlichkeit des Gegenereignisses.

c3) Überlegen Sie, wie viele Euro zusätzlich eingenommen werden, wenn statt 60 Reservierungen 64 Reservierungen vom Reisebüro angenommen werden. Beachten Sie, dass das Reisebüro davon ausgeht, dass die Summe der fälligen Rück- und Entschädigungszahlungen durchschnittlich weniger als 20 Euro pro Fahrt beträgt.

c4) Legen Sie Y als binomialverteilte Zufallsgröße für die Anzahl der Personen, die zu einer Fahrt nicht antreten, mit den Parametern n und p fest. Berechnen Sie mithilfe der Binomialverteilung unter Verwendung des WTR folgende Wahrscheinlichkeiten:
$P(Y = 0)$, $P(Y = 1)$, $P(Y = 2)$, $P(Y = 3)$. Berechnen Sie damit den angegebenen Term. Überlegen Sie, welchen Zusammenhang der angegebene Term zur Summe der Rück- und Entschädigungszahlungen des Reisebüros pro Fahrt in Euro hat.

d1) Bestimmen Sie die Nullhypothese. Beachten Sie, dass die Vermutung der Geschäftsführerin gestützt werden soll, d.h. ihre Vermutung ist das Gegenteil der Nullhypothese:
H_0: $p \geqslant$.... Die zugehörige Alternativhypothese lautet: H_1: $p <$ .... Wegen H_1: $p <$ ... handelt es sich um einen linksseitigen Test mit Signifikanzniveau α. Legen Sie X als binomialverteilte Zufallsvariable für die Anzahl der Personen, die eine reservierte Fahrt antreten, mit den Parametern n und p fest. Beachten Sie, dass man die Nullhypothese verwerfen wird, wenn deutlich weniger Personen als erwartet die Fahrt antreten. (Erwartungswert: $E(X) = \mu = n \cdot p$). Bestimmen Sie durch Ausprobieren ein maximales $k \in \mathbb{N}$ und damit einen Ablehnungsbereich $\overline{A} = \{0, ..., k\}$ der Nullhypothese so, dass gilt: $P(X \in \overline{A}) \leqslant \alpha$ bzw. $P(X \leqslant k) \leqslant \alpha$. Überlegen Sie damit, wann die Nullhypothese verworfen wird.

d2) Verwenden Sie wie bei Aufgabe d1) dieselbe Nullhypothese: H_0: $p \geqslant$.... Die zugehörige Alternativhypothese lautet wieder : H_1: $p <$ .... Wegen H_1: $p <$ ... handelt es sich um einen linksseitigen Test mit Signifikanzniveau α. Legen Sie Y als binomialverteilte Zufallsvariable für die Anzahl der Personen, die eine reservierte Fahrt antreten, mit den Parametern n und p fest. Beachten Sie, dass man die Nullhypothese verwerfen wird, wenn deutlich weniger Personen als erwartet die Fahrt antreten. (Erwartungswert: $E(X) = \mu = n \cdot p$). Bestimmen Sie durch Ausprobieren ein maximales $k \in \mathbb{N}$ und damit einen Ablehnungsbereich $\overline{A} = \{0, ..., k\}$ der Nullhypothese so, dass gilt: $P(X \in \overline{A}) \leqslant \alpha$ bzw. $P(X \leqslant k) \leqslant \alpha$. Prüfen Sie, ob die angegebene Anzahl im Ablehnungsbereich der Nullhypothese liegt.
Alternativ können Sie auch direkt die Wahrscheinlichkeit berechnen, dass von den 256 Personen höchstens 219 zur Fahrt erschienen sind: $P(Y \leqslant 219)$. Vergleichen Sie das Ergebnis mit dem Signifikanzniveau α. Ist das Ergebnis kleiner als α, so ist die Nullhypothese zu verwerfen.

d3) Bestimmen Sie mithilfe der angegebenen Parameter den Erwartungswert $E(X_1)$ von X_1, indem Sie für $c = 1$ einsetzen. Um Aussage (1) zu prüfen, berechnen Sie den Erwartungswert $E(X_c)$ und formen das Ergebnis so um, dass dieses in Abhängigkeit von $E(X_1)$ angegeben werden kann.
Prüfen Sie Aussage (2), indem Sie ein konkretes Beispiel verwenden: Legen Sie eine binomialverteilte Zufallsgröße X_1 fest und berechnen Sie für einen konkreten Wert von k die Wahrscheinlichkeit $P(X_1 \leqslant k)$. Anschließend wählen Sie ein $c > 1$, und legen damit eine binomialverteilte Zufallsgröße X_c fest und berechnen für einen konkreten Wert von $c \cdot k$ die Wahrscheinlichkeit $P(X_c \leqslant c \cdot k)$. Vergleichen Sie die Ergebnisse.

4 Abitur 2020

Hilfsmittelfreier Teil

1.1 Die gegebenen Wahrscheinlichkeiten können Sie direkt in die Vierfeldertafel eintragen. Die übrigen Einträge der Vierfeldertafel erhalten Sie durch Summen- bzw. Differenzenbildung.

1.2 Die Wahrscheinlichkeit $P_A(\overline{B})$ erhalten Sie mit der Formel für die bedingte Wahrscheinlichkeit: $P_A(\overline{B}) = \frac{P(A \cap \overline{B})}{P(A)}$.

2.1 Bestimmen Sie die Wahrscheinlichkeiten bei einmaligem Werfen für eine «1», eine «2» und eine «3». Die Wahrscheinlichkeit dafür, dass die Summe der beiden geworfenen Zahlen 4 ist, erhalten Sie mithilfe der Pfadregeln.

2.2 Den Erwartungswert E bei einmaligem Werfen erhalten Sie, indem Sie die möglichen geworfenen Zahlen mit den entsprechenden Wahrscheinlichkeiten multiplizieren und die Ergebnisse addieren. Legen Sie x als erste neue Zahl fest und bestimmen Sie die zweite neue Zahl in Abhängigkeit von x im Verhältnis 1 : 3. Lösen Sie die Gleichung $E = 4$ nach x auf. Alternativ können Sie verschiedene Erwartungswerte bei «neuen Zahlen» durch Ausprobieren bestimmen.

3.1 Eine Kugel K mit der Gleichung $K\colon (x_1 - m_1)^2 + (x_2 - m_2)^2 + (x_3 - m_3)^2 = r^2$ hat den Mittelpunkt $M(m_1 \mid m_2 \mid m_3)$ und den Radius r. Bestimmen Sie die Koordinaten eines Punktes P so, dass diese in die Kugelgleichung eingesetzt eine wahre Aussage ergeben.

3.2 Bestimmen Sie die Gleichung der Geraden g durch die Punkte A und B. Setzen Sie die Koordinaten des allgemeinen Punktes P_t von g in die Kugelgleichung ein und lösen Sie die entstandene Gleichung nach t auf.

4.1 Begründen Sie, dass der Punkt P in der x_1x_2-Ebene liegt. Bestimmen Sie die Koordinaten des Mittelpunkts M^* der Grundfläche. Berechnen Sie den Abstand von P zu M^*, indem Sie den Betrag des entsprechenden Verbindungsvektors berechnen. Falls $\overline{PM^*} = r$, liegt P auf dem Rand der Grundfläche des Zylinders.

4.2 Fertigen Sie eine Skizze der Problemstellung an. Beachten Sie, dass der Punkt S genau senkrecht oberhalb des Punktes P liegt. Die Koordinaten des Punktes T, der von P den größten Abstand hat, erhalten Sie mithilfe einer Vektorkette.

5.1 Beachten Sie, dass es aufgrund des gemeinsamen Punktes genügt, zu untersuchen, ob die Richtungsvektoren von g_a und h_a ein Vielfaches voneinander sein können. Lösen Sie die Gleichung $\vec{u}_1 = k \cdot \vec{u}_2$ nach k und a auf.

5.2 Um zu zeigen, dass es genau ein $a \in \mathbb{R}$ gibt, so dass g_a und h_a orthogonal zueinander sind, setzen Sie das Skalarprodukt der beiden Richtungsvektoren gleich Null und lösen die entstandene Gleichung nach a auf.

6.1 Bestimmen Sie $f'(x)$ und setzen Sie $x = -1$ in $f'(x)$ ein.

6.2 Bestimmen Sie $f''(x)$. Die Wendestellen von f erhalten Sie, indem Sie die Gleichung $f''(x) = 0$ nach x auflösen. Verwenden Sie den Satz vom Nullprodukt und die *pq*- oder *abc*-Formel.

7.1 Skizzieren Sie das Dreieck OPQ. Den Flächeninhalt A eines Dreiecks OPQ erhalten Sie mit der Formel $A = \frac{1}{2} \cdot g \cdot h$. Verwenden Sie $g = a$ und $h = f(a)$.

7.2 Um das Dreieck mit dem größten Flächeninhalt zu bestimmen, berechnen Sie das Maximum der Funktion $A(a) = \frac{1}{2}a^2 \cdot e^{-a}$. Hierzu verwenden Sie die 1. Ableitung von $A(a)$, die Sie mit der Produkt- und Kettenregel erhalten. Als notwendige Bedingung lösen Sie die Gleichung $A'(a) = 0$ nach a auf. Verwenden Sie den Satz vom Nullprodukt. Beachten Sie, dass wegen $a > 0$ nur ein Ergebnis als Lösung in Frage kommt.

8.1 Setzen Sie $a = 2$ in f_a ein, um $f_2(x)$ zu erhalten. Um zu zeigen, dass die Funktion F eine Stammfunktion von f_2 ist, bestimmen Sie die 1. Ableitung von F. Falls $F'(x) = f_2(x)$ ist F eine Stammfunktion von f_2.

8.2 Bestimmen Sie eine allgemeine Stammfunktion F_a von f_a. Überlegen Sie, wie die Graphen von F_a aus dem Graphen von $g(x) = x^4$ durch Streckungen und Verschiebungen hervorgehen. Skizzieren Sie für $a > 0$ und $a < 0$ verschiedene Graphen. Überlegen Sie, für welche Werte von a und c die Graphen stets unterhalb der x-Achse verlaufen.

Abitur 2020 – Aufgabe 1

a1) Die y-Koordinate des Punktes der Küstenlinie an der Stelle $x = 0{,}5$ erhalten Sie, indem Sie $x = 0{,}5$ in $f(x)$ einsetzen.

a2) Beachten Sie, dass die Tangente den Graphen von f an der Stelle $x = 2$ berühren muss. Bestimmen Sie die Steigung m der Tangente näherungsweise mithilfe eines Steigungsdreiecks. Alternativ können Sie auch $x = 2$ in $f'(x)$ (aus Aufgabe b1) einsetzen.

a3) Die Punkte A und B der Küstenlinie, deren Abstand von der Straße 200 m beträgt, erhalten Sie, indem Sie die Gerade $y = 2$ mit dem Graphen von f schneiden. Dazu lösen Sie die Gleichung $f(x) = 2$ mithilfe des Taschenrechners nach x auf.

b1) Die Koordinaten des nördlichsten Punkts auf dem betrachteten Teil der Küstenlinie erhalten Sie, indem Sie die Koordinaten des Hochpunkts des Graphen von f bestimmen. Dazu verwenden Sie die 1. und 2. Ableitung von f, die Sie mit der Produkt- und Kettenregel erhalten. Als notwendige Bedingung lösen Sie die Gleichung $f'(x) = 0$ nach x auf. Setzen Sie den erhaltenen x-Wert in $f''(x)$ ein. Falls das Ergebnis kleiner als Null ist, handelt es sich um einen Hochpunkt. Den zugehörigen y-Wert erhalten Sie, indem Sie den x-Wert in $f(x)$ einsetzen. Betrachten Sie die Randwerte, indem Sie $x = 0$ und $x = 8$ in $f(x)$ einsetzen. Beachten Sie auch den Verlauf des Graphen von f, um den absoluten Hochpunkt zu bestimmen.

b2) Lösen Sie die Gleichung $f''(x) = 0$ nach x auf.

b3) Den mittleren Abstand $\overline{d}$ der Punkte des betrachteten Teils der Küstenlinie zur Straße erhalten Sie mithilfe der Formel $\overline{d} = \frac{1}{b-a}\int_a^b f(x)\mathrm{d}x$. Beachten Sie, dass einer Längeneinheit 100 Meter entsprechen.

b4) Einen Funktionsterm für eine Stammfunktion F von f erhalten Sie mithilfe der partiellen Integration $\int (u(x)\cdot v'(x))\,\mathrm{d}x = [u(x)\cdot v(x)] - \int (u'(x)\cdot v(x))\,\mathrm{d}x$. Wählen Sie $u(x) = 5x$ und $v'(x) = e^{-x}$.

c1) Um zu berechnen, in welchem Jahr der Leuchtturm auf der Küstenlinie stehen wird, setzen Sie die Koordinaten von L in die Funktionsgleichung von f_a ein und lösen die Gleichung nach a auf.

c2) Bestimmen Sie den y-Wert des Hochpunkts H_a, indem Sie $x = \frac{20}{a}$ in $f_a(x)$ einsetzen. Eine Gleichung der Ortskurve, auf der die Hochpunkte H_a liegen, erhalten Sie, indem Sie den x-Wert von H_a nach a auflösen und in den y-Wert von H_a einsetzen.

c3) Setzen Sie den Wert der x-Koordinate des Leuchtturms L mit dem x-Wert des nördlichsten Punkts der Küstenlinie H_a gleich, da der Weg genau in Nordrichtung führt und zu einem bestimmten Zeitpunkt am nördlichsten Punkt der Küstenlinie endet; bestimmen Sie damit a. Die Länge l des Weges zu diesem Zeitpunkt erhalten Sie, indem Sie den Wert der y-Koordinate des Leuchtturms L vom y-Wert des Hochpunkts H_a subtrahieren. Beachten Sie, dass einer Längeneinheit 100 Meter entsprechen.

d1) Bestimmen Sie a für das Jahr 2150. Den Inhalt A der Landfläche zwischen der Küstenlinie und der Straße im Intervall $[0;8]$ zu Beginn des Jahres 2150 erhalten Sie mithilfe eines Integrals unter Verwendung des Taschenrechners. Beachten Sie, dass einer Längeneinheit 100 m entsprechen und bestimmen Sie damit die Landfläche in m^2 oder Hektar (1 Hektar entspricht einer Fläche von $10\,000\,\mathrm{m}^2$).
Beachten Sie, dass der Graph von f_a für größer werdende a stets oberhalb einer bestimmten Geraden verläuft.

d2) Überlegen Sie, welche Fläche zu welchem Zeitpunkt mithilfe der gegebenen Integrale jeweils berechnet wird.

d3) Lösen Sie die Ungleichung $f_a(x) < f(x)$ durch Umformen nach a auf. Beachten Sie, dass $x > 0$ ist.

Abitur 2020 – Tipps Aufgabe 2

a1) Zeichnen Sie die Tangente t im Wendepunkt W mithilfe eines Steigungsdreiecks. Die Gleichung der Tangente t im Wendepunkt W erhalten Sie mithilfe der Punkt-Steigungs-Form: $t\colon\ y = m\cdot(x - x_W) + y_W$. Setzen Sie die Koordinaten von W und die gegebene Steigung m in diese ein.

a2) Beachten Sie, dass die Nullstellen der ersten Ableitungsfunktion f' diejenigen Stellen sind, an denen die Steigung des Graphen von f Null ist, d.h. wo der Graph von f waagrech-

te Tangenten besitzt. Beachten Sie, dass der Graph von f' einen Tiefpunkt an der Stelle besitzt, wo der Graph von f einen Wendepunkt mit negativer Steigung hat. Der y-Wert dieses Tiefpunkts entspricht der Steigung der Tangente in diesem Wendepunkt.

a3) Bestimmen Sie die 1. und 2. Ableitung von f. Stellen Sie drei Bedingungen auf und lösen Sie mithilfe des Taschenrechners das entstandene lineare Gleichungssystem.

a4) Bestimmen Sie die ersten drei Ableitungen von f. Setzen Sie $x = 8$ in $f''(x)$, $f'''(x)$ und $f'(x)$ ein. Falls $f''(8) = 0$ und $f'''(8) \neq 0$ liegt bei $x = 8$ ein Wendepunkt. Falls $f'(8) = 0$ verläuft die Tangente waagerecht.

b1) Setzen Sie $x = 0$ in $p(x)$ ein. Den prozentualen Anteil, um den die Masse des Plutonium-241 in jedem Jahr abnimmt, erhalten Sie, indem Sie zuerst die Masse des Plutoniums-241 nach einem Jahr durch die Masse des Plutoniums-241 zum Unfallzeitpunkt dividieren. Subtrahieren Sie das Ergebnis von 100%.

b2) Lösen Sie die Gleichung $p(x) = 1$ durch Logarithmieren nach x auf.

c1) Um zu zeigen, dass h_k nur die Nullstelle $x = 0$ hat, lösen Sie die Gleichung $h_k(x) = 0$ nach x auf. Beachten Sie, dass $e^{-x} \neq 0$ ist.

c2) Die x-Koordinate des Hochpunkts erhalten Sie, indem Sie die Gleichung ${h_k}'(x) = 0$ durch Logarithmieren nach x auflösen.

d1) Die Streckung in y-Richtung erhalten Sie, indem Sie den Faktor von $a(x)$ durch den Faktor von $h_k(x)$ teilen. Die Streckung in x-Richtung erhalten Sie, indem Sie 1 durch den Faktor des zweiten Exponenten teilen. Bestimmen Sie die Funktionsgleichung von h_k, wenn der Graph von h_k um $20,7$ in y-Richtung und um 625 in x-Richtung gestreckt wurde. Beachten Sie, dass dann $h_k(x) = a(x)$ ist und bestimmen Sie k durch Koeffizientenvergleich.

d2) Setzen Sie jeweils $x = 0$ in die beiden gegebenen Faktoren ein und betrachten Sie ihr Verhalten für $x \longrightarrow \infty$. Betrachten Sie die zugehörigen Graphen der beiden Faktoren und überlegen Sie, ob diese sich schneiden können.

e) Legen Sie z als obere Grenze des Integrals fest und ermitteln Sie den Wert des Integrals in Abhängigkeit von z mithilfe des Hauptsatzes der Differential- und Integralrechnung. Verwenden Sie dazu die Stammfunktion H_k von h_k. Betrachten Sie $z \longrightarrow \infty$ und überlegen Sie, welche Terme gegen Null gehen. Beachten Sie, dass schließlich von 10 noch ein Term subtrahiert wird.

Abitur 2020 – Tipps Aufgabe 3

a1) Beachten Sie den Richtungsvektor der Geraden g. Um zu prüfen, ob der Punkt L auf g liegt, setzen Sie seine Koordinaten in die Geradengleichung ein (Punktprobe) und lösen das entstandene Gleichungssystem. Bei einem Widerspruch liegt L nicht auf g.

a2) Skizzieren Sie die Problemstellung und tragen Sie geeignete Vektoren ein. Verwenden Sie für die Parametergleichung der Ebene E, in der die Gerade g und der Punkt L liegen, beispielsweise den Stützpunkt R von g und die Spannvektoren $\vec{u}$ (Richtungsvektor von g) und $\overrightarrow{RL}$. Einen Normalenvektor $\vec{n}$ von E erhalten Sie mithilfe des Kreuzprodukts (siehe Seite 71) der Spannvektoren. Eine Koordinatengleichung von E erhalten Sie, indem Sie die Koordinaten des Punktes R in den Ansatz $ax_1 + bx_2 + cx_3 = d$ einsetzen, dabei gilt: $\vec{n} = \begin{pmatrix} a \\ b \\ c \end{pmatrix}$.

b1) Beachten Sie die Koordinaten der Punkte Q und R, um auf der x_2-Achse die Stelle -12 und auf der x_3-Achse die Stelle 9 zu markieren.

b2) Um zu begründen, dass das Viereck OPQR ein Rechteck ist, bestimmen Sie zuerst die Verbindungsvektoren der gegenüberliegenden Seiten. Falls $\overrightarrow{OP} = \overrightarrow{RQ}$ und $\overrightarrow{OR} = \overrightarrow{PQ}$, ist das Viereck OPQR ein Parallelogramm. Um nachzuweisen, dass ein rechter Winkel vorhanden ist, berechnen Sie beispielsweise das Skalarprodukt der beiden Vektoren $\overrightarrow{OP}$ und $\overrightarrow{OR}$. Falls $\overrightarrow{OP} \cdot \overrightarrow{OR} = 0$, ist bei O ein rechter Winkel. Den Flächeninhalt A des Rechtecks erhalten Sie mit der Formel $A = a \cdot b$. Die Seitenlängen a und b des Rechtecks erhalten Sie, indem Sie die Beträge der entsprechenden Vektoren berechnen.

b3) Zur Bestimmung der Gleichung der Geraden h können Sie beispielsweise $\overrightarrow{OP}$ als Stützvektor und $\overrightarrow{PR}$ als Richtungsvektor verwenden.

b4) Skizzieren Sie die Problemstellung. Beachten Sie, dass Sie den Lotfußpunkt T auf h erhalten, indem Sie eine orthogonale Hilfsebene E_H aufstellen und mit h schneiden. Stellen Sie eine geeignete Vektorkette auf.

c1) Die Größe des Winkels α, den der geneigte Teil der Bahn mit dem Untergrund einschließt, erhalten Sie mit der Formel $\cos(\alpha) = \frac{|\vec{n}_1 \circ \vec{n}_2|}{|\vec{n}_1| \cdot |\vec{n}_2|}$, wobei $\vec{n}_1$ ein Normalenvektor von E und $\vec{n}_2$ ein Normalenvektor der x_1x_2-Ebene ist.

c2) Den Punkt F der Ebene E, der den kürzesten Abstand zur Beleuchtung A aufweist, erhalten Sie, indem Sie die Lotgerade l, die durch A geht und orthogonal zu E ist, mit E schneiden. Verwenden Sie für l den Stützpunkt A und als Richtungsvektor den Normalenvektor von E. Setzen Sie den allgemeinen Punkt P_t von l in die Ebenengleichung von E ein und berechnen Sie t. Setzen Sie den erhaltenen t-Wert in P_t ein, um die Koordinaten von F zu erhalten.

c3) Skizzieren Sie die Problemstellung. Um zu zeigen, dass der Punkt F innerhalb des Vierecks OPQR liegt, stellen Sie den Ortsvektor von F als Vektorkette der Vektoren $\overrightarrow{OP}$ und $\overrightarrow{OR}$ dar. Lösen Sie das entstandene Gleichungssystem. Falls die erhaltenen Parameter jeweils zwischen Null und Eins betragen, liegt der Punkt F innerhalb des Vierecks OPQR.

c4) Die Koordinaten des Eckpunktes R′ erhalten Sie, indem Sie die Gerade z durch A und R mit der x_1x_2-Ebene schneiden. Stellen Sie die Gleichung von z auf und setzen Sie den allgemeinen Punkt P_t von z in die Ebenengleichung $x_3 = 0$ ein. Lösen Sie die entstandene Gleichung nach t auf und setzen Sie den erhaltenen t-Wert in P_t ein, um R′ zu erhalten.

d1) Setzen Sie $t = 0$ in B_t ein.

d2) Beachten Sie, dass der Punkt B, in dem der Weg des Balls auf die seitliche Begrenzung der Minigolfbahn trifft, die gleiche x_1-Koordinate wie die Punkte P und Q hat. Stellen Sie eine Gleichung auf und lösen Sie diese nach t auf. Setzen Sie den erhaltenen t-Wert in B_t ein, um B zu erhalten.

d3) Beachten Sie, dass die Höhe des Balls über dem Untergrund durch die x_3-Koordinate des Punktes B_t beschrieben wird. Die maximale Höhe über dem Untergrund, die der Ball erreicht, erhalten Sie, indem Sie das Maximum der Funktion $h(t) = x_3$ berechnen. Hierzu verwenden Sie die 1. und 2. Ableitung von $h(t)$. Als notwendige Bedingung lösen Sie die Gleichung $h'(t) = 0$ nach t auf. Falls $h''(t) < 0$ handelt es sich um ein Maximum. Den zugehörigen Maximalwert erhalten Sie, indem Sie den erhaltenen t-Wert in $h(t)$ einsetzen. Beachten Sie, dass einer Längeneinheit 10 cm entsprechen.

Abitur 2020 – Tipps Aufgabe 4

a1) Legen Sie X als binomialverteilte Zufallsgröße für die Anzahl der gekauften Mountainbikes mit den Parametern n und p fest. Die Wahrscheinlichkeit des Ereignisses E_1: «genau 30 Mountainbikes werden gekauft» erhalten Sie mithilfe der Binomialverteilung. Die Wahrscheinlichkeit des Ereignisses E_2: «mindestens 35 und weniger als 45 Mountainbikes werden gekauft» erhalten Sie mithilfe der kumulierten Binomialverteilung.

a2) Legen Sie Y als binomialverteilte Zufallsgröße für die Anzahl der gekauften Mountainbikes mit den Parametern n und p fest. Den Erwartungswert von Y erhält man mithilfe der Formel $E(Y) = \mu = n \cdot p$. Bestimmen Sie 10% von $E(Y)$. Die Wahrscheinlichkeit des Ereignisses E_3: «Die Anzahl der gekauften Mountainbikes ist um mindestens 10% größer als der Erwartungswert» erhalten Sie mithilfe der kumulierten Binomialverteilung und der Wahrscheinlichkeit des Gegenereignisses.

a3) Überlegen Sie, wie viele Fahrräder ausgewählt werden. Den angegebenen Term können Sie mithilfe der Bernoulliformel umformen. Beachten Sie, dass ein Gegenereignis gesucht wird.

a4) Legen Sie X als binomialverteilte Zufallsgröße für die Anzahl der gekauften Mountainbikes mit den Parametern n (unbekannt) und p fest. Stellen Sie eine Ungleichung auf und formen Sie diese mithilfe der Wahrscheinlichkeit des Gegenereignisses um. Durch Ausprobieren erhalten Sie mit Hilfe der kumulierten Binomialverteilung unter Verwendung des Taschenrechners das gesuchte n.

b) Bezeichnen Sie mit M: ein verkauftes Fahrrad ist ein Mountainbike und mit A: ein Fahrrad hat einen Rahmen aus Aluminium, so können Sie die Wahrscheinlichkeiten $P(M)$ und $P(A)$ sowie $P\left(\overline{M} \cap \overline{A}\right)$ direkt in eine Vierfeldertafel eintragen. Die übrigen Einträge der Vierfeldertafel erhalten Sie durch Summen- bzw. Differenzenbildung. Den Anteil der Fahrräder mit einem Rahmen aus Aluminium unter den verkauften Mountainbikes erhalten Sie, indem Sie $P(M \cap A)$ durch $P(M)$ teilen.

c1) Lesen Sie den Anteil der Mountainbikes unter allen im April verkauften Fahrrädern anhand Abbildung 1 ab. Bestimmen Sie die Anzahl aller verkauften Fahrräder mithilfe des Dreisatzes.

c2) Beachten Sie, dass bei der Berechnung des Anteils von zwei Monaten zu berücksichtigen ist, dass pro Monat eine bestimmte Menge an Mountainbikes gekauft wird. Betrachten Sie beispielsweise, dass insgesamt 1000 Fahrräder verkauft werden, davon 900 im Juli und 100 im August. Bestimmen Sie damit die Anzahl A der gekauften Mountainbikes im Juli und August. Den Anteil p der Mountainbikes im Juli und August insgesamt erhalten Sie, indem Sie die Anzahl A durch 1000 teilen.

d1) Bestimmen Sie mithilfe der Pfadregeln $P_L(G)$, da $P(L)$ und $P(L \cap G)$ bekannt sind. Mithilfe der Wahrscheinlichkeit des Gegenereignisses erhalten Sie $P_L\left(\overline{G}\right)$. Ebenso erhalten Sie $P(O)$ mithilfe der Wahrscheinlichkeit des Gegenereignisses, da $P(L)$ bekannt ist. Mithilfe der Pfadregeln erhalten Sie $P_O(G) = \frac{P(O \cap G)}{P(O)}$ und $P\left(O \cap \overline{G}\right)$. Damit können Sie das Baumdiagramm vervollständigen. Die Wahrscheinlichkeit dafür, dass für ein zufällig ausgewähltes verkauftes Fahrrad eine Garantieverlängerung abgeschlossen wird, erhalten Sie mithilfe des Baumdiagramms bzw. der Pfadregeln:
$P(\text{Garantieverlängerung}) = P(L \cap G) + P(O \cap G)$.

d2) Da die Vermutung des Händlers, dass der Anteil der Fahrräder, für die beim Onlinekauf eine Garantieverlängerung abgeschlossen wird, gestiegen ist, gestützt werden soll, gilt für die Alternativhypothese: $H_1: p > \ldots$. Damit ergibt sich als Nullhypothese: $H_0: p \leqslant \ldots$ Wegen $H_1: p > \ldots$ handelt es sich um einen rechtsseitigen Test mit $\alpha = 5\,\%$. Legen Sie X als binomialverteilte Zufallsvariable für die Anzahl der Fahrräder, für die beim Onlinekauf eine Garantieverlängerung abgeschlossen wird, mit den Parametern n und p fest. Bestimmen Sie durch Ausprobieren ein minimales $k \in \mathbb{N}$ und damit einen Ablehnungsbereich $\overline{A} = \{k, \ldots, 80\}$ der Nullhypothese so, dass gilt: $P(X \in \overline{A}) \leqslant \alpha$ bzw. $P(X \geqslant k) \leqslant \alpha$. Formen Sie dazu die Ungleichung geeignet um. Überlegen Sie damit, wann die Nullhypothese verworfen wird, und formulieren Sie die zugehörige Entscheidungsregel.

e) Um den Beweis zu führen, verwenden Sie die Wahrscheinlichkeit des Gegenereignisses und die Pfadregeln. Bestimmen Sie $P(A) \cdot P(B)$ durch Umformen und verwenden Sie $P(A) \cdot P\left(\overline{B}\right) = P\left(A \cap \overline{B}\right)$.

5 Abitur 2021

Hilfsmittelfreier Teil

1.1 Bestimmen Sie die 1. und 2. Ableitung von f und setzen Sie $x = 1$ in $f'(x)$ und $f''(x)$ ein. Falls $f'(1) = 0$ (notwendige Bedingung) und $f''(1) > 0$ (hinreichende Bedingung), liegt bei $x = 1$ eine lokale Minimalstelle von f vor.

1.2 Bestimmen Sie eine allgemeine Stammfunktion F_c von f mit der «Potenzregel» und wählen Sie einen Wert für c, so dass $\mathrm{F}_c(0) \neq 0$ ist.

2.1 Beachten Sie, dass durch $f'(3) = -\frac{5}{2}$ die Steigung m_P der Tangente t_P im Punkt $\mathrm{P}(3 \mid 6)$ gegeben ist. Zeichnen Sie damit die Tangente t_P ein und bestimmen Sie die Schnittstelle mit der x-Achse.

2.2 Bestimmen Sie zuerst die Gleichung von t_Q mithilfe des Ansatzes $y = m \cdot x + b$. Die Steigung m_Q von t_Q erhalten Sie, indem Sie den x-Wert von Q in $f'(x)$ einsetzen. Setzen Sie m_Q und die Koordinaten von Q in den Ansatz $y = m \cdot x + b$ ein und bestimmen Sie die Gleichung von t_Q. Anschließend setzen Sie nun die Koordinaten des Punktes P in die Gleichung von t_Q ein. Bei einer wahren Aussage verläuft die Tangente t_Q durch P.

3.1 Beachten Sie, dass durch $f(0) = 2$ ein Punkt des Graphen und durch $f'(-1) = 0$ und $f''(-1) < 0$ ein bestimmter Extrempunkt vorhanden ist. Bestimmen Sie die Koordinaten dieser Punkte.

3.2 Bestimmen Sie $f'(x)$ und stellen Sie mithilfe von $f(0) = 2$ und $f'(-1) = 0$ zwei Gleichungen auf, mit denen Sie b und c berechnen können.

4.1 Um zu zeigen, dass die Funktion F eine Stammfunktion von f ist, bestimmen Sie die 1. Ableitung von F mit der Produkt- und Kettenregel. Falls $\mathrm{F}'(x) = f(x)$ ist F eine Stammfunktion von f.

4.2 Verwenden Sie die gegebene Stammfunktion und den Hauptsatz der Differential- und Integralrechnung, um das Integral in Abhängigkeit von k zu berechnen. Überlegen Sie, welche Terme positiv oder negativ sind, um abzuschätzen, ob das Ergebnis kleiner oder größer als 14 ist.

5.1 Die Koordinaten des Spurpunktes S_2 der Ebene E erhalten Sie, indem Sie $x_1 = 0$ und $x_3 = 0$ in die Gleichung von E einsetzen. Die Koordinaten des Spurpunktes S_3 der Ebene E erhalten Sie, indem Sie $x_1 = 0$ und $x_2 = 0$ in die Gleichung von E einsetzen. Damit können Sie das Dreieck zeichnen.

5.2 Stellen Sie eine Gleichung von g, die durch den Punkt $\mathrm{P}(2 \mid 5 \mid 7)$ verläuft, mit allgemeinem Richtungsvektor $\vec{u}$ auf. Skizzieren Sie die Problemstellung. Wenn g parallel zu E ist,

muss der Richtungsvektor $\vec{u}$ von g orthogonal zum Normalenvektor $\vec{n}$ von E sein, d.h. das Skalarprodukt von $\vec{u}$ und $\vec{n}$ muss Null sein. Wählen Sie einen Vektor $\vec{u}$ so, dass dies der Fall ist.

6.1 Setzen Sie die Koordinaten von A in die Gleichung von E ein und lösen Sie die entstandene Gleichung nach a auf.

6.2 Skizzieren Sie die Problemstellung. Beachten Sie, dass die Gerade g, die senkrecht auf E steht, als Richtungsvektor $\vec{u}$ den Normalenvektor $\vec{n}$ von E hat. Bestimmen Sie damit die Gleichung von g. Die Koordinaten des Schnittpunkts S der Ebene E mit der Geraden g erhalten Sie, indem Sie einen allgemeinen Punkt P_t von g in die Gleichung von E einsetzen. Lösen Sie die entstandene Gleichung nach t auf und setzen Sie anschließend den erhaltenen t-Wert in die Gleichung von g ein.

7.1 Skizzieren Sie die Problemstellung. Um zu zeigen, dass es keine Zahl a gibt, für die g_a orthogonal zu E_a verläuft, weisen Sie nach, dass der Richtungsvektor $\vec{u}_a$ von g_a kein Vielfaches des Normalenvektors $\vec{n}_a$ sein kann. Verwenden Sie den Ansatz $\vec{u}_a = k \cdot \vec{n}_a$ und lösen Sie das entstandene Gleichungssystem. Falls ein Widerspruch entsteht, gibt es keine reelle Zahl a, für die g_a orthogonal zu E_a verläuft.

7.2 Skizzieren Sie die Problemstellung. Um zu untersuchen, ob es einen Wert für a gibt, so dass die Gerade g_a und die Ebene E_a keinen gemeinsamen Punkt haben, verwenden Sie das Skalarprodukt. Wenn g_a echt parallel zu E_a ist, muss das Skalarprodukt des Richtungsvektors $\vec{u}_a$ von g_a und des Normalenvektors $\vec{n}_a$ von E_a gleich Null sein. Lösen Sie die entstandene Gleichung nach a auf. Setzen Sie den erhaltenen a-Wert in g_a und E_a ein. Anschließend machen Sie eine Punktprobe, indem Sie den Stützpunkt P der Geraden in die Ebenengleichung einsetzen. Falls ein Widerspruch entsteht, liegt P nicht auf der Ebene und die Gerade ist echt parallel zur Ebene.
Alternativ können Sie auch einen allgemeinen Punkt P_t von g_a in E_a einsetzen. Überlegen Sie, für welchen Wert von a ein Widerspruch entsteht.

8.1 Mithilfe der Pfadregel bestimmen Sie $P(A \cap B) = P(A) \cdot P_A(B)$. Mithilfe der Wahrscheinlichkeit des Gegenereignisses bestimmen Sie $P_A\left(\overline{B}\right) = 1 - P_A(B)$ und $P\left(\overline{A}\right) = 1 - P(A)$. Aus $P\left(\overline{A} \cap B\right) = P\left(\overline{A}\right) \cdot P_{\overline{A}}(B)$ erhalten Sie $P_{\overline{A}}(B)$. Mithilfe der Wahrscheinlichkeit des Gegenereignisses bestimmen Sie $P_{\overline{A}}\left(\overline{B}\right) = 1 - P_{\overline{A}}(B)$ und mithilfe der Pfadregel erhalten Sie $P\left(\overline{A} \cap \overline{B}\right) = P\left(\overline{A}\right) \cdot P_{\overline{A}}\left(\overline{B}\right)$. Damit können Sie das Baumdiagramm vervollständigen.

8.2 Um denjenigen Wert für x, für den $P(D) = 0{,}6$ ist, zu bestimmen, verwenden Sie die Pfadregeln und stellen Sie die Gleichung $P(D) = P(C \cap D) + P\left(\overline{C} \cap D\right)$ auf, die Sie nach x auflösen.

9.1 Bestimmen Sie die Wahrscheinlichkeit p, dass bei einem sechsseitigen Spielwürfel eine Sechs (6) geworfen wird, und die Wahrscheinlichkeit q, dass keine Sechs $\left(\overline{6}\right)$ geworfen

wird. Die Wahrscheinlichkeit, dass bei fünfmaligem Werfen genau zwei Sechsen geworfen werden, erhalten Sie mithilfe der Bernoulli-Formel $P(X=k)=\binom{n}{k}\cdot p^k\cdot(1-p)^{n-k}$. Legen Sie dazu X als binomialverteilte Zufallsvariable für die Anzahl der geworfenen Sechsen mit den Parametern n und p fest. Die Wahrscheinlichkeit, dass bei fünfmaligem Werfen mindestens eine Sechs geworfen wird, erhalten Sie mithilfe der Wahrscheinlichkeit des Gegenereignisses: $P(X\geqslant 1)=1-P(X=0)$. Bestimmen Sie die Möglichkeiten, wenn genau zwei Sechsen geworfen werden, wobei die zweite Sechs erst im letzten Wurf fällt.

9.2 Legen Sie X als binomialverteilte Zufallsvariable für die Anzahl der geworfenen Sechsen mit den Parametern n und p fest. Überlegen Sie, welche Wahrscheinlichkeiten mit den angegebenen Bernoulli-Formeln jeweils berechnet werden.

10.1 Bestimmen Sie die Wahrscheinlichkeit, eine weiße Kugel zu ziehen. Die Wahrscheinlichkeit dafür, bei fünfmaligem Ziehen mit Zurücklegen keine rote Kugel, also fünf weiße Kugeln, zu ziehen, erhalten Sie mithilfe der 2. Pfadregel (Produktregel).

10.2 Stellen Sie mithilfe der Bernoulli-Formel eine Gleichung auf und lösen Sie diese nach p auf.

Abitur 2021 – Analysis Aufgabe 1

a1) Als Ansatz für eine ganzrationale Funktion f dritten Grades verwenden Sie eine Gleichung der Form $f(x)=ax^3+bx^2+cx+d$. Bestimmen Sie die ersten zwei Ableitungen von f. Beachten Sie, dass $f(0)=3$ gilt, da der Graph von f durch den Punkt $P(0\mid 3)$ verläuft. Da der Punkt $W(3\mid 4)$ ein Wendepunkt mit waagerechter Tangente ist, gelten folgende weitere Bedingungen: $f(3)=4$, $f''(3)=0$ und $f'(3)=0$. Stellen Sie damit vier Gleichungen auf und lösen Sie das zugehörige Gleichungssystem mit Hilfe des Taschenrechners.

a2) Die Höhe des Dachfirsts über dem Boden an der Stelle $x=1$ erhalten Sie, indem Sie $x=1$ in $f(x)$ einsetzen. Beachten Sie, dass eine Längeneinheit 10 m in der Wirklichkeit entspricht.

a3) Einen Funktionsterm der Ableitungsfunktion f' erhalten Sie mit der Potenzregel. Die Steigung des Graphen von f an der Stelle $x=0$ erhalten Sie, indem Sie $x=0$ in $f'(x)$ einsetzen.

a4) Um nachzuweisen, dass der Graph von f für $x<3$ rechtsgekrümmt ist, verwenden Sie die 2. Ableitung von f. Beachten Sie, dass der Graph von f für $x<3$ rechtsgekrümmt ist, falls $f''(x)<0$ gilt. Stellen Sie eine Ungleichung auf und lösen Sie diese nach x auf.

b1) Mit Hilfe des Taschenrechners können Sie die Wertetabelle zu g ergänzen und den zugehörigen Graphen zeichnen.

b2) Um zu prüfen, ob die Graphen von f und g im Punkt W knickfrei verlaufen, berechnen Sie die jeweilige Steigung an der Stelle $x = 3$. Dazu verwenden Sie die 1. Ableitung von f und g. Setzen Sie den x-Wert von W in $f'(x)$ und $g'(x)$ ein. Falls die Ergebnisse übereinstimmen, wird der Dachfirst knickfrei modelliert.

b3) Die Extremstellen von g erhalten Sie mithilfe der 1. und 2. Ableitung von g, die Sie mit der Produkt- und Kettenregel bestimmen. Als notwendige Bedingung lösen Sie die Gleichung $g'(x) = 0$ nach x auf. Beachten Sie dabei, dass $e^{x-5,5} \neq 0$ ist. Setzen Sie den erhaltenen x-Wert in $g''(x)$ ein. Falls $g''(x) \neq 0$ ist, handelt es sich um eine Extremstelle. Die Wendestellen von g erhalten Sie mithilfe der 2. und 3. Ableitung von g, die Sie mit der Produkt- und Kettenregel bestimmen. Als notwendige Bedingung lösen Sie die Gleichung $g''(x) = 0$ nach x auf. Beachten Sie dabei, dass $e^{x-5,5} \neq 0$ ist. Setzen Sie den erhaltenen x-Wert in $g'''(x)$ ein. Falls $g'''(x) \neq 0$ ist, handelt es sich um eine Wendestelle.

b4) Eine Funktionsgleichung von g^* erhalten Sie durch $g^*(x) = g(-(x-12))$, da der Graph der Funktion g an der y-Achse gespiegelt und dann um zwölf Längeneinheiten nach rechts verschoben wird.

c1) Um nachzuweisen, dass die Funktion g nicht in der Schar der Funktionen h_k enthalten ist, setzen Sie $x = 6$ in $h_k(x)$ und $g(x)$ ein. Falls $h_k(6) \neq g(6)$ ist die Funktion g nicht in der Schar der Funktionen h_k enthalten.

c2) Die Steigung des Graphen von h_k an der Stelle $x = 6$ erhalten Sie, indem Sie $x = 6$ in $h_k{}'(x)$ einsetzen.

c3) Skizzieren Sie die Problemstellung. Beachten Sie, dass sich der Innenwinkel β an der Spitze des Dachfirsts und $2 \cdot \alpha$ zu $180°$ ergänzen und bestimmen Sie damit α. Beachten Sie, dass für den Steigungswinkel α des Graphen von h_k an der Stelle $x = 6$ gilt: $\tan(\alpha) = m$. Die Steigung m erhalten Sie, indem Sie $x = 6$ in $h_k{}'(x)$ einsetzen. Stellen Sie damit eine Gleichung auf und lösen Sie diese nach k auf.

Abitur 2021 – Analysis Aufgabe 2

a1) Schneiden Sie die Gerade mit der Gleichung $y = 70$ mit dem Graphen von g und bestimmen Sie die Schnittstellen t_1 und t_2. Die Länge des Zeitraums, in dem Unterzuckerung vorliegt, erhalten Sie durch $t_2 - t_1$.

a2) Den Zeitpunkt des niedrigsten Glukosewerts etwas mehr als drei Stunden nach Messbeginn erhalten Sie, indem Sie das lokale Minimum von g mit Hilfe der 1. und 2. Ableitung von g bestimmen. Als notwendige Bedingung lösen Sie die Gleichung $g'(t) = 0$ nach t auf. Verwenden Sie den Taschenrechner und überlegen Sie, welcher t-Wert als Lösung in Frage kommt. Setzen Sie den erhaltenen t-Wert in $g''(t)$ ein. Falls das Ergebnis größer als Null ist, handelt es sich um ein lokales Minimum.

a3) Um nachzuweisen, dass der Glukosewert eine Stunde nach Messbeginn um mehr als 40% größer ist als zu Beginn der Messung, setzen Sie $t = 0$ und $t = 1$ in $g(t)$ ein. Bestimmen Sie 40% von $g(0)$ und addieren Sie dazu $g(0)$. Vergleichen Sie das Ergebnis mit $g(1)$. Alternativ können Sie auch $g(1)$ durch $g(0)$ teilen.

a4) Den durchschnittlichen Glukosewert $\overline{g}$ innerhalb der ersten zwei Stunden nach Messbeginn erhalten Sie mit Hilfe eines Integrals $\overline{g} = \frac{1}{b-a} \cdot \int_a^b g(t)\,\mathrm{d}t$. Verwenden Sie den Taschenrechner.

b1) Beachten Sie, dass die Ableitungsfunktion g' die momentane Änderungsrate der Funktion g angibt.

b2) Überlegen Sie, welcher der Terme eine mittlere oder eine momentane Änderungsrate des Glukosewerts beschreibt. Bestimmen Sie die zugehörigen Zeitpunkte bzw. Zeiträume.

b3) Lösen Sie zuerst die Gleichung $g'(t) = -40$ nach t auf. Verwenden Sie den Taschenrechner. Beachten Sie, dass der Graph von g' eine nach oben geöffnete Parabel ist. Bestimmen Sie die Differenz $t_2 - t_1$ der Lösungen der Gleichung.

c1) Bestimmen Sie die Koordinaten des Hochpunkts H_a mit der 1. und 2. Ableitung von f_a. Als notwendige Bedingung lösen Sie die Gleichung $f_a{}'(t) = 0$ nach t auf. Setzen Sie die erhaltenen t-Werte in $f_a{}''(t)$ ein. Falls das Ergebnis kleiner als Null ist, handelt es sich um einen Hochpunkt. Den y-Wert des Hochpunkts erhalten Sie, indem Sie den erhaltenen t-Wert in $f_a(t)$ einsetzen. Überlegen Sie, wie sich die Stelle und der y-Wert von H_a ändern, wenn sich a verdreifacht.

c2) Die Steigung m der Tangente an den Graphen von f_a im Punkt $(2 \mid 0)$ erhalten Sie, indem Sie $t = 2$ in $f_a{}'(t)$ einsetzen. Um denjenigen Wert von a zu bestimmen, für den diese Tangente mit der t-Achse einen Winkel von $45°$ einschließt, lösen Sie die Gleichung $\tan(\alpha) = m$ nach a auf.

c3) Bestimmen Sie den Funktionsterm $g^*(t)$ des verschobenen Graphen von g und vereinfachen Sie diesen so weit wie möglich. Bestimmen Sie durch Vergleich der beiden Funktionsterme den Wert von a, für den g^* zur Schar f_a gehört.

d1) Bestimmen Sie $h_1(t)$, indem Sie $a = 1$ in $h_a(t)$ einsetzen. Zeichnen Sie den Graphen von h_1 ein. Überlegen Sie anhand des gegebenen Terms, welche Fläche eingeschlossen wird.

d2) Um t_0 zu berechnen, lösen Sie die Gleichung $f_a(t) = h_a(t)$ nach t auf. Beachten Sie, dass $a > 0$ ist. Verwenden Sie den Satz vom Nullprodukt. Beachten Sie, dass wegen $1 < t_0 < 2$ nur eine Lösung in Frage kommt. Damit können Sie den Wert des angegebenen Terms in Abhängigkeit von a unter Zuhilfenahme des Taschenrechners berechnen.

Abitur 2021 – Analytische Geometrie Aufgabe 3

a1) Die Länge der Kante $\overline{PQ}$ erhalten Sie, indem Sie den Betrag des zugehörigen Verbindungsvektors berechnen.

a2) Um zu zeigen, dass das Viereck PQRS ein Parallelogramm ist, bestimmen Sie zuerst die Verbindungsvektoren der gegenüberliegenden Seiten. Falls $\overrightarrow{PQ} = \overrightarrow{SR}$ und $\overrightarrow{PS} = \overrightarrow{QR}$ ist das Viereck PQRS ein Parallelogramm. Um nachzuweisen, dass das Viereck PQRS kein Rechteck ist, berechnen Sie das Skalarprodukt zweier einen Winkel bildenden Vektoren, z.B. $\overrightarrow{PQ} \circ \overrightarrow{PS}$. Falls $\overrightarrow{PQ} \circ \overrightarrow{PS} \neq 0$ stehen $\overrightarrow{PQ}$ und $\overrightarrow{PS}$ nicht senkrecht aufeinander, so dass bei P kein rechter Winkel ist.

a3) Verwenden Sie für die Parametergleichung der Ebene E, in der die Punkte P, Q und S liegen, beispielsweise den Punkt P und die Spannvektoren $\overrightarrow{PQ}$ und $\overrightarrow{PS}$. Einen Normalenvektor $\vec{n}$ von E erhalten Sie mit Hilfe des Kreuzprodukts (siehe Seite 71) der Spannvektoren. Eine Koordinatengleichung von E erhalten Sie, indem Sie die Koordinaten des Punktes P in den Ansatz $ax_1 + bx_2 + cx_3 = d$ einsetzen, dabei gilt: $\vec{n} = \begin{pmatrix} a \\ b \\ c \end{pmatrix}$.

a4) Den Schnittpunkt S_3 der Ebene E mit der x_3-Achse erhalten Sie, indem Sie $x_1 = 0$ und $x_2 = 0$ in die Gleichung von E einsetzen und die entstandene Gleichung nach x_3 auflösen. Beachten Sie, dass die Höhe h der Wand senkrecht über dem Startpunkt der x_3-Koordinate von S_3 entspricht.

a5) Um zu untersuchen, ob es in der Ebene E einen Punkt $(x_1 \mid x_2 \mid 2)$ mit ganzzahligen Koordinaten x_1 und x_2 gibt, setzen Sie die Koordinaten dieses Punktes in die Gleichung von E ein und bringen die Gleichung auf die Form $x_1 + x_2 = c$. Überlegen Sie, ob die Summe $x_1 + x_2$ ganzzahlig sein kann, wenn x_1 und x_2 ganzzahlig sind.

b1) Skizzieren Sie die Problemstellung und tragen Sie geeignete Vektoren ein. Den Fußpunkt F des Lotes von G auf g erhalten Sie, indem Sie zuerst eine Hilfsebene E_H, die durch G geht und orthogonal zu g ist, mit g schneiden.
Verwenden Sie als Normalenvektor den Richtungsvektor $\vec{u}$ von g. Eine Koordinatengleichung von E_H erhalten Sie, indem Sie die Koordinaten des Punktes G in den Ansatz $ax_1 + bx_2 + cx_3 = d$ einsetzen, dabei gilt: $\vec{n} = \begin{pmatrix} a \\ b \\ c \end{pmatrix}$. Die Koordinaten des Lotfußpunktes F, in welchem die Ebene E_H die Gerade g schneidet, erhalten Sie, indem Sie den allgemeinen Punkt P_r von g in die Ebenengleichung von E_H einsetzen. Setzen Sie den erhaltenen r-Wert in P_r ein.

b2) Skizzieren Sie die Problemstellung. Überlegen Sie, ob der Punkt F wegen des berechneten r-Wertes zwischen T und U liegen kann.

b3) Skizzieren Sie die Problemstellung und tragen Sie geeignete Vektoren ein. Die Koordinaten des Mittelpunktes M von T und U erhalten Sie mit einer Vektorkette $\overrightarrow{OM} = \overrightarrow{OT} + \frac{1}{2} \cdot \overrightarrow{TU}$. Beachten Sie, dass sich der Punkt G^* in einer Höhe von $4,5\,\text{m}$ befinden soll und gleich weit von T und U entfernt sein soll, so dass G^*auf einer zu g orthogonalen Geraden h durch M liegen muss. Überlegen Sie, welchen Wert die dritte Komponente des Richtungsvektors $\vec{v}$ von h haben muss und beachten Sie, dass $\vec{v}$ orthogonal zum Richtungsvektor $\vec{u}$ von g sein muss, d.h. das Skalarprodukt von $\vec{u}$ und $\vec{v}$ muss Null ergeben. Wählen Sie dazu einen geeigneten Vektor $\vec{v}$. Anschließend stellen Sie eine geeignete Vektorkette auf. Normieren Sie den Vektor $\vec{v}$ auf Länge 1, indem Sie ihn durch seinen Betrag teilen.

c1) Um a so zu bestimmen, dass $E_a = E$ gilt, multiplizieren Sie die Gleichung von E_a mit 4 und vergleichen Sie die entsprechenden Koeffizienten.

c2) Setzen Sie $a = 8$ in E_a ein. Den Schnittwinkel α der Ebenen E und E_8 erhalten Sie mit der Formel $\cos(\alpha) = \frac{|\vec{n} \circ \vec{n}_8|}{|\vec{n}| \cdot |\vec{n}_8|}$, wobei $\vec{n}$ ein Normalenvektor von E und $\vec{n}_8$ ein Normalenvektor von E_8 ist.

c3) Um a so zu bestimmen, dass sich E und E_a unter einem $60°$-Winkel schneiden, verwenden Sie die Formel $\cos(\varphi) = \frac{|\vec{n} \circ \vec{n}_a|}{|\vec{n}| \cdot |\vec{n}_a|}$, wobei $\vec{n}$ ein Normalenvektor von E und $\vec{n}_a$ ein Normalenvektor von E_a ist. Setzen Sie $\varphi = 60°$ ein und lösen Sie die entstandene Gleichung nach a auf.

Abitur 2021 – Stochastik Aufgabe 4

a1) Legen Sie X als binomialverteilte Zufallsgröße für die Anzahl der Treffer ins Zentrum mit den Parametern n und p fest. Die Wahrscheinlichkeit des Ereignisses A: «Nike trifft genau 14-mal ins Zentrum» erhalten Sie mit Hilfe der Binomialverteilung. Die Wahrscheinlichkeit des Ereignisses B: «Nike trifft mindestens 10-mal ins Zentrum» erhalten Sie mit Hilfe der Wahrscheinlichkeit des Gegenereignisses und der kumulierten Binomialverteilung. Berechnen Sie 60% und 80% von 20. Die Wahrscheinlichkeit des Ereignisses C: «Nike trifft mit mehr als 60% und weniger als 80% ihrer Schüsse ins Zentrum» erhalten Sie ebenfalls mit Hilfe der kumulierten Binomialverteilung.

a2) Legen Sie Y als binomialverteilte Zufallsgröße für die Anzahl der Treffer ins Zentrum mit den Parametern n (unbekannt) und $p = 0,7$ fest. Stellen Sie eine Ungleichung auf und formen Sie diese mithilfe der Wahrscheinlichkeit des Gegenereignisses um. Durch Ausprobieren erhalten Sie mit Hilfe der kumulierten Binomialverteilung unter Verwendung des Taschenrechners das gesuchte n.

b1) Die übrigen Einträge der Vierfeldertafel erhalten Sie durch Summen- bzw. Differenzenbildung.

b2) Bestimmen Sie mit Hilfe der Vierfeldertafel die Wahrscheinlichkeit für das Ereignis D: «Entweder landet nur Nikes Pfeil oder nur Victors Pfeil im Zentrum» durch $P(D) = P\left(N \cap \overline{V}\right) + \left(\overline{N} \cap V\right)$. Unter der Voraussetzung, dass entweder nur Nikes oder nur Viktors Pfeil im Zentrum landet, erhalten Sie die Wahrscheinlichkeit für das Ereignis E: «Dieser Pfeil wurde von Nike abgeschossen.» mit Hilfe der bedingten Wahrscheinlichkeit: $P(E) = P_D(N) = \frac{P(D \cap N)}{P(D)}$.

b3) Bestimmen Sie die Wahrscheinlichkeit dafür, dass Victor ins Zentrum trifft, anhand der Vierfeldertafel. Die Wahrscheinlichkeit für das Ereignis F: «Victor ist Sieger» erhalten Sie mit Hilfe der Pfadregeln.

c1) Da die Vermutung Nikes, dass sie mit dem neuen Bogen ihre bisherige Trefferquote ins Zentrum auf mehr als 70% verbessern kann, gestützt werden soll, gilt für die Alternativhypothese: $H_1: p > \ldots$. Damit ergibt sich als Nullhypothese: $H_0: p \leqslant \ldots$. Wegen $H_1: p > \ldots$ handelt es sich um einen rechtsseitigen Test mit Signifikanzniveau $\alpha = 10\,\%$. Legen Sie X als binomialverteilte Zufallsvariable für die Anzahl der Treffer ins Zentrum mit den Parametern n und p fest. Bestimmen Sie durch Ausprobieren ein minimales $k \in \mathbb{N}$ und damit einen Ablehnungsbereich $\overline{A} = \{k, \ldots, 150\}$ der Nullhypothese so, dass gilt: $P(X \in \overline{A}) \leqslant \alpha$ bzw. $P(X \geqslant k) \leqslant \alpha$. Formen Sie dazu die Ungleichung geeignet um. Überlegen Sie damit, wann die Nullhypothese verworfen wird, und formulieren Sie die zugehörige Entscheidungsregel.

c2) Beachten Sie, dass bei einem Fehler 2. Art die Nullhypothese H_0 nicht verworfen wird, obwohl sie falsch ist. Die Wahrscheinlichkeit β für den Fehler 2. Art erhalten Sie, indem Sie die Wahrscheinlichkeit, dass sich die Anzahl der Treffer nicht im Ablehnungsbereich $\overline{A}$ befindet, mit Hilfe der kumulierten Binomialverteilung berechnen. Legen Sie dazu Y als binomialverteilte Zufallsgröße für die Anzahl der Treffer ins Zentrum mit den Parametern n und q (tatsächliche Trefferquote) fest.

d1) Die Wahrscheinlichkeit des Ereignisses G: «Alle Pfeile haben rote Federn.» erhalten Sie mit der Formel für die hypergeometrische Verteilung. Legen Sie X als hypergeometrisch verteilte Zufallsgröße für die Anzahl der Pfeile mit roten Federn unter den 10 gezogenen Pfeilen fest. Beachten Sie, dass zehn Pfeile von 17 Pfeilen mit roten Federn und kein Pfeil von 3 Pfeilen mit andersfarbigen Federn gezogen werden.

d2) Um die Wahrscheinlichkeit für das Ereignis H: «Jede Serie enthält mindestens einen Pfeil jeder Federnfarbe.» zu bestimmen, berechnen Sie zuerst die Wahrscheinlichkeiten für die Ereignisse I: «Die Serie enthält einen goldenen, einen blauen und acht rote Pfeile.» sowie J: «Die Serie enthält einen goldenen, zwei blaue und sieben rote Pfeile.» mit Hilfe der hypergeometrischen Verteilung. Legen Sie wieder X als hypergeometrisch verteilte Zufallsgröße für die Anzahl der Pfeile mit roten Federn unter den 10 gezogenen Pfeilen fest.

1 Abitur 2017

Hilfsmittelfreier Teil

1. Es ist $f(x) = x^4 - 3x^3$.

1.1 Die erste und zweite Ableitung von f erhält man mit der Potenzregel:

$$f'(x) = 4x^3 - 9x^2$$
$$f''(x) = 12x^2 - 18x$$

Da die erste Ableitung von f eine ganzrationale Funktion dritten Grades ist, gehört sie zum gestrichelten Graphen (kubische Parabel). Da die zweite Ableitung von f eine ganzrationale Funktion zweiten Grades ist, gehört sie zum gepunkteten Graphen (Parabel).

1.2 Um zu zeigen, dass der Ursprung $(0 \mid 0)$ ein Sattelpunkt (also ein Wendepunkt mit waagerechter Tangente) des Graphen der Funktion f ist, setzt man $x = 0$ in $f(x)$, $f'(x)$, $f''(x)$ und $f'''(x) = 24x - 18$ ein:

$$f(0) = 0^4 - 3 \cdot 0^3 = 0$$
$$f'(0) = 4 \cdot 0^3 - 9 \cdot 0^2 = 0$$
$$f''(0) = 12 \cdot 0^2 - 18 \cdot 0 = 0$$
$$f'''(0) = 24 \cdot 0 - 18 = -18$$

Wegen $f(0) = 0$ liegt der Ursprung $(0 \mid 0)$ auf dem Graphen von f.
Wegen $f'(0) = 0$ hat der Graph von f im Ursprung eine waagerechte Tangente.
Wegen $f''(0) = 0$ und $f'''(0) \neq 0$ liegt bei $x = 0$ eine Wendestelle vor.
Somit ist der Ursprung ein Sattelpunkt des Graphen von f.

2. Es ist $f(x) = 2 \cdot e^{\frac{1}{2}x} - 1$.

2.1 Die Nullstelle von f erhält man durch Lösen der Gleichung $f(x) = 0$:

$$2 \cdot e^{\frac{1}{2}x} - 1 = 0$$
$$2 \cdot e^{\frac{1}{2}x} = 1$$
$$e^{\frac{1}{2}x} = \frac{1}{2}$$
$$\frac{1}{2}x = \ln\left(\frac{1}{2}\right)$$
$$x = 2 \cdot \ln\left(\frac{1}{2}\right)$$

Somit hat f die Nullstelle $x = 2 \cdot \ln\left(\frac{1}{2}\right)$.

2.2 Die Gleichung der Tangente t an den Graphen der Funktion f im Punkt $\mathrm{S}(0 \mid 1)$ erhält man, indem man zuerst die Steigung m der Tangente t mit Hilfe der 1. Ableitung von f bestimmt. Die 1. Ableitung von f erhält man mit der Kettenregel:

$$f'(x) = 2 \cdot e^{\frac{1}{2}x} \cdot \frac{1}{2} = e^{\frac{1}{2}x}$$

Setzt man $x = 0$ in $f'(x)$ ein, ergibt sich:

$$m = f'(0) = e^{\frac{1}{2} \cdot 0} = 1$$

Setzt man m und die Koordinaten von S in die Punkt-Steigungsform ein, erhält man:

$$\begin{aligned} y - y_1 &= m \cdot (x - x_1) \\ t\colon y - 1 &= 1 \cdot (x - 0) \\ t\colon y &= x + 1 \end{aligned}$$

Somit hat die Tangente t an den Graphen von f im Punkt $\mathrm{S}(0 \mid 1)$ die Gleichung:

$$t\colon y = x + 1$$

Der Schnittpunkt von t mit der y-Achse ist der gegebene Punkt $\mathrm{S}(0 \mid 1)$.
Den Schnittpunkt N von t mit der x-Achse erhält man, indem man die Gleichung $y = 0$ nach x auflöst:

$$0 = x + 1 \Rightarrow x = -1 \Rightarrow \mathrm{N}(-1 \mid 0)$$

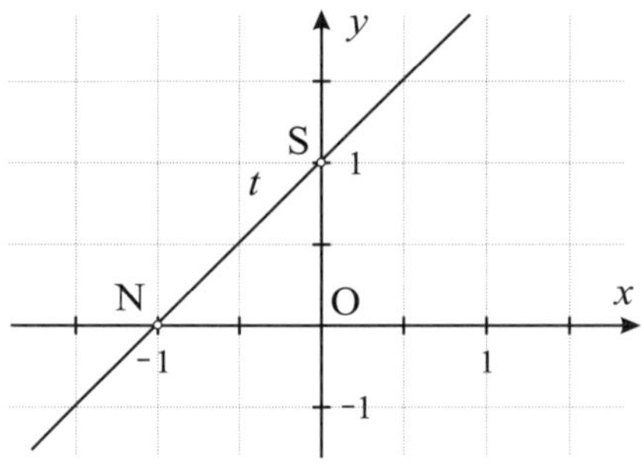

Das Dreieck OSN, welches die Tangente mit den Koordinatenachsen einschließt, hat zwei Seiten mit jeweils der Länge 1 LE, nämlich $\overline{\mathrm{OS}} = 1$ und $\overline{\mathrm{ON}} = 1$. Somit ist das Dreieck OSN gleichschenklig.

3. Gegeben sind die Vektoren $\vec{a}$, $\vec{b}$ und $\vec{c} \in \mathbb{R}^3$ und die reellen Zahlen r und t.

3.1 Da das Skalarprodukt zweier Vektoren und der Betrag eines Vektors eine Zahl ergibt, die Summe, die Differenz und das Vektorprodukt zweier Vektoren aber einen Vektor ergibt, kann man die Tabelle folgendermaßen ausfüllen:

Ausdruck	Vektor	Zahl	nicht definiert
$\vec{a} \circ \left(\vec{b} + r \cdot \vec{c}\right)$		X	
$\lvert\vec{a}\rvert \times \vec{b}$			X
$(r \cdot \vec{c}) - \left(\vec{a} \circ \vec{b}\right) \cdot \vec{c}$	X		
$(\vec{a} \circ \vec{a}) + (r \cdot \lvert\vec{c}\rvert)^2$		X	
$\vec{c} \times \left(t \cdot \vec{a} - r \cdot \vec{b}\right)^2$			X
$\vec{b} \times (\vec{c} \circ (r \cdot \vec{a}))$			X

3.2 Um einen Term anzugeben, dessen Wert die Zahl Null ist und der nur aus den Symbolen $\vec{a}$, $\vec{b}$, $\times$, $\circ$ sowie Klammern besteht und bei dem jedes der Symbole $\vec{a}$, $\vec{b}$, $\times$, $\circ$ mindestens einmal verwendet wird, kann man sich überlegen, dass das Skalarprodukt zweier Vektoren, die orthogonal zueinander sind, Null ergibt.
Der Vektor $\vec{a} \times \vec{b}$ steht sowohl orthogonal zu $\vec{a}$ als auch zu $\vec{b}$.
Damit ergeben beispielsweise folgende Terme den Wert Null:

$$\left(\vec{a} \times \vec{b}\right) \circ \vec{a} = 0 \text{ oder } \left(\vec{a} \times \vec{b}\right) \circ \vec{b} = 0$$

4. Gegeben sind die Kugel K: $(x_1 - 1)^2 + x_2^2 + (x_3 - 4)^2 = 100$ und die Gerade g mit

$$g: \vec{x} = \begin{pmatrix} 12 \\ 0 \\ 4 \end{pmatrix} + s \cdot \begin{pmatrix} 0 \\ 1 \\ 1 \end{pmatrix}$$

4.1 Um zu untersuchen, ob die Gerade g die Kugel K schneidet, setzt man den allgemeinen Punkt $P_s(12 \mid s \mid 4 + s)$ von g in die Kugelgleichung ein:

$$\begin{aligned} (12 - 1)^2 + s^2 + (4 + s - 4)^2 &= 100 \\ 11^2 + s^2 + s^2 &= 100 \\ 2s^2 &= -21 \end{aligned}$$

Da diese Gleichung keine relle Lösung hat, schneidet die Gerade g die Kugel K nicht.

4.2 Um eine Parameterform einer Geraden h, die eine Tangente an die Kugel K mit dem Berührpunkt $B(11 \mid 0 \mid 4)$ ist, zu ermitteln, wählt man einen Richtungsvektor $\vec{u}$ von h so, dass er orthogonal zum Vektor $\overrightarrow{BM}$ ist.

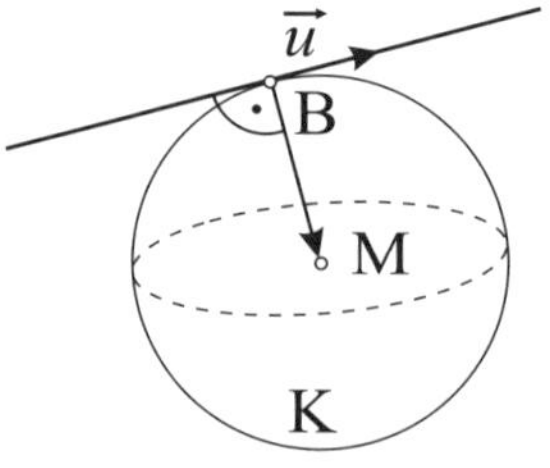

Die Koordinaten des Mittelpunkts M von K kann man aus der gegebenen Gleichung ablesen: $M(1 \mid 0 \mid 4)$. Damit gilt: $\overrightarrow{BM} = \begin{pmatrix} -10 \\ 0 \\ 0 \end{pmatrix}$.

Wenn $\vec{u}$ und $\overrightarrow{BM}$ orthogonal zueinander sind, muss das Skalarprodukt der beiden Vektoren Null ergeben.

Wählt man beispielsweise $\vec{u} = \begin{pmatrix} 0 \\ 1 \\ 0 \end{pmatrix}$, so gilt:

$$\vec{u} \circ \overrightarrow{BM} = \begin{pmatrix} 0 \\ 1 \\ 0 \end{pmatrix} \circ \begin{pmatrix} -10 \\ 0 \\ 0 \end{pmatrix} = 0 \cdot (-10) + 1 \cdot 0 + 0 \cdot 0 = 0$$

Als Stützvektor der Geraden h verwendet man den Ortsvektor von B.
Damit hat die Tangente an K in B beispielsweise folgende Gleichung:

$$h\colon \vec{x} = \begin{pmatrix} 11 \\ 0 \\ 4 \end{pmatrix} + t \cdot \begin{pmatrix} 0 \\ 1 \\ 0 \end{pmatrix}$$

5. Gegeben ist die Ebene $E\colon\ 2x_1 + x_2 - 2x_3 = -18$.

5.1 Den Schnittpunkt S_1 von E mit der x_1-Achse erhält man, indem man $x_2 = 0$ und $x_3 = 0$ in die Ebenengleichung einsetzt:

$$2x_1 + 0 - 2 \cdot 0 = -18 \Rightarrow x_1 = -9 \Rightarrow S_1(-9 \mid 0 \mid 0)$$

Den Schnittpunkt S_2 von E mit der x_2-Achse erhält man, indem man $x_1 = 0$ und

$x_3 = 0$ in die Ebenengleichung einsetzt:

$$2 \cdot 0 + x_2 - 2 \cdot 0 = -18 \Rightarrow x_2 = -18 \Rightarrow S_2(0 \mid -18 \mid 0)$$

Damit ergibt sich folgendes rechtwinkliges Dreieck:

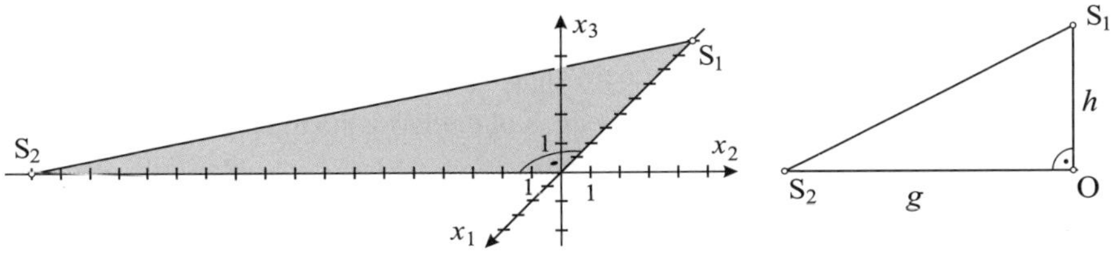

Mit $g = 18$ und $h = 9$ ergibt sich für den Flächeninhalt des Dreiecks:

$$A = \frac{g \cdot h}{2} = \frac{18 \cdot 9}{2} = 81$$

Das Dreieck hat einen Flächeninhalt von 81 FE.

5.2 Als Ansatz für einen Normalenvektor $\vec{n}$ von E verwendet man ein Vielfaches von $\begin{pmatrix} 2 \\ 1 \\ -2 \end{pmatrix}$, also den allgemeinen Vektor $\vec{n} = k \cdot \begin{pmatrix} 2 \\ 1 \\ -2 \end{pmatrix} = \begin{pmatrix} 2k \\ k \\ -2k \end{pmatrix}$.
Da dieser Vektor auch der Ortsvektor eines Punktes der Ebene E ist, setzt man die Koordinaten des Punktes $(2k \mid k \mid -2k)$ in die Ebenengleichung ein:

$$2 \cdot 2k + 1k - 2 \cdot (-2k) = -18 \Rightarrow k = -2$$

Setzt man $k = -2$ in $\vec{n} = \begin{pmatrix} 2k \\ k \\ -2k \end{pmatrix}$ ein, so erhält man $\vec{n} = \begin{pmatrix} -4 \\ -2 \\ 4 \end{pmatrix}$.

Somit ist der Vektor $\begin{pmatrix} -4 \\ -2 \\ 4 \end{pmatrix}$ sowohl ein Normalenvektor von E als auch der Ortsvektor eines Punktes von E.

6. 6.1 Um den Sachzusammenhang durch eine vollständig ausgefüllte Vierfeldertafel darzustellen, bezeichnet man mit F: Frau, $\overline{F}$: Mann, S: kauft Süßigkeiten und $\overline{S}$: kauft keine Süßigkeiten.
Da von den teilnehmenden Personen 60% Frauen sind, gilt: $P(F) = 0,6$.
Damit ergibt sich mit Hilfe der Wahrscheinlichkeit des Gegenereignisses:

$$P\left(\overline{F}\right) = 1 - P(F) = 1 - 0,6 = 0,4$$

Da 80% der reisenden Frauen Süßigkeiten am Kiosk kaufen, gilt: $P_F(S) = 0,8$.

Wegen $P_F(S) = \frac{P(F\cap S)}{P(F)}$ ergibt sich:

$$P(F \cap S) = P_F(S) \cdot P(F) = 0,8 \cdot 0,6 = 0,48$$

Da 40% der reisenden Männer Süßigkeiten am Kiosk kaufen, gilt: $P_{\overline{F}}(S) = 0,4$.
Wegen $P_{\overline{F}}(S) = \frac{P(\overline{F}\cap S)}{P(\overline{F})}$ ergibt sich:

$$P\left(\overline{F} \cap S\right) = P_{\overline{F}}(S) \cdot P\left(\overline{F}\right) = 0,4 \cdot 0,4 = 0,16$$

Damit erhält man folgende Vierfeldertafel, die man durch Differenzen- und Summenbildung ergänzen kann:

	S	$\overline{S}$	
F	0,48	0,12	0,6
$\overline{F}$	0,16	0,24	0,4
	0,64	0,36	1

6.2 Die Wahrscheinlichkeit, dass eine Person, die am Kiosk Süßigkeiten gekauft hat, eine Frau ist, erhält man mit Hilfe der bedingten Wahrscheinlichkeit:

$$P_S(F) = \frac{P(S \cap F)}{P(S)} = \frac{0,48}{0,64} = \frac{48}{64} = \frac{3}{4} = 75\%$$

Die gesuchte Wahrscheinlichkeit beträgt 75%.

7. 7.1 Wenn man zehn Überraschungseier nacheinander zufällig auswählt und der Anteil der Überraschungseier mit einer Figur 25% beträgt, so beträgt der Anteil der Überraschungseier ohne Figur 75%.
Man bezeichnet mit F: Figur enthalten und mit $\overline{F}$: keine Figur enthalten. Die Wahrscheinlichkeit, dass nur in den letzten beiden Überraschungseiern jeweils eine Figur enthalten ist, erhält man mit Hilfe der Pfadregeln:

$$P\left(\overline{F}\,\overline{F}\,\overline{F}\,\overline{F}\,\overline{F}\,\overline{F}\,\overline{F}\,\overline{F}FF\right) = 0,75^8 \cdot 0,25^2$$

7.2 Die Zufallsgröße X gibt an, wie viele dieser Überraschungseier eine Figur enthalten. Da es nur die beiden Ausgänge «Figur enthalten» oder «Figur nicht enthalten» gibt, ist X binomialverteilt mit den Parametern $n = 6$ und $p = 0,25$. Der Erwartungswert von X ist damit $E(X) = \mu = n \cdot p = 6 \cdot 0,25 = 1,5$.
Bei einer binomialverteilten Wahrscheinlichkeitsverteilung gibt es ein Maximum, das sich bei $k \approx \mu$ befindet.
Damit sollte der Maximalwert der Zufallsgröße X bei $k \approx 1,5$ liegen.

Abbildung 1 zeigt die Wahrscheinlichkeitsverteilung von X, da bei k = 1 der Maximalwert ist, während bei Abbildung 2 alle Werte gleich groß sind (keine Binomialverteilung) und bei Abbildung 3 der Maximalwert bei $k = 5$ liegt.

8. 8.1 Bezeichnet man mit s: Kugel ist schwarz und mit w: Kugel ist weiß, so erhält man folgendes Baumdiagramm:

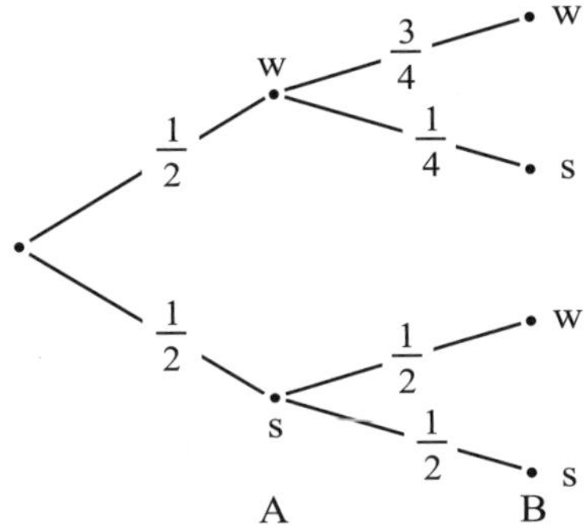

Für das Ereignis E: «In Urne C befinden sich zum Schluß der Ziehungen zwei weiße Kugeln und eine schwarze Kugel» gibt es zwei mögliche Ergebnisse: Entweder wurde aus Urne A eine weiße Kugel gezogen und anschließend aus Urne B eine schwarze, oder es wurde aus Urne A eine schwarze Kugel gezogen und anschließend aus Urne B wieder eine schwarze. Damit gilt mit Hilfe der Pfadregeln:

$$P(E) = P(ws) + P(ss) = \frac{1}{2} \cdot \frac{1}{4} + \frac{1}{2} \cdot \frac{1}{2} = \frac{1}{8} + \frac{1}{4} = \frac{1}{8} + \frac{2}{8} = \frac{3}{8}$$

8.2 Bezeichnet man mit A, B und C die drei Urnen, mit s: Kugel ist schwarz und mit w: Kugel ist weiß, so erhält man folgendes Baumdiagramm:

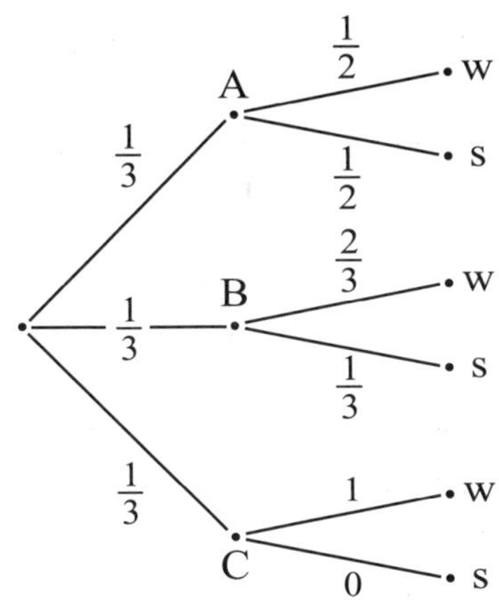

Die Wahrscheinlichkeit, dass die gezogene Kugel schwarz ist, erhält man mit Hilfe

der Pfadregeln:

$$\text{P(Kugel ist schwarz)} = \text{P(A s)} + \text{P(B s)} = \frac{1}{3} \cdot \frac{1}{2} + \frac{1}{3} \cdot \frac{1}{3} = \frac{1}{6} + \frac{1}{9} = \frac{3}{18} + \frac{2}{18} = \frac{5}{18}$$

Bezeichnet man mit x den Geldbetrag, der ausgezahlt wird, wenn die gezogene Kugel schwarz ist, so gilt für den Erwartungswert des Gewinns X des Spielers:

$$\text{E(X)} = \text{x} \text{ €} \cdot \frac{5}{18} - 1 \text{ €}$$

Damit bei diesem Spiel auf lange Sicht Einsätze und Auszahlungen ausgeglichen sind, muss das Spiel fair sein, d.h. der Erwartungswert ist Null. Dies führt zu folgender Gleichung:

$$\begin{aligned} x \cdot \frac{5}{18} - 1 &= 0 \\ \frac{5}{18} x &= 1 \\ x &= \frac{18}{5} \\ x &= 3{,}60 \end{aligned}$$

Somit muss der Geldbetrag für die Auszahlung $3{,}60$ Euro betragen.

Abitur 2017 – Analysis Aufgabe 1

a1) Das Volumen des Wassers fünf Stunden nach Beobachtungsbeginn kann man anhand der Grafik bestimmen, indem man den y-Wert für $t = 5$ abliest: $y \approx 490$.

Somit beträgt das Volumen des Wassers fünf Stunden nach Beobachtungsbeginn etwa $490\,\text{m}^3$.

Den Zeitraum, in dem das Volumen mindestens 350 Kubikmeter beträgt, erhält man, indem man den Graphen von f mit der Geraden $y = 350$ schneidet und die Schnittstellen bestimmt:

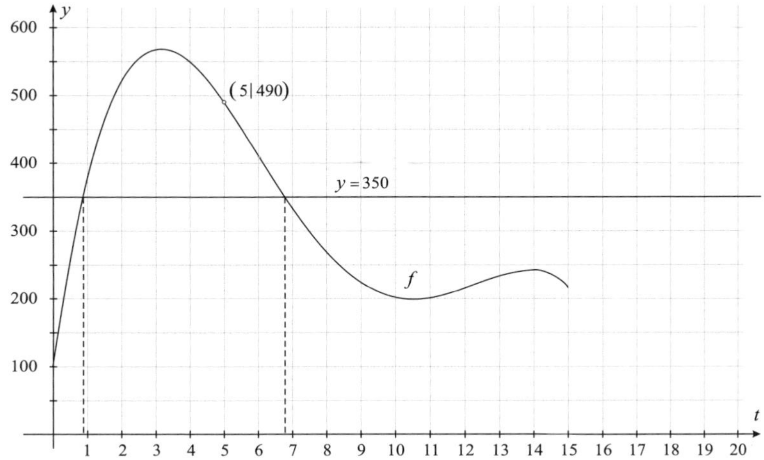

Man kann anhand der Grafik ablesen: $t_1 \approx 0,9$ und $t_2 \approx 6,8$.

Somit beträgt das Volumen im Zeitraum von etwa 0,9 Stunden bis etwa 6,8 Stunden nach Beobachtungsbeginn mindestens 350 Kubikmeter.

a2) Die momentane Änderungsrate des Wasservolumens zwei Stunden nach Beobachtungsbeginn erhält man, indem man die Steigung m der Tangente im Punkt $P(2 \mid f(2))$ bestimmt:

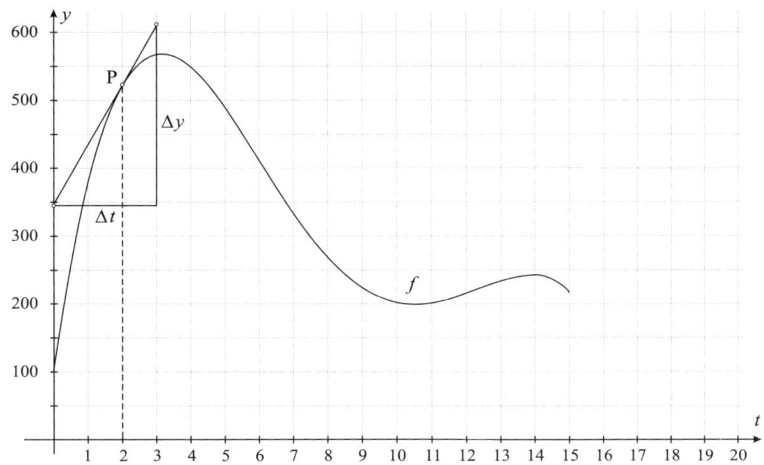

Mit Hilfe eines geeigneten Steigungsdreiecks erhält man:

$$m = \frac{\triangle y}{\triangle t} \approx \frac{270}{3} = 90$$

Somit beträgt die momentane Änderungsrate etwa 90 $\frac{\text{m}^3}{\text{h}}$.

a3) Da die vorliegende momentane Änderungsrate des Wasservolumens fünfzehn Stunden nach Beobachtungsbeginn bis zu dem Zeitpunkt erhalten bleibt, zu dem das Becken kein Wasser mehr enthält, kann man im Punkt $Q(15 \mid f(15))$ die Tangente einzeichnen und diese mit der t-Achse schneiden:

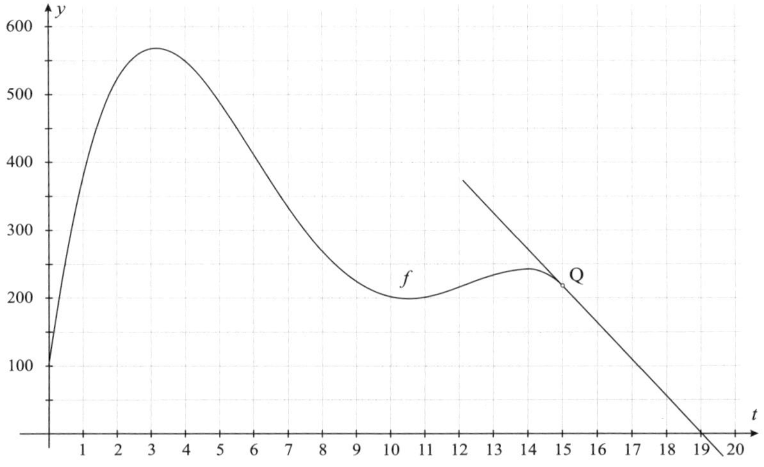

Somit enthält das Becken etwa 19 Stunden nach Beobachtungsbeginn kein Wasser mehr.

a4) Die Gleichung $f(t+6) = f(t) - 350$ gibt an, dass der Funktionswert an der Stelle $t+6$ um 350 kleiner ist als zu einem Zeitpunkt t. Dies bedeutet im Sachzusammenhang, dass man mit dieser Gleichung einen Zeitpunkt t so bestimmen kann, dass das Wasservolumen 6 Stunden nach diesem Zeitpunkt um 350 Kubikmeter kleiner ist.

a5) Der Graph einer Funktion der Form I, hat höchstens zwei Extrempunkte, da die Funktionsgleichung dritten Grades ist. Der vorliegende Graph der Funktion f hat offensichtlich mindestens drei Extrempunkte.
Der Graph einer Funktion der Form II ist symmetrisch zur y-Achse, da in der Funktionsgleichung nur gerade Exponenten vorkommen. Der vorliegende Graph der Funktion f ist offensichtlich nicht symmetrisch zur y-Achse, da sonst die Steigung an der Stelle $x = 0$ den Wert Null haben müsste.
Somit hat die Funktionsgleichung von f weder die Form I noch die Form II.

b) Es ist $g(t) = 0{,}4 \cdot \left(2t^3 - 39t^2 + 180t\right)$ die momentane Änderungsrate des Volumens des Wassers für $0 \leqslant t \leqslant 15$ (t in Stunden und $g(t)$ in $\frac{\text{m}^3}{\text{h}}$) und $G(t) = 0{,}2 \cdot \left(t^4 - 26t^3 + 180t^2\right)$ eine Stammfunktion von g.

b1) Man erhält denjenigen Zeitpunkt, zu dem die momentane Änderungsrate des Wasservolumens maximal ist, indem man das Maximum der Funktion g mit Hilfe der 1. und 2. Ableitung von g bestimmt:

$$g'(t) = 0,4 \cdot \left(6t^2 - 78t + 180\right)$$
$$g''(t) = 0,4 \cdot (12t - 78)$$

Die notwendige Bedingung $g'(t) = 0$ führt zu:

$$0,4 \cdot \left(6t^2 - 78t + 180\right) = 0$$

frv.tv/ca

Mit Hilfe des Taschenrechners erhält man die Lösungen $t_1 = 3$ und $t_2 = 10$.
Setzt man $t_1 = 3$ und $t_2 = 10$ in $g''(t)$ ein, ergibt sich:

$$g''(3) = 0,4 \cdot (12 \cdot 3 - 78) = -16,8 < 0 \text{ Maximum}$$
$$g''(10) = 0,4 \cdot (12 \cdot 10 - 78) = 16,8 > 0 \text{ Minimum}$$

Wegen $g''(3) < 0$ ist bei $t = 3$ ein lokales Maximum.
Den zugehörigen y-Wert erhält man, indem man den t-Wert in $g(t)$ einsetzt:

$$y = g(3) = 0,4 \cdot \left(2 \cdot 3^3 - 39 \cdot 3^2 + 180 \cdot 3\right) = 97,2$$

Zur Untersuchung auf Randmaxima für $0 \leqslant t \leqslant 15$ setzt man $t = 0$ und $t = 15$ in $g(t)$ ein:

$$g(0) = 0,4 \cdot \left(2 \cdot 0^3 - 39 \cdot 0^2 + 180 \cdot 0\right) = 0$$
$$g(15) = 0,4 \cdot \left(2 \cdot 15^3 - 39 \cdot 15^2 + 180 \cdot 15\right) = 270$$

Wegen $g(15) > g(3)$ ist die momentane Änderungsrate des Wasservolumens 15 Stunden nach Beobachtungsbeginn maximal.

b2) Zuerst werden die Zeitpunkte bestimmt, an denen das Volumen des Wassers weder zu- noch abnimmt. Diese erhält man, indem man die Gleichung $g(t) = 0$ nach t auflöst:

$$0,4 \cdot \left(2t^3 - 39t^2 + 180t\right) = 0$$

frv.tv/cb

Mit Hilfe des Taschenrechners erhält man die Lösungen $t_1 = 0$, $t_2 = 7,5$ und $t_3 = 12$.
Um zu prüfen, in welchem Zeitraum das Volumen des Wassers abnimmt, berechnet man beispielsweise die Funktionswerte an den Stellen $t = 5$, $t = 10$ und $t = 15$:

$$g(5) = 0,4 \cdot \left(2 \cdot 5^3 - 39 \cdot 5^2 + 180 \cdot 5\right) = 70$$
$$g(10) = 0,4 \cdot \left(2 \cdot 10^3 - 39 \cdot 10^2 + 180 \cdot 10\right) = -40$$
$$g(15) = 0,4 \cdot \left(2 \cdot 15^3 - 39 \cdot 15^2 + 180 \cdot 15\right) = 270$$

Damit sind die Funktionswerte von g für $7,5 < t < 12$ negativ.

Alternativ kann man mit Hilfe einer Wertetabelle auch den Graphen von g zeichnen:

frv.tv/cf

t	0	1	2	3	4	5	6	7
$g(t)$	0	57,2	88	97,2	89,6	70	43,2	14

t	8	9	10	11	12	13	14	15
$g(t)$	$-12,8$	$-32,4$	-40	$-30,8$	0	57,2	145,6	270

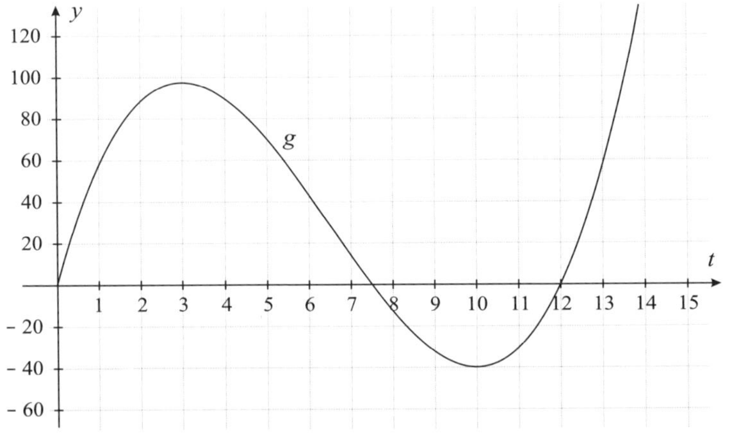

Somit nimmt das Volumen des Wassers im Zeitraum von 7,5 bis 12 Stunden nach Beobachtungsbeginn ab.

b3) Die Zunahme Z des Wasservolumens in den ersten drei Stunden erhält man mit Hilfe eines Integrals, da die Zuwächse addiert werden:

frv.tv/ce

$$\begin{aligned} Z &= \int_0^3 g(t)\,dt \\ &= \Big[G(t)\Big]_0^3 \\ &= G(3) - G(0) \\ &= 0{,}2 \cdot \left(3^4 - 26 \cdot 3^3 + 180 \cdot 3^2\right) - 0{,}2 \cdot \left(0^4 - 26 \cdot 0^3 + 180 \cdot 0^2\right) \\ &= 199{,}8 \end{aligned}$$

Die Wassermenge zu Beginn erhält man, indem man von der Wassermenge drei Stunden nach Beobachtungsbeginn die zugeflossene Wassermenge subtrahiert:

$$350 - 199{,}8 = 150{,}2$$

Somit müssen zu Beobachtungsbeginn 150,2 Kubikmeter enthalten sein.

b4) Zu Beobachtungsbeginn beträgt das Wasservolumen 150,2 Kubikmeter. Die Wassermenge W zum Zeitpunkt t erhält man mit Hilfe eines Integrals:

$$\mathrm{W} = 150,2 + \int_0^t g(z)\mathrm{d}z = 150,2 + \Big[\mathrm{G}(z)\Big]_0^t = 150,2 + \mathrm{G}(t) - \mathrm{G}(0) = 150,2 + \mathrm{G(t)}$$

Um zu untersuchen, ob es nach Beobachtungsbeginn einen Zeitpunkt gibt, zu dem das Wasservolumen ebenso groß ist wie zu Beobachtungsbeginn, löst man die Gleichung $150,2 + \mathrm{G}(t) = 150,2$:

$$\begin{aligned} 150,2 + 0,2 \cdot \left(t^4 - 26t^3 + 180t^2\right) &= 150,2 \\ 0,2 \cdot \left(t^4 - 26t^3 + 180t^2\right) &= 0 \\ t^4 - 26t^3 + 180t^2 &= 0 \\ t^2 \cdot \left(t^2 - 26t + 180\right) &= 0 \end{aligned}$$

frv.tv/ca

Mit Hilfe des Taschenrechners erhält man als einzige Lösung $t = 0$.
Somit gibt es nach Beobachtungsbeginn keinen weiteren Zeitpunkt, zu dem das Wasservolumen ebenso groß ist wie zu Beobachtungsbeginn.

c) Es ist $h_k(t) = 10 \cdot k \cdot e^{-kt}$; $k > 0$, welche die momentane Änderungsrate des Wasservolumens beschreibt. Zur Zeit $t = 0$ befinden sich $3\,\mathrm{m}^3$ Wasser in dem Becken.

c1) Um zu ermitteln, für welchen Parameter k sich nach 2 Stunden genau $8\,\mathrm{m}^3$ Wasser in dem Becken befinden, berechnet man mit Hilfe eines Integrals den Zufluss Z , der in zwei Stunden erfolgt:

$$\begin{aligned} \mathrm{Z} &= \int_0^2 h_k(t)\mathrm{d}t \\ &= \int_0^2 10 \cdot k \cdot e^{-kt}\mathrm{d}t \\ &= \left[\frac{10 \cdot k}{-k} \cdot e^{-kt}\right]_0^2 \\ &= \left[-10 \cdot e^{-kt}\right]_0^2 \\ &= -10 \cdot e^{-k \cdot 2} - \left(-10 \cdot e^{-k \cdot 0}\right) \\ &= -10 \cdot e^{-2k} + 10 \end{aligned}$$

Da die Zuflussmenge $8\,\mathrm{m}^3 - 3\,\mathrm{m}^3 = 5\,\mathrm{m}^3$ beträgt, löst man die Gleichung $\mathrm{Z} = 5$ nach

k auf:

$$\begin{aligned} -10 \cdot e^{-2k} + 10 &= 5 \\ -10 \cdot e^{-2k} &= -5 \\ e^{-2k} &= 0,5 \\ -2k &= \ln(0,5) \\ k &= \frac{\ln(0,5)}{-2} \\ k &\approx 0,347 \end{aligned}$$

Für $k \approx 0,347$ befinden sich nach 2 Stunden genau $8\,\mathrm{m}^3$ Wasser in dem Becken.

c2) Um einen Term der 103. Ableitung von h_k anzugeben, bildet man mit Hilfe der Kettenregel die ersten drei Ableitungen von h_k:

$$\begin{aligned} {h_k}'(t) &= 10 \cdot k \cdot e^{-kt} \cdot (-k) = -10 \cdot k^2 \cdot e^{-kt} \\ {h_k}''(t) &= -10 \cdot k^2 \cdot e^{-kt} \cdot (-k) = 10 \cdot k^3 \cdot e^{-kt} \\ {h_k}'''(t) &= 10 \cdot k^3 \cdot e^{-kt} \cdot (-k) = -10 \cdot k^4 \cdot e^{-kt} \end{aligned}$$

Damit erhält man folgende Regel für die n-te Ableitung von h_k:

$${h_k}^{(n)}(t) = (-1)^n \cdot 10 \cdot k^{n+1} \cdot e^{-kt}$$

Somit gilt für die 103. Ableitung von h_k:

$${h_k}^{(103)}(t) = (-1)^{103} \cdot 10 \cdot k^{103+1} \cdot e^{-kt} = -10 \cdot k^{104} \cdot e^{-kt}$$

Abitur 2017 – Analysis Aufgabe 2

a) Gegeben sind die Punkte A(0 | 24), B(40 | 0) und C(20 | 12).

a1) Die durchschnittliche Steigung $\overline{m}$ zwischen Start- und Endpunkt der Rutschbahn, also zwischen A und B, erhält man mit der Formel $m = \frac{\triangle y}{\triangle x} = \frac{y_2 - y_1}{x_2 - x_1}$:

$$\overline{m} = \frac{0-24}{40-0} = -\frac{3}{5} = -0,6 = -60\%$$

Die durchschnittliche Steigung beträgt $-60\,\%$.

Die Steigung m_C im Punkt C erhält man, indem man die Tangente in C einzeichnet und mit Hilfe eines geeigneten Steigungsdreiecks die Steigung bestimmt:

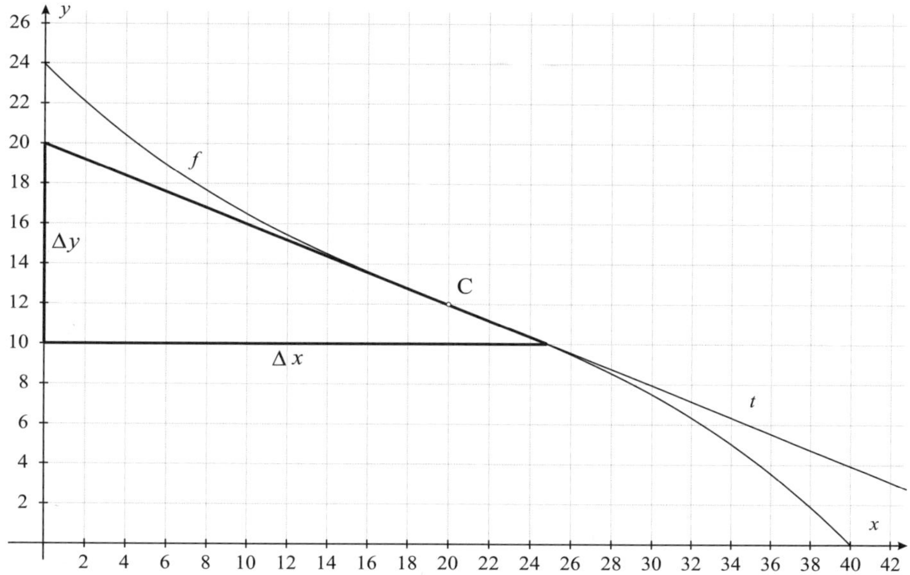

$$m_C = \frac{\triangle y}{\triangle x} \approx \frac{10-20}{25-0} = -\frac{2}{5} = -0,4 = -40\%$$

Die Steigung im Punkt C beträgt etwa $-40\,\%$.

a2) Als Ansatz für eine ganzrationale Funktion f dritten Grades verwendet man $f(x) = ax^3 + bx^2 + cx + d$ mit $f'(x) = 3ax^2 + 2bx + c$.

Da der Punkt A(0 | 24) auf dem Graph von f liegt, gilt: $f(0) = 24$.

Da der Punkt B(40 | 0) auf dem Graph von f liegt, gilt: $f(40) = 0$.

Da der Punkt C(20 | 12) auf dem Graph von f liegt, gilt: $f(20) = 12$.

Da im Punkt A die Steigung $-100\,\% = -1$ beträgt, gilt: $f'(0) = -1$.

Damit erhält man folgendes lineares Gleichungssystem:

$$\begin{array}{lrcrcrcrcr} \text{I} & a\cdot 0^3 & + & b\cdot 0^2 & + & c\cdot 0 & + & d & = & 24 \\ \text{II} & a\cdot 40^3 & + & b\cdot 40^2 & + & c\cdot 40 & + & d & = & 0 \\ \text{III} & a\cdot 20^3 & + & b\cdot 20^2 & + & c\cdot 20 & + & d & = & 12 \\ \text{IV} & 3a\cdot 0^2 & + & 2b\cdot 0 & + & c & & & = & -1 \end{array}$$

bzw.

$$\begin{array}{lrcrcrcrcr} \text{I} & & & & & & & d & = & 24 \\ \text{II} & 64000a & + & 1600b & + & 40c & + & d & = & 0 \\ \text{III} & 8000a & + & 400b & + & 20c & + & d & = & 12 \\ \text{IV} & & & & & c & & & = & -1 \end{array}$$

Setzt man $d = 24$ und $c = -1$ in Gleichung II und III ein, ergibt sich:

$$\begin{array}{lrcrcrcrcr} \text{I} & & & & & & & d & = & 24 \\ \text{II} & 64000a & + & 1600b & - & 40 & + & 24 & = & 0 \\ \text{III} & 8000a & + & 400b & - & 20 & + & 24 & = & 12 \\ \text{IV} & & & & & c & & & = & -1 \end{array}$$

bzw.

$$\begin{array}{lrcrcrcr} \text{I} & & & & & d & = & 24 \\ \text{II} & 64000a & + & 1600b & & & = & 16 \\ \text{III} & 8000a & + & 400b & & & = & 8 \\ \text{IV} & & & & & c & = & -1 \end{array}$$

Mit Hilfe des Taschenrechners erhält man als Lösung dieses Gleichungssystems: $a = -0{,}0005$, $b = 0{,}03$, $c = -1$ und $d = 24$.
Damit hat die Funktion f folgende Funktionsgleichung:

frv.tv/cd

$$f(x) = -0{,}0005x^3 + 0{,}03x^2 - x + 24$$

b) Es ist $f(x) = -0{,}0005\cdot x^3 + 0{,}03\cdot x^2 - x + 24$ mit $0 \leqslant x \leqslant 24$.

b1) Um die Stellen, an denen die zwei vertikalen Pfeiler mit 10 Meter und 15 Meter Höhe stehen, zu bestimmen, löst man die Gleichungen $f(x) = 15$ bzw. $f(x) = 10$ mit Hilfe des Taschenrechners.
Die Gleichung $-0{,}0005\cdot x^3 + 0{,}03\cdot x^2 - x + 24 = 15$ hat die Lösung $x_1 \approx 12{,}94$.
Die Gleichung $-0{,}0005\cdot x^3 + 0{,}03\cdot x^2 - x + 24 = 10$ hat die Lösung $x_2 \approx 24{,}86$.
Um zu berechnen, wie weit die Pfeiler voneinander entfernt stehen, bestimmt man den Abstand d zwischen den beiden Stellen:

frv.tv/cb

$$\mathrm{d} = x_2 - x_1 = 24{,}86 - 12{,}94 = 11{,}92$$

Somit stehen die beiden Pfeiler etwa $11{,}92$ Meter voneinander entfernt.

b2) Mit Hilfe der Potenzregel erhält man die 1. Ableitung von f:

$$f'(x) = -0,0015 \cdot x^2 + 0,06 \cdot x - 1$$

Um rechnerisch zu zeigen, dass $f'(x) < 0$ für alle $x \in [0;40]$ gilt, versucht man zuerst die Nullstellen von $f'(x)$ zu bestimmen.
Die Gleichung $-0,0015 \cdot x^2 + 0,06 \cdot x - 1 = 0$ hat keine reelle Lösung, so dass f keine Nullstellen hat.
Da $f'(0) = -1$ ist und der Graph von f' die x-Achse nicht schneidet, müssen alle Funktionswerte von f' negativ sein.
Somit gilt $f'(x) < 0$ für alle $x \in [0;40]$.
Wegen $f'(x) < 0$ für alle $x \in [0;40]$ ist die Steigung an allen Stellen der Rutsche negativ, d.h. die Rutsche hat an jeder Stelle ein Gefälle.

b3) Um zu zeigen, dass der Punkt C ein Wendepunkt des Graphen von f ist, verwendet man die 2. und 3. Ableitung von f:

$$f'(x) = -0,0015 \cdot x^2 + 0,06 \cdot x - 1$$
$$f''(x) = -0,003x + 0,06$$
$$f'''(x) = -0,003$$

Setzt man den x-Wert von $C(20 \mid 12)$ in $f''(x)$ und $f'''(x)$ ein, ergibt sich:

$$f''(20) = -0,003 \cdot 20 + 0,06 = 0$$
$$f'''(20) = -0,003 \neq 0$$

Wegen $f''(20) = 0$ und $f'''(20) \neq 0$ sind die notwendige und die hinreichende Bedingung für eine Wendestelle erfüllt.
Somit ist der Punkt C ein Wendepunkt des Graphen von f.

c) Es ist $g_a(x) = 24 \cdot e^{-0,05 \cdot a \cdot x}$, $a > 0$ für $0 \leqslant x \leqslant 40$.

c1) Um den Graphen von $g_{1,5}$ zu skizzieren, setzt man $a = 1,5$ in $g_a(x)$ ein und erstellt eine Wertetabelle:

frv.tv/cf

$$g_{1,5}(x) = 24 \cdot e^{-0,075 \cdot x}$$

x	0	5	10	15	20	25	30	35	40
$g_{1,5}(x)$	24	16,5	11,3	7,8	5,4	3,7	2,5	1,7	1,2

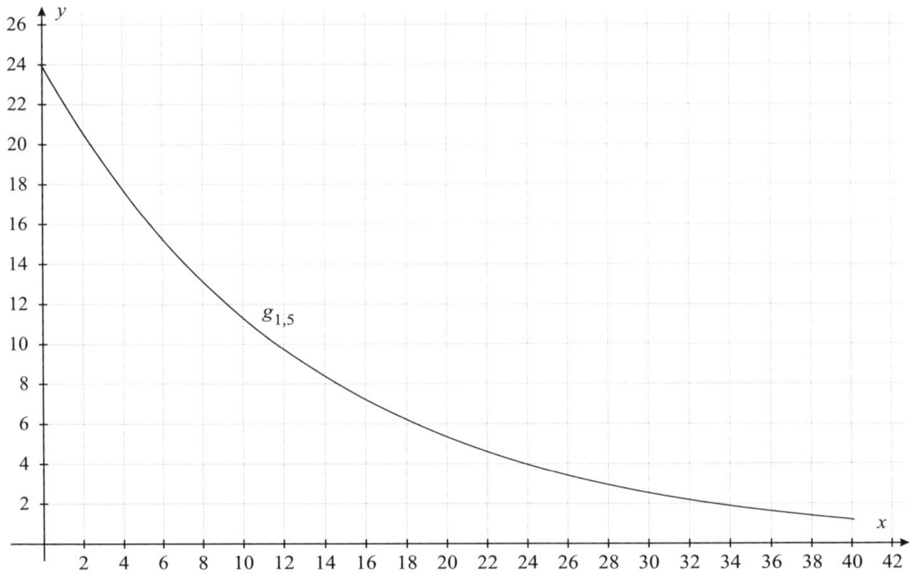

Die Höhe h, aus der ein Badegast am Ende dieser Rutsche ins Wasser fällt, erhält man, indem man $x = 40$ in $g_{1,5}(x)$ einsetzt:

$$h = g_{1,5}(40) = 24 \cdot e^{-0,075 \cdot 40} \approx 1,19$$

Somit fällt der Badegast aus einer Höhe von etwa 1,19 Meter ins Wasser.

c2) Wenn die Höhe, aus der ein Badegast am Ende der Rutsche ins Wasser fällt, höchstens 1,5 Meter betragen darf, muss gelten: $g_a(40) \leqslant 1,5$. Dies führt zu:

$$\begin{aligned} 24 \cdot e^{-0,05 \cdot a \cdot 40} &\leqslant 1,5 \\ e^{-2a} &\leqslant \frac{1,5}{24} \\ -2a &\leqslant \ln\left(\frac{1,5}{24}\right) \\ a &\geqslant \frac{\ln\left(\frac{1,5}{24}\right)}{-2} \\ a &\geqslant 1,3863 \end{aligned}$$

Wenn der Neigungswinkel im Startpunkt nicht größer als 55° sein darf, muss aufgrund des Gefälles im Startpunkt gelten: ${g_a}'(0) \geqslant \tan(-55)$. Die 1. Ableitung von g_a erhält man mit der Kettenregel:

$${g_a}'(x) = 24 \cdot (-0,05 \cdot a) \cdot e^{-0,05 \cdot a \cdot x} = -1,2 \cdot a \cdot e^{-0,05 \cdot a \cdot x}$$

Damit ergibt sich folgende Ungleichung:

$$\begin{aligned} {g_a}'(0) &\geqslant \tan(-55) \\ -1{,}2 \cdot a \cdot e^{-0{,}05 \cdot a \cdot 0} &\geqslant \tan(-55) \\ -1{,}2a &\geqslant \tan(-55) \\ a &\leqslant \frac{\tan(55)}{-1{,}2} \\ a &\leqslant 1{,}190 \end{aligned}$$

Wegen $a \geqslant 1{,}3863$ und $a \leqslant 1{,}190$ gibt es einen Widerspruch.
Somit gibt es keinen Parameter a, für den beide Bedingungen erfüllt sind.

c3) Den zweiten Summanden des Terms $\sum_{i=0}^{3} \sqrt{10^2 + (g_{1,5}(10(i+1)) - g_{1,5}(10i))^2}$ erhält man, indem man $i = 1$ in den Term unter der Wurzel einsetzt:

$$\sqrt{10^2 + (g_{1,5}(20) - g_{1,5}(10))^2}$$

Mit Hilfe dieses Summanden kann man die Länge der Strecke von $P(10 \mid g_{1,5}(10))$ zu $Q(20 \mid g_{1,5}(20))$ berechnen:

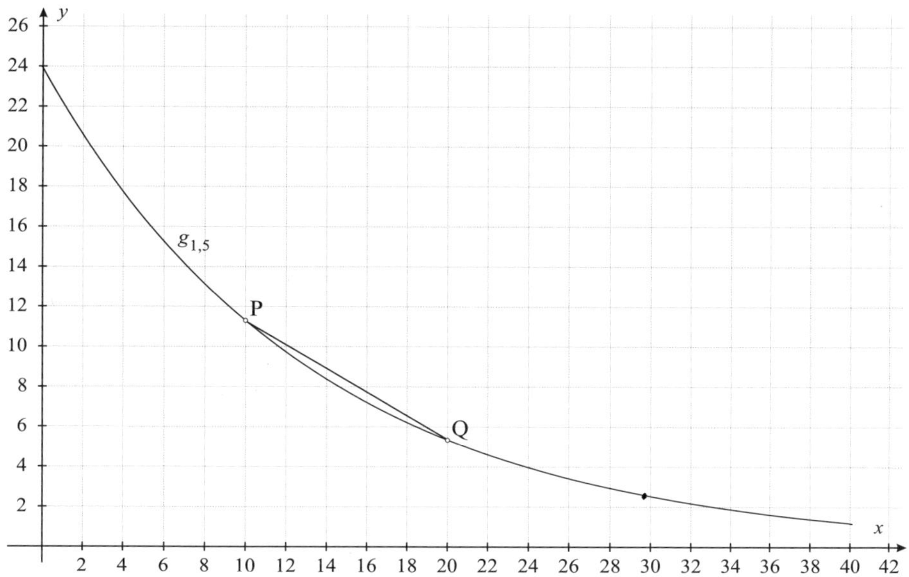

Der gesamte Term beschreibt näherungsweise (durch vier Abschnitte) die gesamte Länge des Graphen von $g_{1,5}$ im Intervall $[0; 40]$. Damit wird die gesamte Länge der Rutschbahn, die zu $g_{1,5}$ gehört, approximiert.

d) Es ist $\mathrm{G}(a) = \int_0^{40} g_a(x)\mathrm{d}x$ mit $a > 0$.

d1) Um $\mathrm{G}(5)$ zu berechnen, setzt man $a = 5$ in $\mathrm{G}(a)$ und $g_a(x)$ ein und berechnet das Integral, indem man den Hauptsatz der Differential- und Integralrechnung verwendet:

$$\begin{aligned}
\mathrm{G}(5) &= \int_0^{40} g_5(x)\mathrm{d}x \\
&= \int_0^{40} \left(24 \cdot e^{-0,25\cdot x}\right) \mathrm{d}x \\
&= \left[\frac{24}{-0,25} \cdot e^{-0,25\cdot x}\right]_0^{40} \\
&= \left[-96 \cdot e^{-0,25\cdot x}\right]_0^{40} \\
&= -96 \cdot e^{-0,25\cdot 40} - \left(-96 \cdot e^{-0,25\cdot 0}\right) \\
&\approx 96,00
\end{aligned}$$

d2) Um zu zeigen, dass für jedes $a > 0$ gilt: $\mathrm{G}(a) < \frac{480}{a}$, berechnet man $\mathrm{G}(a)$ bzw. das Integral mit Hilfe des Hauptsatzes der Differential- und Integralrechnung:

$$\begin{aligned}
\mathrm{G}(a) &= \int_0^{40} g_a(x)\mathrm{d}x \\
&= \int_0^{40} \left(24 \cdot e^{-0,05\cdot a\cdot x}\right) \mathrm{d}x \\
&= \left[\frac{24}{-0,05 \cdot a} \cdot e^{-0,05\cdot a\cdot x}\right]_0^{40} \\
&= \left[-\frac{480}{a} \cdot e^{-0,05\cdot a\cdot x}\right]_0^{40} \\
&= -\frac{480}{a} \cdot e^{-0,05\cdot a\cdot 40} - \left(-\frac{480}{a} \cdot e^{-0,05\cdot a\cdot 0}\right) \\
&= -\frac{480}{a} \cdot e^{-2a} + \frac{480}{a}
\end{aligned}$$

Wegen $a > 0$ und $e^{-2a} > 0$ gilt: $-\frac{480}{a} \cdot e^{-2a} < 0$.
Somit gilt: $\mathrm{G}(a) = \frac{480}{a} - \frac{480}{a} \cdot e^{-2a} < \frac{480}{a}$.

Abitur 2017 – Analytische Geometrie

Gegeben sind die Eckpunkte R(80 | 200 | 0), S(120 | 180 | 0) und T(135 | 210 | 0) sowie die Gerade

$$g: \vec{x} = \begin{pmatrix} 0 \\ 0 \\ 5 \end{pmatrix} + t \cdot \begin{pmatrix} 3 \\ 6 \\ 2 \end{pmatrix}$$

(t in Sekunden).

a) a1) Die Situation kann mit Hilfe einer Zeichnung dargestellt werden:

Da die Grundfläche des Hauses das Rechteck RSTU ist, erhält man die Koordinaten des vierten Eckpunktes U mit Hilfe einer Vektorkette:

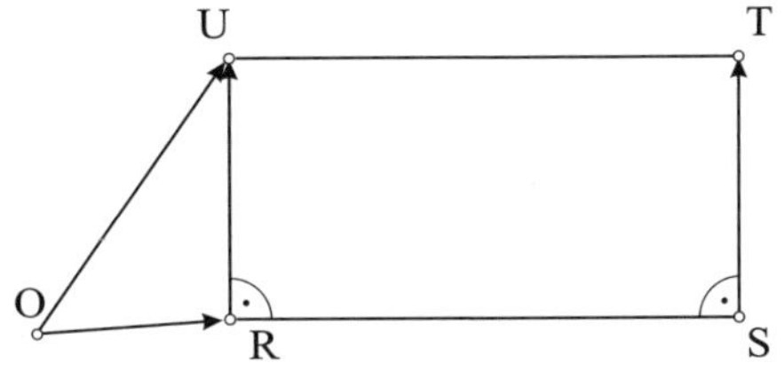

$$\overrightarrow{\text{OU}} = \overrightarrow{\text{OR}} + \overrightarrow{\text{ST}} = \begin{pmatrix} 80 \\ 200 \\ 0 \end{pmatrix} + \begin{pmatrix} 15 \\ 30 \\ 0 \end{pmatrix} = \begin{pmatrix} 95 \\ 230 \\ 0 \end{pmatrix}$$

Somit hat der Punkt U die Koordinaten U(95 | 230 | 0).

a2) Die Entfernung der Drohne zum Punkt P(0 | 0 | 5) nach 15 Sekunden erhält man, indem man zuerst die Position Z der Drohne nach 15 Sekunden bestimmt. Dazu setzt man $t = 15$ in g ein:

$$\vec{z} = \begin{pmatrix} 0 \\ 0 \\ 5 \end{pmatrix} + 15 \cdot \begin{pmatrix} 3 \\ 6 \\ 2 \end{pmatrix} = \begin{pmatrix} 45 \\ 90 \\ 35 \end{pmatrix} \Rightarrow \text{Z}(45 \mid 90 \mid 35)$$

Anschließend berechnet man den Abstand d von P zu Z, indem man den Betrag des entsprechenden Verbindungsvektors bestimmt:

$$\text{d} = \overline{\text{PZ}} = \left|\overrightarrow{\text{PZ}}\right| = \left|\begin{pmatrix} 45 \\ 90 \\ 30 \end{pmatrix}\right| = \sqrt{45^2 + 90^2 + 30^2} = 105$$

Die Entfernung beträgt 105 m.

a3) Den Steigungswinkel α der Flugbahn erhält man, indem man den Winkel α zwischen der x_1x_2-Ebene und der Geraden g bestimmt. Diesen erhält man mit Hilfe der Formel $\sin(\alpha) = \frac{|\vec{u} \cdot \vec{n}|}{|\vec{u}| \cdot |\vec{n}|}$, wobei $\vec{u} = \begin{pmatrix} 3 \\ 6 \\ 2 \end{pmatrix}$ der Richtungsvektor von g und $\vec{n} = \begin{pmatrix} 0 \\ 0 \\ 1 \end{pmatrix}$ ein

Normalenvektor der x_1x_2-Ebene ist:

$$\begin{aligned}
\sin(\alpha) &= \frac{|\vec{u}\cdot\vec{n}|}{|\vec{u}|\cdot|\vec{n}|}\\
\sin(\alpha) &= \frac{\left|\begin{pmatrix}3\\6\\2\end{pmatrix}\cdot\begin{pmatrix}0\\0\\1\end{pmatrix}\right|}{\left|\begin{pmatrix}3\\6\\2\end{pmatrix}\right|\cdot\left|\begin{pmatrix}0\\0\\1\end{pmatrix}\right|}\\
\sin(\alpha) &= \frac{|3\cdot 0+6\cdot 0+2\cdot 1|}{\sqrt{3^2+6^2+2^2}\cdot\sqrt{0^2+0^2+1^2}}\\
\sin(\alpha) &= \frac{2}{7}\\
\alpha &\approx 16,60^\circ
\end{aligned}$$

Der Steigungswinkel beträgt etwa $16,60^\circ$.

b) b1) Den Flächeninhalt A der Seitenfläche RSS'R' des Hauses erhält man, indem man den Flächeninhalt des Rechtecks mit der Grundseite $g=\overline{\mathrm{RS}}$ und der Haushöhe $h=65$ bestimmt.

Die Grundseite $g=\overline{\mathrm{RS}}$ erhält man, indem man den Betrag des entsprechenden Verbindungsvektors bestimmt:

$$g=\overline{\mathrm{RS}}=\left|\overrightarrow{\mathrm{RS}}\right|=\left|\begin{pmatrix}40\\-20\\0\end{pmatrix}\right|=\sqrt{40^2+(-20)^2+0^2}=\sqrt{2000}$$

Damit ergibt sich:

$$\mathrm{A}=g\cdot h=\sqrt{2000}\cdot 65\approx 2906,89$$

Der Flächeninhalt der Seitenfläche RSS'R' beträgt etwa $2907\,\mathrm{m}^2$.

b2) Um zu untersuchen, ob die Drohne die Fläche RSS'R' treffen wird, bestimmt man zuerst die Gleichung der Ebene E, in der diese Fläche liegt und schneidet sie mit der Geraden g.

Die Ebene E, in der die Punkte R(80 | 200 | 0), S(120 | 180 | 0) und S'(120 | 180 | 65) liegen, hat z.B. den Stützpunkt R und die Spannvektoren

$$\overrightarrow{\mathrm{RS}}=\begin{pmatrix}40\\-20\\0\end{pmatrix}=20\cdot\begin{pmatrix}2\\-1\\0\end{pmatrix} \text{ und } \overrightarrow{\mathrm{RS'}}=\begin{pmatrix}40\\-20\\65\end{pmatrix}=5\cdot\begin{pmatrix}8\\-4\\13\end{pmatrix}$$

Damit hat E die Parametergleichung:

$$E\colon \vec{x} = \begin{pmatrix} 80 \\ 200 \\ 0 \end{pmatrix} + s \cdot \begin{pmatrix} 2 \\ -1 \\ 0 \end{pmatrix} + t \cdot \begin{pmatrix} 8 \\ -4 \\ 13 \end{pmatrix};\ s,t \in \mathbb{R}$$

Einen Normalenvektor $\vec{n}$ von E erhält man mit Hilfe des Vektorprodukts (siehe Seite 71) der beiden Spannvektoren:

$$\begin{pmatrix} 2 \\ -1 \\ 0 \end{pmatrix} \times \begin{pmatrix} 8 \\ -4 \\ 13 \end{pmatrix} = \begin{pmatrix} -13 \\ -26 \\ 0 \end{pmatrix} = -13 \cdot \begin{pmatrix} 1 \\ 2 \\ 0 \end{pmatrix} \Rightarrow \vec{n} = \begin{pmatrix} 1 \\ 2 \\ 0 \end{pmatrix}$$

Damit ergibt sich ein Normalenvektor $\vec{n} = \begin{pmatrix} 1 \\ 2 \\ 0 \end{pmatrix}$ der Ebene E.

Setzt man den Ortsvektor von R und den Normalenvektor $\vec{n}$ in die Normalenform $\vec{n} \circ (\vec{x} - \vec{r}) = 0$ ein, erhält man:

$$E\colon \begin{pmatrix} 1 \\ 2 \\ 0 \end{pmatrix} \circ \left(\vec{x} - \begin{pmatrix} 80 \\ 200 \\ 0 \end{pmatrix} \right) = 0$$

$$E\colon 1 \cdot (x_1 - 80) + 2 \cdot (x_2 - 200) + 0 \cdot (x_3 - 0) = 0$$

$$E\colon x_1 - 80 + 2x_2 - 400 = 0$$

$$E\colon x_1 + 2x_2 = 480$$

Somit hat die Ebene E die Koordinatenform $E\colon x_1 + 2x_2 = 480$.

Die Koordinaten des Schnittpunktes W von E und g erhält man, indem man einen allgemeinen Punkt $W_t(3t \mid 6t \mid 5 + 2t)$ der Geraden g in die Ebenengleichung $E\colon x_1 + 2x_2 = 480$ einsetzt:

$$3t + 2 \cdot 6t = 480 \Rightarrow t = 32$$

Setzt man $t = 32$ in W_t ein, erhält man den Schnittpunkt $W(96 \mid 192 \mid 69)$.

Da die x_3-Koordinate von W größer als 65 (Höhe des Hauses) ist, wird die Drohne die Fläche $RSS'R'$ nicht treffen.

b3) Die Gerade h durch die Punkte $R'(80 \mid 200 \mid 65)$ und $S'(120 \mid 180 \mid 65)$ hat die Gleichung:

$$h\colon \vec{x} = \begin{pmatrix} 80 \\ 200 \\ 65 \end{pmatrix} + r \cdot \begin{pmatrix} 40 \\ -20 \\ 0 \end{pmatrix}$$

Die Gerade g hat die Gleichung:

$$g\colon \vec{x} = \begin{pmatrix} 0 \\ 0 \\ 5 \end{pmatrix} + t \cdot \begin{pmatrix} 3 \\ 6 \\ 2 \end{pmatrix}$$

Den Abstand, den die Flugbahn der Drohne zur Geraden h hat, erhält man, indem man den Abstand der beiden windschiefen Geraden g und h mit der Formel $\mathrm{d} = \frac{\left|\left(\vec{r'} - \vec{p}\right) \circ \vec{n}\right|}{|\vec{n}|}$ bestimmt, wobei $\vec{n}$ ein Vektor ist, der auf beiden Richtungsvektoren der Geraden g und h senkrecht steht. Den Vektor $\vec{n}$ erhält man mit Hilfe des Vektorprodukts der beiden Richtungsvektoren:

$$\begin{pmatrix} 3 \\ 6 \\ 2 \end{pmatrix} \times \begin{pmatrix} 40 \\ -20 \\ 0 \end{pmatrix} = \begin{pmatrix} 40 \\ 80 \\ -300 \end{pmatrix} = 20 \cdot \begin{pmatrix} 2 \\ 4 \\ -15 \end{pmatrix} \Rightarrow \vec{n} = \begin{pmatrix} 2 \\ 4 \\ -15 \end{pmatrix}$$

Damit ergibt sich:

$$\begin{aligned}
\mathrm{d} &= \frac{\left|\left(\begin{pmatrix} 80 \\ 200 \\ 65 \end{pmatrix} - \begin{pmatrix} 0 \\ 0 \\ 5 \end{pmatrix}\right) \circ \begin{pmatrix} 2 \\ 4 \\ -15 \end{pmatrix}\right|}{\left|\begin{pmatrix} 2 \\ 4 \\ -15 \end{pmatrix}\right|} \\
&= \frac{\left|\begin{pmatrix} 80 \\ 200 \\ 60 \end{pmatrix} \circ \begin{pmatrix} 2 \\ 4 \\ -15 \end{pmatrix}\right|}{\left|\begin{pmatrix} 2 \\ 4 \\ -15 \end{pmatrix}\right|} \\
&= \frac{|80 \cdot 2 + 200 \cdot 4 + 60 \cdot (-15)|}{\sqrt{2^2 + 4^2 + (-15)^2}} \\
&= \frac{60}{\sqrt{245}} \approx 3,83
\end{aligned}$$

Somit hat die Drohnenflugbahn einen Abstand von etwa 3,83 m von der Geraden h.

c) Gegeben sind die Gerade $k\colon \vec{x} = \begin{pmatrix} 40 \\ -220 \\ 80 \end{pmatrix} + s \cdot \begin{pmatrix} 0 \\ 10 \\ 0 \end{pmatrix}$ sowie die Punkte $S_1(40 \mid -260 \mid 10)$ und $S_2(40 \mid 300 \mid 10)$.

c1) Um die Koordinaten des Punktes D, an dem die Drohne den Sendebereich von S_1 verlässt, zu bestimmen, berechnet man zuerst den Abstand eines allgemeinenen Punktes $P_s(40 \mid -220+10s \mid 80)$ von k zu S_1, indem man den Betrag des entsprechenden Verbindungsvektors berechnet. Anschließend bestimmt man den Parameter s so, dass der Abstand von P_s zu S_1 genau der Reichweite des Senders S_1 entspricht, also 250 m. Dies führt zu folgender Gleichung:

$$\begin{aligned}
\overline{S_1P_s} &= 250\\
\left|\overrightarrow{S_1P_s}\right| &= 250\\
\left|\begin{pmatrix}0\\40+10s\\70\end{pmatrix}\right| &= 250\\
\sqrt{0^2+(40+10s)^2+70^2} &= 250\\
1600+800s+100s^2+4900 &= 250^2\\
100s^2+800s+6500 &= 62500\\
100s^2+800s-56000 &= 0
\end{aligned}$$

Mit Hilfe des Taschenrechners erhält man die Lösungen $s_1=-28$ und $s_2=20$.
Wegen $s>0$ setzt man $s=20$ in P_s ein und erhält den Punkt $D(40 \mid -20 \mid 80)$.
Um zu prüfen, ob die Drohne bereits im Sendebereich von $S_2(40 \mid 300 \mid 10)$ ist, berechnet man den Abstand d von D zu S_2, indem man den Betrag des entsprechenden Verbindungsvektors bestimmt:

$$\mathrm{d}=\overline{DS_2}=\left|\overrightarrow{DS_2}\right|=\left|\begin{pmatrix}0\\320\\-70\end{pmatrix}\right|=\sqrt{0^2+320^2+(-70)^2}\approx 327{,}57$$

Wegen $\mathrm{d}\approx 328<390$ befindet sich die Drohne bereits im Sendebereich von S_2.

c2) Um zu berechnen, zu welcher Zeit die Drohne nur noch einen Abstand von 200 m zu der Luftraumgrenze mit der Ebenengleichung $F\colon\ 3x_1-4x_2=-400$ hat, bestimmt man zuerst den Abstand e eines allgemeinen Punktes $P_s(40 \mid -220+10s \mid 80)$ von k zur Ebene F mit Hilfe der Abstandsformel (Punkt-Ebene):

$$\mathrm{e}=\frac{|3\cdot 40-4\cdot(-220+10s)+400|}{\sqrt{3^2+(-4)^2+0^2}}=\frac{|1400-40s|}{5}$$

Anschließend löst man die Gleichung $e=200$ nach s auf:

$$\begin{aligned}
\frac{|1400-40s|}{5} &= 200\\
|1400-40s| &= 1000
\end{aligned}$$

Die Betragsgleichung löst man durch Fallunterscheidung:
$1400 - 40s = 1000 \Rightarrow s_1 = 10$ und $1400 - 40s = -1000 \Rightarrow s_2 = 60$.
Da die Drohne im Punkt Q startet und auf die Ebene zufliegt, hat sie zum ersten Mal beim kleineren s-Wert, der die Zeit in Sekunden nach dem Durchfliegen des Punktes Q angibt, den angegebenen Abstand.
Somit kommt nur $s_1 = 10$ als Lösung in Frage.
Somit hat die Drohne 10 Sekunden nach dem Durchfliegen des Punktes Q einen Abstand von 200 m zur Luftraumgrenze.

d1) Um zu untersuchen, ob der Vektor $\begin{pmatrix} 45 \\ 90 \\ 35 \end{pmatrix}$ eine Lösung der Gleichung $\begin{pmatrix} 3 \\ 6 \\ 2 \end{pmatrix} \times \left[\vec{x} - \begin{pmatrix} 0 \\ 0 \\ 5 \end{pmatrix}\right] = \vec{0}$ ist, setzt man ihn in die Gleichung ein:

$$\begin{pmatrix} 3 \\ 6 \\ 2 \end{pmatrix} \times \left[\begin{pmatrix} 45 \\ 90 \\ 35 \end{pmatrix} - \begin{pmatrix} 0 \\ 0 \\ 5 \end{pmatrix}\right] = \vec{0}$$

$$\begin{pmatrix} 3 \\ 6 \\ 2 \end{pmatrix} \times \begin{pmatrix} 45 \\ 90 \\ 30 \end{pmatrix} = \vec{0}$$

$$\begin{pmatrix} 0 \\ 0 \\ 0 \end{pmatrix} = \vec{0}$$

Somit ist der angegebene Vektor eine Lösung der Gleichung.

d2) Das Vektorprodukt zweier Vektoren ist genau dann gleich dem Nullvektor, wenn die beiden Vektoren ein Vielfaches voneinander sind.
Damit müssen die Vektoren $\begin{pmatrix} 3 \\ 6 \\ 2 \end{pmatrix}$ und $\left[\vec{x} - \begin{pmatrix} 0 \\ 0 \\ 5 \end{pmatrix}\right]$ Vielfache voneinander sein, d.h. es gilt:

$$\vec{x} - \begin{pmatrix} 0 \\ 0 \\ 5 \end{pmatrix} = t \cdot \begin{pmatrix} 3 \\ 6 \\ 2 \end{pmatrix} \quad t \in \mathbb{R} \Rightarrow \vec{x} = \begin{pmatrix} 0 \\ 0 \\ 5 \end{pmatrix} + t \cdot \begin{pmatrix} 3 \\ 6 \\ 2 \end{pmatrix}$$

Somit lässt sich die Lösungsmenge geometrisch als Gerade der ersten Drohne interpretieren.

Abitur 2017 – Stochastik

a) a1) Bezeichnet man mit A: Samenkorn hat Qualitätsstufe A, mit B: Samenkorn hat Qualitätsstufe B, mit K: Samenkorn keimt und mit $\overline{K}$: Samenkorn keimt nicht, so kann man anhand der gegebenen Angaben folgende Werte bestimmmen:
Da 65 % der gekauften Samenkörner die Qualitätsstufe A haben, gilt: $P(A) = 0,65$.
Daraus ergibt sich mit Hilfe der Wahrscheinlichkeit des Gegenereignisses:

$$P(B) = 1 - P(A) = 1 - 0,65 = 0,35$$

Da ein Samenkorn der Qualitätsstufe A mit einer Wahrscheinlichkeit von 95% keimt, gilt: $P_A(K) = 0,95$.
Daraus ergibt sich mit Hilfe der Wahrscheinlichkeit des Gegenereignisses:

$$P_A\left(\overline{K}\right) = 1 - P_A(K) = 1 - 0,95 = 0,05$$

Da ein Samenkorn der Qualitätsstufe B mit einer Wahrscheinlichkeit von 70% keimt, gilt: $P_B(K) = 0,7$.
Daraus ergibt sich mit Hilfe der Wahrscheinlichkeit des Gegenereignisses:

$$P_B\left(\overline{K}\right) = 1 - P_B(K) = 1 - 0,7 = 0,3$$

Damit kann man den Sachverhalt in einem Baumdiagramm darstellen:

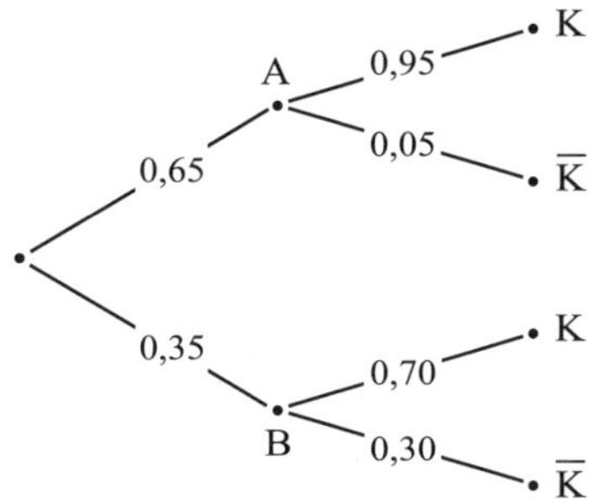

a2) Die Wahrscheinlichkeit, dass es sich bei einem zufällig ausgewählten keimenden Samenkorn um ein Samenkorn der Qualitätsstufe B handelt, erhält man mit Hilfe der bedingten Wahrscheinlichkeit:

$$P_K(B) = \frac{P(K \cap B)}{P(K)}$$

Mit Hilfe der Pfadregeln ergibt sich:

$$P(K \cap B) = 0,35 \cdot 0,7 = 0,245$$

und

$$P(K) = P(A \cap K) + P(B \cap K) = 0,65 \cdot 0,95 + 0,35 \cdot 0,7 = 0,8625$$

Damit erhält man:

$$P_K(B) = \frac{P(K \cap B)}{P(K)} = \frac{0,245}{0,8625} \approx 0,284$$

Die Wahrscheinlichkeit beträgt etwa 28,4 %.

a3) Es werden 200 Samenkörner der Qualitätsstufe B gesät, von denen jedes mit einer Wahrscheinlichkeit von 70% keimt. Legt man X als Zufallsgröße für die Anzahl der keimenden Samenkörner fest, so ist X binomialverteilt mit den Parametern $n = 200$ und $p = 0,7$, da es nur die beiden Ausgänge «keimen» oder «nicht keimen» gibt.
Die Wahrscheinlichkeit des Ereignisses E: «Von den gesäten Samenkörnern keimen genau 140.» erhält man mit Hilfe der Binomialverteilung:

$$P(E) = P(X = 140) \approx 0,061$$

frv.tv/ci

Die Wahrscheinlichkeit für das Ereignis E beträgt etwa 6,1 %.

Die Wahrscheinlichkeit des Ereignisses F: «Von den gesäten Samenkörnern keimen mehr als 130 und weniger als 150.» erhält man mit Hilfe der kumulierten Binomialverteilung:

$$P(F) = P(130 < X < 150) = P(X \leqslant 149) - P(X \leqslant 130) \approx 0,930 - 0,073 = 0,857$$

frv.tv/ck

Die Wahrscheinlichkeit für das Ereignis F beträgt etwa 85,7 %.

a4) Der Term

$$\sum_{i=0}^{120} \binom{200}{i} \cdot 0,7^i \cdot 0,3^{200-i}$$

beschreibt die Wahrscheinlichkeit, dass von 200 Samenkörnern der Qualitätsstufe B höchstens 120 keimen.
Der Term

$$\sum_{i=160}^{200} \binom{200}{i} \cdot 0,7^i \cdot 0,3^{200-i}$$

beschreibt die Wahrscheinlichkeit, dass von 200 Samenkörnern der Qualitätsstufe B mindestens 160 keimen.
Der Term

$$1 - \left(\sum_{i=0}^{120} \binom{200}{i} \cdot 0,7^i \cdot 0,3^{200-i} + \sum_{i=160}^{200} \binom{200}{i} \cdot 0,7^i \cdot 0,3^{200-i} \right)$$

beschreibt damit die Wahrscheinlichkeit der Gegenereignisse, also dass mehr als 120 und weniger als 160 Samenkörner keimen.

b) Ein Samenkorn der Qualitätsstufe A keimt mit einer Wahrscheinlichkeit von 95%, ein Samenkorn der Qualitätsstufe B mit einer Wahrscheinlichkeit von 70%. Ein Samenkorn der Qualitätsstufe A hat ein Risiko von 15%, es wächst also mit einer Wahrscheinlichkeit von

85% eine Gurke heran. Ein Samenkorn der Qualitätsstufe B hat ein Risiko von 25%, es wächst also mit einer Wahrscheinlichkeit von 75% eine Gurke heran. Bezeichnet man mit AK: «Samenkorn der Qualitätsstufe A keimt», mit $\overline{AK}$: «Samenkorn der Qualitätsstufe A keimt nicht», mit G: Gurke wächst und mit $\overline{G}$: Gurke wächst nicht, so kann man anhand der gegebenen Angaben ein Baumdiagramm zeichnen:

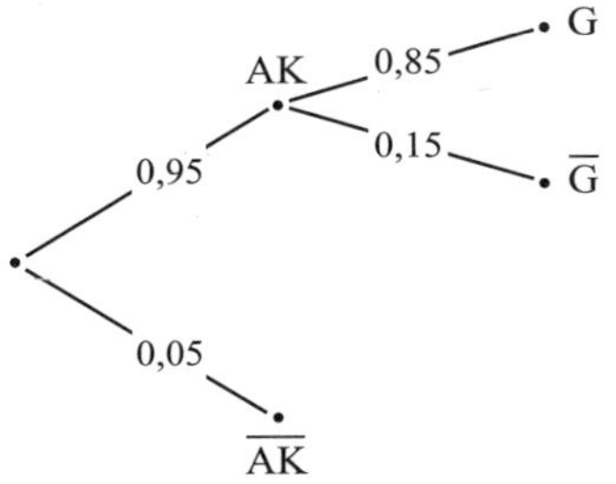

Die Wahrscheinlichkeit, dass aus einem Samenkorn der Qualitätsstufe A eine Gurke entsteht, erhält man mit Hilfe der Pfadregel:

$$P(AK \cap G) = 0,95 \cdot 0,85 = 0,8075$$

Wenn man n Samenkörner der Qualitätsstufe A sät, erhält man daraus $0,8075 \cdot n$ erntereifer Pflanzen. Da die Kosten für ein Samenkorn der Qualitätsstufe A 17 Cent betragen, betragen die Samenkosten für n Samenkörner $17 \cdot n$ Cent. Die Samenkosten pro ernetereifer Pflanze der Qualitätsstufe A erhält man, indem man Kosten für n Samenkörner durch die Anzahl ernetereifer Pflanzen teilt:

$$\frac{17 \cdot n}{0,8075 \cdot n} = \frac{17}{0,8075} \approx 21$$

Damit betragen die Samenkosten pro erntereifer Pflanze der Qualitätsstufe A etwa 21 Cent. Die Wahrscheinlichkeit, dass aus einem Samenkorn der Qualitätsstufe B eine Gurke entsteht, erhält man mit Hilfe der Pfadregel:

$$P(BK \cap G) = 0,7 \cdot 0,75 = 0,525$$

Wenn man m Samenkörner der Qualitätsstufe B sät, erhält man daraus $0,525 \cdot m$ erntereifer Pflanzen. Da die Kosten für ein Samenkorn der Qualitätsstufe B 12 Cent betragen, betragen die Samenkosten für m Samenkörner $12 \cdot m$ Cent. Die Samenkosten pro ernetereifer Gurkenpflanze der Qualitätsstufe B erhält man, indem man Kosten für m Samenkörner durch die Anzahl erntereifer Gurkenpflanzen teilt:

$$\frac{12 \cdot m}{0,525 \cdot m} = \frac{12}{0,525} \approx 23$$

Damit betragen die Samenkosten pro erntereifer Pflanze der Qualitätsstufe B etwa 23 Cent. Somit sind die Samenkosten pro erntereifer Pflanze bei der Qualitätsstufe B höher als bei der Qualitätsstufe A, so dass es für den Anbaubetrieb finanziell nicht sinnvoll wäre, sich auf Samenkörner der Qualitätsstufe B zu beschränken.

c) Der Großhändler behauptet, dass sich die Wahrscheinlichkeit für das Keimen eines Samenkorns der Qualitätsstufe B durch eine Weiterentwicklung auf mehr als 70% erhöht habe. Da die Entscheidungsregel für einen Hypothesentest das Ziel hat, die Behauptung des Großhändlers zu stützen, legt man als Nullhypothese die gegenteilige Behauptung des Großhändlers fest. Damit lautet die Nullhypothese: Die Wahrscheinlichkeit für das Keimen eines Samenkorns der Qualitätsstufe B beträgt höchstens 70%, also: $H_0: p \leqslant 0,7$.

c1) Legt man X als Zufallsgröße für die Anzahl der keimenden Samenkörner der Qualitätsstufe B fest, so ist X binomialverteilt mit den Parametern $n = 100$ und $p = 0,7$.
Die Nullhypothese lautet: $H_0: p \leqslant 0,7$, die zugehörige Alternativhypothese lautet $H_1: p > 0,7$. Wegen $H_1: p > 0,7$ handelt es sich um einen rechtsseitigen Test mit Signifikanzniveau (Irrtumswahrscheinlichkeit) $\alpha = 5\%$.
Man wird die Nullhypothese verwerfen, wenn bei den 100 Samenkörnern deutlich mehr als 70 Samenkörner (Erwartungswert $E(X) = n \cdot p = 100 \cdot 0,7 = 70$) keimen.
Also ist ein minimales $k \in \mathbb{N}$ und damit ein Ablehnungsbereich $\overline{A} = \{k, ..., 100\}$ der Nullhypothese so zu bestimmen, dass gilt:

$$P(X \in \overline{A}) \leqslant \alpha$$
$$P(X \geqslant k) \leqslant 0,05$$
$$1 - P(X \leqslant k-1) \leqslant 0,05$$
$$0,95 \leqslant P(X \leqslant k-1)$$

Mit Hilfe der kumulierten Binomialverteilung ergibt sich:

frv.tv/ck

$$P(X \leqslant 76) \approx 0,9244$$
$$P(X \leqslant 77) \approx 0,9521$$

Also ist $k - 1 = 77 \Rightarrow k = 78$ das minimale $k \in \mathbb{N}$ und man erhält damit den Ablehnungsbereich $\overline{A} = \{78, ..., 100\}$. Somit lautet die Entscheidungsregel:
Wenn von den 100 Samenkörnern mindestens 78 keimen, so ist die Nullhypothese abzulehnen, d.h. es ist anzunehmen, dass sich die Wahrscheinlichkeit für das Keimen eines Samenkorns der Qualitätsstufe B durch eine Weiterentwicklung auf mehr als 70% erhöht hat, was die Behauptung des Großhändlers stützt. Man irrt dabei mit einer Wahrscheinlichkeit von höchstens 5 %.

c2) Bei einem Fehler 2. Art wird die Nullhypothese angenommen, obwohl sie falsch ist.
Der Annahmebereich A des obigen Tests ist $A = \{0, ..., 77\}$.
Wenn die Nullhypothese falsch ist, ist die angenommene Wahrscheinlichkeit für ein keimendes Samenkorn auf 80% gestiegen.
Legt man Y als Zufallsvariable für die Anzahl der keimenden Samenkörner der Qualitätsstufe B fest, so ist Y binomialverteilt mit den Parametern $p = 0,8$ und $n = 100$.

frv.tv/ck

Die Wahrscheinlichkeit β für den Fehler 2. Art erhält man, indem man die Wahrscheinlichkeit des Annahmebereichs des Tests für die Zufallsvariable Y bestimmt:

$$\begin{aligned}\beta &= P(Y \in A)\\ &= P(Y \leqslant 77)\\ &\approx 0,2611\end{aligned}$$

Somit beträgt der Fehler 2. Art etwa 26,1 %.

d) Von einer dritten Qualitätsstufe C werden 50 Samenkörner gesät. Von diesen keimen 27. Aus diesem Stichprobenergebnis soll nun die Keimwahrscheinlichkeit eines Samenkorns der Qualitätsstufe C abgeschätzt werden.

d1) Legt man Z als Zufallsgröße für die Anzahl der keimenden Samenkörner der Qualitätsstufe C fest, so ist Z binomialverteilt mit den Parametern $n = 50$ und unbekanntem p.
Um zu prüfen, ob eine Keimwahrscheinlichkeit von 60% ($p = 0,6$) mit dem Stichprobenergebnis 27 auf einem Signifikanzniveau von 5% verträglich ist, berechnet man, ob 27 im 95%-Annahmebereich der Hypothese $H: p = 0,6$ liegt. Dies ist der Fall, wenn gilt:

$$P(Z \leqslant 26) \geqslant \frac{0,05}{2} = 0,025 \text{ und } P(Z \leqslant 27) \leqslant 1 - \frac{0,05}{2} = 0,975$$

frv.tv/ck

Mit Hilfe der kumulierten Binomialverteilung erhält man:

$$P(Z \leqslant 26) \approx 0,1561 \text{ und } P(Z \leqslant 27) \approx 0,2340$$

Damit sind beide Bedingungen erfüllt, so dass $p = 0,6$ mit dem Testergebnis verträglich ist.
Alternativ kann man auch den 95%-Annahmebereich A berechnen. Dieser liegt symmetrisch um den Erwartungswert $\mu = n \cdot p = 50 \cdot 0,6 = 30$ herum: $A = [\mu - a; \mu + a]$.
Es ist also eine Zahl a so zu bestimmen, dass gilt: $P(Z \in A) \geqslant 0,95$.

frv.tv/ck

Mit Hilfe der kumulierten Binomialverteilung erhält man:

$$\begin{aligned}P(24 \leqslant Z \leqslant 36) &= P(Z \leqslant 36) - P(Z \leqslant 23) \approx 0,9720 - 0,0314 = 0,9406\\ P(23 \leqslant Z \leqslant 37) &= P(Z \leqslant 37) - P(Z \leqslant 22) \approx 0,9867 - 0,0160 = 0,9707\end{aligned}$$

Damit beträgt für $p = 0,6$ der 95%-Annahmebereich: $[23; 37]$.
Somit liegt 27 im Annahmebereich, so dass $p = 0,6$ mit dem Testergebnis verträglich ist.

d2) Die obere Grenze für die Keimwahrscheinlichkeit p des zugehörigen 95%-Konfidenz-

Intervalls erhält man, indem man dasjenige maximale p bestimmt, für das gilt:

$$P(Z \leqslant 26) \geqslant 0,025$$

Durch Ausprobieren erhält man mit Hilfe des Taschenrechners:

frv.tv/ck

$$p = 0,664: \quad P(Z \leqslant 26) \approx 0,0254$$
$$p = 0,663: \quad P(Z \leqslant 26) \approx 0,0245$$

Damit liegt die obere Grenze für die Keimwahrscheinlichkeit des 95%-Konfidenz-Intervalls bei etwa 66,3%.

2 Abitur 2018

Hilfsmittelfreier Teil

1. Gegeben sind die Geraden $g\colon \vec{x} = \begin{pmatrix} 3 \\ -3 \\ 3 \end{pmatrix} + r \cdot \begin{pmatrix} 3 \\ 0 \\ -1 \end{pmatrix}$ und $h\colon \vec{x} = \begin{pmatrix} 3 \\ -3 \\ 3 \end{pmatrix} + s \cdot \begin{pmatrix} 1 \\ 0 \\ 3 \end{pmatrix}$.

1.1 Da die beiden Geraden g und h denselben Stützvektor $\begin{pmatrix} 3 \\ -3 \\ 3 \end{pmatrix}$ besitzen, hat der Schnittpunkt S von g und h die Koordinaten $S(3 \mid -3 \mid 3)$.
Um zu zeigen, dass g und h senkrecht zueinander verlaufen, berechnet man das Skalarprodukt der beiden Richtungsvektoren $\vec{u} = \begin{pmatrix} 3 \\ 0 \\ -1 \end{pmatrix}$ von g und $\vec{v} = \begin{pmatrix} 1 \\ 0 \\ 3 \end{pmatrix}$ von h:

$$\begin{pmatrix} 3 \\ 0 \\ -1 \end{pmatrix} \cdot \begin{pmatrix} 1 \\ 0 \\ 3 \end{pmatrix} = 3 \cdot 1 + 0 \cdot 0 + (-1) \cdot 3 = 3 - 3 = 0$$

Da das Skalarprodukt der beiden Richtungsvektoren Null ergibt, verlaufen g und h senkrecht zueinander.

1.2 Die Ebene E, die die Geraden g und h enthält, hat den Stützvektor $\begin{pmatrix} 3 \\ -3 \\ 3 \end{pmatrix}$ und die Spannvektoren

$$\vec{u} = \begin{pmatrix} 3 \\ 0 \\ -1 \end{pmatrix} \text{ und } \vec{v} = \begin{pmatrix} 1 \\ 0 \\ 3 \end{pmatrix}$$

Damit hat E die Parametergleichung:

$$E\colon \vec{x} = \begin{pmatrix} 3 \\ -3 \\ 3 \end{pmatrix} + s \cdot \begin{pmatrix} 3 \\ 0 \\ -1 \end{pmatrix} + t \cdot \begin{pmatrix} 1 \\ 0 \\ 3 \end{pmatrix};\ s,t \in \mathbb{R}$$

Einen Normalenvektor $\vec{n}$ von E erhält man mit Hilfe des Vektorprodukts (siehe Seite 71) der beiden Spannvektoren:

$$\begin{pmatrix} 3 \\ 0 \\ -1 \end{pmatrix} \times \begin{pmatrix} 1 \\ 0 \\ 3 \end{pmatrix} = \begin{pmatrix} 0 \\ -10 \\ 0 \end{pmatrix} = -10 \cdot \begin{pmatrix} 0 \\ 1 \\ 0 \end{pmatrix} \Rightarrow \vec{n} = \begin{pmatrix} 0 \\ 1 \\ 0 \end{pmatrix}$$

Damit ergibt sich ein Normalenvektor $\vec{n} = \begin{pmatrix} 0 \\ 1 \\ 0 \end{pmatrix}$ der Ebene E.

Setzt man den Stützvektor $\vec{p} = \begin{pmatrix} 3 \\ -3 \\ 3 \end{pmatrix}$ und den Normalenvektor $\vec{n}$ in die Normalenform $\vec{n} \circ (\vec{x} - \vec{p}) = 0$ ein, erhält man:

$$\text{E}: \begin{pmatrix} 0 \\ 1 \\ 0 \end{pmatrix} \circ \left(\vec{x} - \begin{pmatrix} 3 \\ -3 \\ 3 \end{pmatrix} \right) = 0$$

$$\text{E}: 0 \cdot (x_1 - 3) + 1 \cdot (x_2 + 3) + 0 \cdot (x_3 - 3) = 0$$

$$\text{E}: x_2 + 3 = 0$$

$$\text{E}: x_2 = -3$$

Alternativ kann man auch die Koordinaten von $S(3 \mid -3 \mid 3)$ in die Koordinatenform $0x_1 + 1x_2 + 0x_3 = d$ einsetzen:

$$0 \cdot 3 + 1 \cdot (-3) + 0 \cdot 3 = d \Rightarrow d = -3$$

Somit hat die Ebene E die Koordinatenform $\text{E}: x_2 = -3$.

2. Gegeben sind die Gerade $g: \vec{x} = \begin{pmatrix} 1 \\ 1 \\ 4 \end{pmatrix} + r \cdot \begin{pmatrix} 0 \\ -3 \\ -4 \end{pmatrix}$ und die Ebene $\text{E}: 4x_2 - 3x_3 = 25$.

2.1 Um zu prüfen, zu welcher Koordinatenebene die Gerade g parallel ist, berechnet man das Skalarprodukt des Richtungsvektors $\vec{u} = \begin{pmatrix} 0 \\ -3 \\ -4 \end{pmatrix}$ von g mit den jeweiligen Normalenvektoren der Koordinatenebenen:

$$\vec{u} \cdot \vec{n}_1 = \begin{pmatrix} 0 \\ -3 \\ -4 \end{pmatrix} \cdot \begin{pmatrix} 0 \\ 0 \\ 1 \end{pmatrix} = 0 \cdot 0 + (-3) \cdot 0 + (-4) \cdot 1 = 0 + 0 - 4 = -4$$

$$\vec{u} \cdot \vec{n}_2 = \begin{pmatrix} 0 \\ -3 \\ -4 \end{pmatrix} \cdot \begin{pmatrix} 0 \\ 1 \\ 0 \end{pmatrix} = 0 \cdot 0 + (-3) \cdot 1 + (-4) \cdot 0 = 0 - 3 + 0 = -3$$

$$\vec{u} \cdot \vec{n}_3 = \begin{pmatrix} 0 \\ -3 \\ -4 \end{pmatrix} \cdot \begin{pmatrix} 1 \\ 0 \\ 0 \end{pmatrix} = 0 \cdot 1 + (-3) \cdot 0 + (-4) \cdot 0 = 0 + 0 + 0 = 0$$

Die Gerade g ist parallel zur x_2x_3-Ebene, da das Skalarprodukt des Richtungsvektors

$\vec{u} = \begin{pmatrix} 0 \\ -3 \\ -4 \end{pmatrix}$ von g und des Normalenvektors $\vec{n}_2 = \begin{pmatrix} 1 \\ 0 \\ 0 \end{pmatrix}$ der x_2x_3-Ebene Null ergibt.

☐ x_1x_2-Ebene. ☐ x_1x_3-Ebene. ☒ x_2x_3-Ebene.

Die Gerade g hat zur x_2x_3-Ebene ($x_1 = 0$) den Abstand 1, da g parallel zur x_2x_3-Ebene ist und die x_1-Koordinate des Stützvektors von g den Wert 1 hat. Alternativ kann man auch die Koordinaten des Stützpuntes $\mathrm{P}(1 \mid 1 \mid 4)$ von g in die Abstandsformel einsetzen:

$$\mathrm{d} = \frac{|1 \cdot 1 - 0|}{\sqrt{1^2 + 0^2 + 0^2}} = \frac{1}{1} = 1$$

☐ 0. ☒ 1. ☐ 4.

Die Gerade g verläuft echt parallel zu E, da das Skalarprodukt des Richtungsvektors $\vec{u} = \begin{pmatrix} 0 \\ -3 \\ -4 \end{pmatrix}$ von g und des Normalenvektors $\vec{n} = \begin{pmatrix} 0 \\ 4 \\ -3 \end{pmatrix}$ der Ebene E Null ergibt und der «Stützpunkt» $\mathrm{P}(1 \mid 1 \mid 4)$ von g nicht in E liegt:

$$\vec{u} \cdot \vec{n} = \begin{pmatrix} 0 \\ -3 \\ -4 \end{pmatrix} \cdot \begin{pmatrix} 0 \\ 4 \\ -3 \end{pmatrix} = 0 \cdot 0 + (-3) \cdot 4 + (-4) \cdot (-3) = 0 - 12 + 12 = 0$$

Setzt man die Koordinaten von $\mathrm{P}(1 \mid 1 \mid 4)$ in E ein, ergibt sich:

$$4 \cdot 1 - 3 \cdot 4 = 25 \Leftrightarrow -8 = 25$$

Aufgrund der falschen Aussage liegt P nicht in E.
Somit verläuft g echt parallel zu E:

☐ verläuft orthogonal zu E. ☒ verläuft echt parallel zu E. ☐ liegt in E.

2.2 Den Abstand d der Ebene E vom Ursprung erhält man mit der Abstandsformel:

$$\mathrm{d} = \frac{|4 \cdot 0 - 3 \cdot 0 - 25|}{\sqrt{0^2 + 4^2 + (-3)^2}} = \frac{|-25|}{\sqrt{25}} = \frac{25}{5} = 5$$

3. Gegeben sind die Ebene E: $x_2 - 3x_3 = -19$ sowie die Punkte $\mathrm{P}(1 \mid 2 \mid 2)$, $\mathrm{Q}(1 \mid -1 \mid 11)$ und $\mathrm{S}(-2 \mid -4 \mid 5)$.

3.1 Um zu zeigen, dass S in der Ebene E liegt, setzt man die Koordinaten von S in E ein:

$$-4 - 3 \cdot 5 = -19 \Leftrightarrow -19 = -19$$

Aufgrund der wahren Aussage liegt S in E.

3.2 Die Gerade durch P und Q hat die Gleichung:

$$\vec{x} = \begin{pmatrix} 1 \\ 2 \\ 2 \end{pmatrix} + s \cdot \begin{pmatrix} 0 \\ -3 \\ 9 \end{pmatrix}$$

Der Richtungsvektors $\vec{u} = \begin{pmatrix} 0 \\ -3 \\ 9 \end{pmatrix}$ der Geraden ist ein Vielfaches des Normalenvektors $\vec{n} = \begin{pmatrix} 0 \\ 1 \\ -3 \end{pmatrix}$ der Ebene E:

$$\begin{pmatrix} 0 \\ -3 \\ 9 \end{pmatrix} = -3 \cdot \begin{pmatrix} 0 \\ 1 \\ -3 \end{pmatrix}$$

Somit steht die Gerade durch P und Q senkrecht zu E.

3.3 Die Punkte P und Q haben den gleichen Abstand zu E. Man kann die Situation durch eine Zeichnung darstellen:

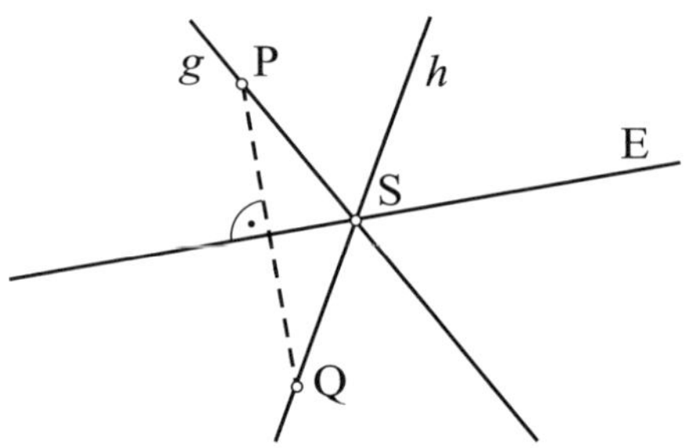

Die Gerade h geht durch die Punkte $S(-2 \mid -4 \mid 5)$ und $Q(1 \mid -1 \mid 11)$ und hat damit die Gleichung:

$$h\colon \vec{x} = \begin{pmatrix} -2 \\ -4 \\ 5 \end{pmatrix} + s \cdot \begin{pmatrix} 3 \\ 3 \\ 6 \end{pmatrix}$$

4. Gegeben ist die Funktion f mit $f(x) = -x^3 + 3x^2 - 2x$, deren Graph G_f bei $x = 1$ den Wendepunkt W hat.

4.1 Um zu zeigen, dass die Tangente an G_f im Punkt W die Steigung $m = 1$ hat, setzt man $x = 1$ in $f'(x) = -3x^2 + 6x - 2$ ein:

$$m = f'(1) = -3 \cdot 1^2 + 6 \cdot 1 - 2 = -3 + 6 - 2 = 1$$

4.2 Die Koordinaten des Wendepunkts erhält man, indem man $x = 1$ in $f(x)$ einsetzt:

$$f(1) = -1^3 + 3 \cdot 1^2 - 2 \cdot 1 = -1 + 3 - 2 = 0 \Rightarrow \text{W}(1 \mid 0)$$

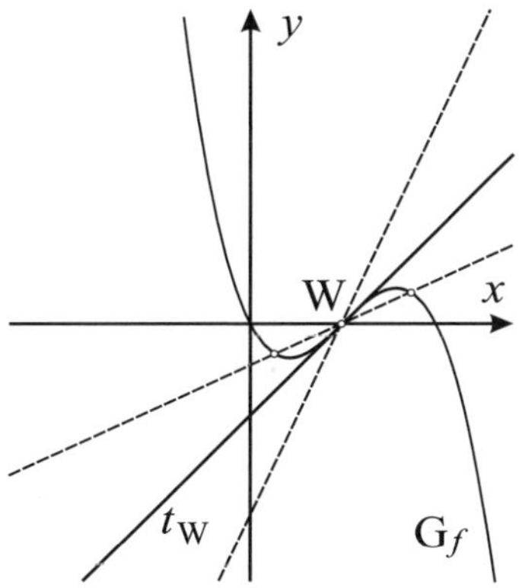

Verläuft die Gerade durch W flacher als die Wendetangente t_W, so gibt es drei Schnittpunkte, verläuft sie steiler, so gibt es nur einen Schnittpunkt. Somit gilt:
Für $0 < m < 1$ hat eine Gerade durch W mit G_f drei Schnittpunkte.
Für $m \geqslant 1$ hat eine Gerade durch W mit G_f genau einen Schnittpunkt, nämlich W.

5. 5.1 Setzt man $x_1 = 2$, $x_2 = 0$ und $x_3 = 1$ in $h(x) = x^2 + e^x$ ein, ergibt sich:

$$h(2) = 2^2 + e^2 = 4 + e^2$$
$$h(0) = 0^2 + e^0 = 1$$
$$h(1) = 1^2 + e^1 = 1 + e$$

Somit verläuft der Graph der Funktion h durch den Punkt $(0 \mid 1)$.

☐ $(2 \mid 4 + e)$. ☒ $(0 \mid 1)$. ☐ $(1 \mid 0)$.

Die Steigung des Graphen von h an der Stelle 1 erhält man, indem man $x = 1$ in $h'(x) = 2x + e^x$ einsetzt:

$$h'(1) = 2 \cdot 1 + e^1 = 2 + e$$

Somit hat der Graph von h an der Stelle 1 eine Steigung von $2 + e$.

☐ 0. ☐ $1 + e$. ☒ $2 + e$.

5.2 Gegeben sind die Funktionen f und g mit $f(x) = e^x$ und $g(x) = e \cdot \ln(x) + e$.
Um zu zeigen, dass die Funktionen f und g an der Stelle 1 den gleichen Funktionswert haben, setzt man $x = 1$ in $f(x)$ und $g(x)$ ein:

$$f(1) = e^1 = e$$
$$g(1) = e \cdot \ln(1) + e = e \cdot 0 + e = e$$

Um zu zeigen, dass die Graphen der Funktionen f und g an der Stelle 1 die gleiche

Steigung haben, setzt man $x = 1$ in $f'(x) = e^x$ und $g'(x) = e \cdot \frac{1}{x} + 0$ ein:

$$f'(1) = e^1 = e$$
$$g'(1) = e \cdot \frac{1}{1} + 0 = e$$

Wegen $f(1) = g(1)$ und $f'(1) = g'(1)$ haben die Funktionen f und g an der Stelle 1 denselben Funktionswert und ihre Graphen dieselbe Steigung.

6. Gegeben sei die Funkionenschar f_k mit $f_k(x) = k \cdot e^{kx} - x^3$ und $k \in \mathbb{R}$.

6.1 Setzt man die Koordinaten des Punktes P(0 | 1) in $f_k(x)$ ein, ergibt sich:

$$\begin{aligned} 1 &= k \cdot e^{k\cdot 0} - 0^3 \\ 1 &= k \cdot 1 - 0 \\ 1 &= k \end{aligned}$$

Somit verläuft für $k = 1$ der zugehörige Graph von f_1 durch den Punkt P(0 | 1).

6.2 Um den Parameter k so zu berechnen, dass $\int_0^2 f_k(x)\mathrm{d}x = e - 5$ gilt, verwendet man den Hauptsatz der Differential- und Integralrechnung:

$$\begin{aligned} \int_0^2 f_k(x)\mathrm{d}x &= e - 5 \\ \int_0^2 \left(k \cdot e^{kx} - x^3\right) \mathrm{d}x &= e - 5 \\ \left[k \cdot \frac{e^{kx}}{k} - \frac{1}{4}x^4\right]_0^2 &= e - 5 \\ \left[e^{kx} - \frac{1}{4}x^4\right]_0^2 &= e - 5 \\ e^{k\cdot 2} - \frac{1}{4} \cdot 2^4 - \left(e^{k\cdot 0} - \frac{1}{4} \cdot 0^4\right) &= e - 5 \\ e^{2k} - 4 - 1 &= e - 5 \\ e^{2k} &= e \\ 2k &= \ln(e) \\ 2k &= 1 \\ k &= \frac{1}{2} \end{aligned}$$

7. 7.1 Mit Hilfe der Pfadregeln ergeben sich folgende Wahrscheinlichkeiten:

$$P(X=3)=P(1;2)+P(2;1)=\frac{1}{3}\cdot\frac{1}{3}+\frac{1}{3}\cdot\frac{1}{3}=\frac{2}{9}$$
$$P(X=5)=P(2;3)+P(3;2)=\frac{1}{3}\cdot\frac{1}{3}+\frac{1}{3}\cdot\frac{1}{3}=\frac{2}{9}$$
$$P(X=6)=P(3;3)=\frac{1}{3}\cdot\frac{1}{3}=\frac{1}{9}$$

Damit ergibt sich folgende Tabelle:

k	2	3	4	5	6
$P(X=k)$	$\frac{1}{9}$	$\frac{2}{9}$	$\frac{1}{3}$	$\frac{2}{9}$	$\frac{1}{9}$

7.2 Die Wahrscheinlichkeit für das Ereignis A: «Es wird $(1;3)$, $(2;2)$ oder $(3;1)$ erzielt.» erhält man mit Hilfe der Pfadregeln:

$$P(A)=P(1;3)+P(2;2)+P(3;1)=\frac{1}{3}\cdot\frac{1}{3}+\frac{1}{3}\cdot\frac{1}{3}+\frac{1}{3}\cdot\frac{1}{3}=\frac{3}{9}=\frac{1}{3}$$

Die Wahrscheinlichkeit für das Ereignis B: «Beim ersten Drehen wird eine 2 erzielt.» beträgt $P(B)=P(2)=\frac{1}{3}$.
Die Wahrscheinlichkeit für $P(A\cap B)$ erhält man, indem man die Wahrscheinlichkeit für $(2;2)$ mit Hilfe der Pfadregeln berechnet:

$$P(A\cap B)=P(2;2)=\frac{1}{3}\cdot\frac{1}{3}=\frac{1}{9}$$

Damit gilt:

$$P(A)\cdot P(B)=\frac{1}{3}\cdot\frac{1}{3}=\frac{1}{9}=P(A\cap B)$$

Wegen $P(A)\cdot P(B)=P(A\cap B)$ sind die Ereignisse A und B stochastisch unabhängig.

8. Die Zufallsgrößen X und Y können jeweils nur die Werte 3, 4 und 5 annehmen.

8.1 Wegen $P(X=3)=\frac{1}{3}$ und $P(X=4)=\frac{1}{4}$ gilt: $P(X=5)=1-\frac{1}{3}-\frac{1}{4}=\frac{5}{12}$.
Den Erwartungswert E von X erhält man, indem man die jeweiligen Werte mit den zugehörigen Wahrscheinlichkeiten multipliziert und die Ergebnisse addiert:

$$E(X)=3\cdot\frac{1}{3}+4\cdot\frac{1}{4}+5\cdot\frac{5}{12}=1+1+\frac{25}{12}=\frac{49}{12}$$

8.2 Für die Zufallsgröße Y gilt: $P(Y=3)=\frac{1}{3}$, $P(Y=4)\geqslant\frac{1}{6}$ und $P(Y=5)\geqslant\frac{1}{6}$.
Die Wahrscheinlichkeit, dass Y den Wert 5 annimmt, beträgt mindestens $\frac{1}{6}$ und höchstens $1-\frac{1}{3}-\frac{1}{6}=\frac{3}{6}$.

Für $P(Y=5)=\frac{1}{6}$ ist $P(Y=4)=1-\frac{1}{3}-\frac{1}{6}=\frac{3}{6}$ und es ergibt sich der Erwartungswert von Y:

$$E(Y)=3\cdot\frac{1}{3}+4\cdot\frac{3}{6}+5\cdot\frac{1}{6}=1+\frac{12}{6}+\frac{5}{6}=\frac{23}{6}$$

Für $P(Y=5)=\frac{3}{6}$ ist $P(Y=4)=\frac{1}{6}$ und es ergibt sich der Erwartungswert von Y:

$$E(Y)=3\cdot\frac{1}{3}+4\cdot\frac{1}{6}+5\cdot\frac{3}{6}=1+\frac{4}{6}+\frac{15}{6}=\frac{25}{6}$$

Somit kann der Erwartungswert von Y folgende Werte annehmen: $\frac{23}{6}\leqslant E(Y)\leqslant\frac{25}{6}$.

Abitur 2018 – Analysis Aufgabe 1

a) Es ist $f(x) = 0,4 + 1,6 \cdot e^{0,5 \cdot x}$ mit $x \in [-2; 0]$.

a1) Die Koordinaten des Abstoßpunktes A erhält man, indem man $x = 0$ in $f(x)$ einsetzt:

$$f(0) = 0,4 + 1,6 \cdot e^{0,5 \cdot 0} = 2 \Rightarrow \mathrm{A}(0 \mid 2)$$

Die Koordinaten des Punktes R erhält man, indem man $x = -2$ in $f(x)$ einsetzt:

$$f(-2) = 0,4 + 1,6 \cdot e^{0,5 \cdot (-2)} \approx 0,99 \Rightarrow \mathrm{R}(-2 \mid 0,99)$$

Die Länge der Strecke $\overline{\mathrm{RA}}$ erhält man mithilfe der Formel $d = \sqrt{(x_2 - x_1)^2 + (y_2 - y_1)^2}$ für den Abstand zweier Punkte:

$$\overline{\mathrm{RA}} = \sqrt{(-2-0)^2 + (0,99-2)^2} \approx 2,24$$

Somit beträgt die Länge der Bahn der Kugel etwa 2,24 m.

a2) Die Stelle, an der sich die Kugel befindet, wenn sie sich in der Hand der Athletin 1,50 m über dem Boden befindet, erhält man, indem man die Gleichung $f(x) = 1,5$ durch Logarithmieren nach x auflöst:

$$\begin{aligned} 0,4 + 1,6 \cdot e^{0,5 \cdot x} &= 1,5 \\ 1,6 \cdot e^{0,5 \cdot x} &= 1,1 \\ e^{0,5 \cdot x} &= \frac{1,1}{1,6} \\ 0,5 \cdot x &= \ln\left(\frac{1,1}{1,6}\right) \\ x &= \frac{\ln\left(\frac{1,1}{1,6}\right)}{0,5} \\ x &\approx -0,75 \end{aligned}$$

Den Abstand d der Kugel von der zur y-Achse parallelen Gerade durch R erhält man, indem man den x-Wert von R von $x \approx -0,75$ subtrahiert:

$$\mathrm{d} \approx -0,75 - (-2) = 1,25$$

Der Abstand beträgt etwa 1,25 m.

a3) Die Aussage ist falsch, da sich die Werte von $h_i - f(x_i)$ teilweise gegenseitig aufheben können, wenn sie unterschiedliche Vorzeichen haben und damit der Term $\left|\sum_{i=1}^{5} (h_i - f(x_i))\right|$ sehr klein werden kann, obwohl die Abweichungen von der gemessenen Höhe zur modellierten Höhe jeweils groß sein können.

b) Es ist $p_a(x) = -ax^2 + bx + 2$ mit $a > 0$.

b1) Da alle möglichen Bahnen der Kugel im Abstoßpunkt A$(0 \mid 2)$ keinen Knick aufweisen, ist die Steigung des Graphen von f an der Stelle $x = 0$ gleich groß wie die Steigung des Graphen von p_a an dieser Stelle. Für die Ableitungen gilt:

$$f'(x) = 1,6 \cdot e^{0,5 \cdot x} \cdot 0,5 = 0,8 \cdot e^{0,5 \cdot x}$$
$$p_a{}'(x) = -2ax + b$$

Den Wert von b erhält man, indem man die Ableitungen an der Stelle $x = 0$ gleichsetzt:

$$f'(0) = p_a{}'(0)$$
$$0,8 \cdot e^{0,5 \cdot 0} = -2a \cdot 0 + b$$
$$0,8 = b$$

b2) Setzt man die Koordinaten des Punktes $(3 \mid 3,5)$ in $p_a(x) = -ax^2 + 0,8x + 2$ ein, erhält man folgende Gleichung:

$$3,5 = -a \cdot 3^2 + 0,8 \cdot 3 + 2$$
$$3,5 = -9a + 4,4$$
$$-0,9 = -9a$$
$$0,1 = a$$

Somit verläuft für $a = 0,1$ der Graph von p_a durch den Punkt $(3 \mid 3,5)$.

b3) Für $a = 0,1$ ergibt sich $p_{0,1}(x) = -0,1x^2 + 0,8x + 2$.
Die Größe des Winkels α, unter dem die Kugel bei einer Stoßweite von 10 m auf den Boden aufrtifft, erhält man durch $\tan(\alpha) = m$.
Die Steigung m erhält man, indem man $x = 10$ in $p_{0,1}{}'(x) = -0,2x + 0,8$ einsetzt: $m = p_{0,1}{}'(10) = -0,2 \cdot 10 + 0,8 = -1,2$.
Damit ergibt sich:

$$\tan(\alpha) = -1,2 \Rightarrow \alpha \approx -50,2^\circ$$

Die Kugel trifft unter einem Winkel von etwa $50,2^\circ$ auf dem Boden auf.

b4) Den Hochpunkt des Graphen von $p_a(x) = -ax^2 + 0,8x + 2$ erhält man mithilfe der 1. und 2. Ableitung von p_a:

$$p_a{}'(x) = -2ax + 0,8$$
$$p_a{}''(x) = -2a$$

Als notwendige Bedingung löst man die Gleichung $p_a{}'(x) = 0$ nach x auf:

$$-2ax + 0,8 = 0 \Rightarrow x = \frac{0,4}{a}$$

Wegen $a > 0$ ist $p_a{}''\left(\frac{0{,}4}{a}\right) = -2a < 0$, also handelt es sich um einen Hochpunkt. Da der Graph von p_a eine nach unten geöffnete Parabel ist, gibt es nur einen einzigen Hochpunkt.
Den zugehörigen y-Wert erhält man, indem man $x = \frac{0{,}4}{a}$ in $p_a(x)$ einsetzt:

$$p_a\left(\frac{0,4}{a}\right) = -a \cdot \left(\frac{0,4}{a}\right)^2 + 0,8 \cdot \left(\frac{0,4}{a}\right) + 2 = -\frac{0,16}{a} + \frac{0,32}{a} + 2 = 2 + \frac{0,16}{a}$$

Somit ist $H_a\left(\frac{0{,}4}{a} \mid 2 + \frac{0{,}16}{a}\right)$ der einzige Hochpunkt des Graphen von p_a.

b5) Die Ortskurve der Hochpunkte $H_a\left(\frac{0{,}4}{a} \mid 2 + \frac{0{,}16}{a}\right)$ aller Graphen von p_a erhält man, indem man den x-Wert von H_a nach a auflöst und in den y-Wert von H_a einsetzt:

$$x = \frac{0,4}{a} \Rightarrow a = \frac{0,4}{x}$$
$$y = 2 + \frac{0,16}{a}$$
$$y = 2 + \frac{0,16}{\frac{0,4}{x}}$$
$$y = 2 + \frac{0,16}{0,4} \cdot x$$
$$y = 0,4 \cdot x + 2$$

Somit liegen die Hochpunkte aller Graphen von p_a auf einer gemeinsamen Geraden mit der Gleichung $y = 0,4 \cdot x + 2$.

c) c1) Um die Gleichung $a = \frac{0{,}8}{s} + \frac{2}{s^2}$ herzuleiten, bezeichnet man die Nullstelle von $p_a(x) = -ax^2 + 0,8x + 2$ mit s und löst die Gleichung $p_a(s) = 0$ nach a auf:

$$-as^2 + 0,8s + 2 = 0$$
$$0,8s + 2 = as^2$$
$$\frac{0,8s}{s^2} + \frac{2}{s^2} = a$$
$$\frac{0,8}{s} + \frac{2}{s^2} = a$$

c2) Wenn bei einem Stoß die Stoßweite $s = 20\,\text{m}$ beträgt, so ergibt sich der Parameter a mit obiger Formel:

$$a = \frac{0,8}{s} + \frac{2}{s^2}$$
$$a = \frac{0,8}{20} + \frac{2}{20^2}$$
$$a = 0,045$$

Die größte Höhe h über dem Boden, die die Kugel bei diesem Stoß erreicht, erhält man, indem man $a = 0,045$ in den y-Wert des Hochpunkts $H_a\left(\frac{0,4}{a} \mid 2+\frac{0,16}{a}\right)$ einsetzt:

$$h = 2 + \frac{0,16}{0,045} \approx 5,6$$

Somit erreicht die Kugel eine maximale Höhe von etwa 5,6 m.

d) Es ist $g(s) = \frac{0,8}{s} + \frac{2}{s^2}$ mit $s > 0$.

d1) Eine Stammfunktion G von $g(s) = \frac{0,8}{s} + \frac{2}{s^2} = \frac{0,8}{s} + 2 \cdot s^{-2}$ ergibt sich mithilfe der Integrationsregeln:

$$G(s) = 0,8 \cdot \ln(s) - \frac{2}{s}$$

d2) Setzt man $s = 2$ und $s = 10$ in $g(s)$ ein, erhält man:

$$g(2) = \frac{0,8}{2} + \frac{2}{2^2} = 0,9 \Rightarrow P(2 \mid 0,9)$$
$$g(10) = \frac{0,8}{10} + \frac{2}{10^2} = 0,1 \Rightarrow Q(10 \mid 0,1)$$

Damit kann man die beiden Parallelen zur s-Achse durch die Punkte P und Q einzeichnen:

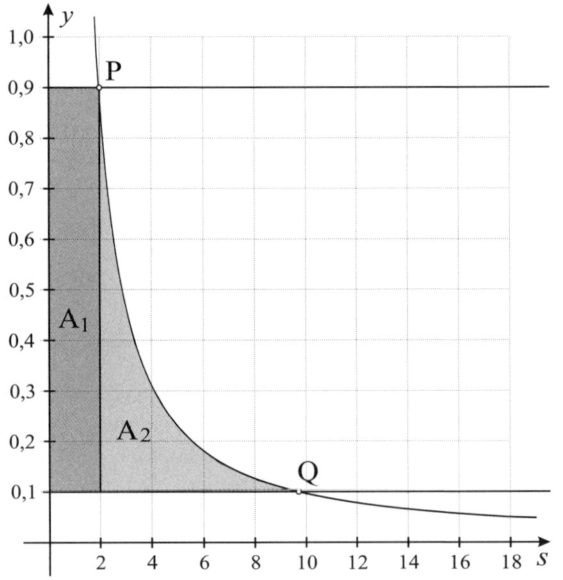

d3) Den Inhalt A des Flächenstücks, das der Graph mit der y-Achse und den beiden eingezeichneten Parallelen einschließt, erhält man, indem man die beiden Teilflächen A_1 und A_2 berechnet.

Die Fläche A_1 ist ein Rechteck mit den Seitenlängen 2 und $0,8$ und hat damit den Flächeninhalt:

$$A_1 = 2 \cdot 0,8 = 1,6$$

Den Flächeninhalt der Fläche A_2 erhält man mithilfe eines Integrals:

$$\begin{aligned} A_2 &= \int_2^{10} (g(s) - 0,1)\,\mathrm{d}s \\ &= \int_2^{10} \left(\frac{0,8}{s} + \frac{2}{s^2} - 0,1 \right) \mathrm{d}s \\ &= \left[0,8 \cdot \ln(s) - \frac{2}{s} - 0,1s \right]_2^{10} \\ &= 0,8 \cdot \ln(10) - \frac{2}{10} - 0,1 \cdot 10 - \left(0,8 \cdot \ln(2) - \frac{2}{2} - 0,1 \cdot 2 \right) \\ &\approx 1,29 \end{aligned}$$

Damit ergibt sich:

$$A = A_1 + A_2 \approx 1,6 + 1,29 = 2,89$$

Der Flächeninhalt der gesamten Fläche beträgt etwa $2,89\,\text{FE}$.

Abitur 2018 – Analysis Aufgabe 2

a) Es ist $f(t) = -t^4 + \frac{56}{3}t^3 - 112t^2 + 256t + 8$; $0 \leqslant t \leqslant 9$ (t in Minuten und $f(t)$ in °C).

a1) Anhand der Grafik ergibt sich der Funktionswert für $t = 6$:

$$f(6) \approx 250$$

Die Temperatur sechs Minuten nach Beginn der Messung beträgt etwa 250° C.
Die momentane Temperaturänderungsrate sechs Minuten nach Beginn der Messung erhält man, indem man die Steigung m_t der Tangente im Punkt P(6 | 250) bestimmt:

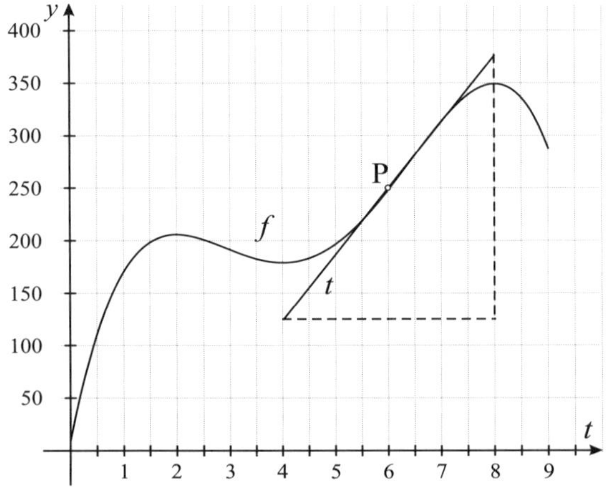

$$m \approx \frac{250}{4} = 62,5$$

Somit beträgt die momentane Temperaturänderungsrate sechs Minuten nach Beginn der Messung etwa 62,5° C pro Minute.

a2) Die maximale Temperatur erhält man mit Hilfe der 1. und 2. Ableitung von f:

$$f'(t) = -4t^3 + 56t^2 - 224t + 256$$
$$f''(t) = -12t^2 + 112t - 224$$

Als notwendige Bedingung löst man die Gleichung $f'(t) = 0$ nach t auf:

$$-4t^3 + 56t^2 - 224t + 256 = 0$$

Mit Hilfe des Taschenrechners ergeben sich die Lösungen $t_1 = 2$, $t_2 = 4$ und $t_3 = 8$.
Setzt man die erhaltenen t-Werte in $f''(t)$ ein, ergibt sich:

$$f''(2) = -12 \cdot 2^2 + 112 \cdot 2 - 224 = -48 < 0 \Rightarrow \text{Hochpunkt}$$
$$f''(4) = -12 \cdot 4^2 + 112 \cdot 4 - 224 = 32 > 0 \Rightarrow \text{Tiefpunkt}$$
$$f''(8) = -12 \cdot 8^2 + 112 \cdot 8 - 224 = -96 < 0 \Rightarrow \text{Hochpunkt}$$

Die zugehörigen y-Werte erhält man, indem man die t-Werte in $f(t)$ einsetzt:

$$f(2) = -2^4 + \frac{56}{3} \cdot 2^3 - 112 \cdot 2^2 + 256 \cdot 2 + 8 \approx 205,33$$
$$f(8) = -8^4 + \frac{56}{3} \cdot 8^3 - 112 \cdot 8^2 + 256 \cdot 8 + 8 \approx 349,33$$

Zur Überprüfung der Randwerte setzt man zusätzlich $t = 0$ und $t = 9$ in $f(t)$ ein:

$$f(0) = -0^4 + \frac{56}{3} \cdot 0^3 - 112 \cdot 0^2 + 256 \cdot 0 + 8 = 8$$
$$f(9) = -9^4 + \frac{56}{3} \cdot 9^3 - 112 \cdot 9^2 + 256 \cdot 9 + 8 = 287$$

Somit beträgt die maximale Temperatur etwa 349° C.

a3) Die durchschnittliche Temperatur $\overline{\mathrm{T}}$ über dem Zeitintervall $[0; 9]$ erhält man mit Hilfe eines Integrals. Mit Hilfe des Taschenrechners ergibt sich:

frv.tv/ce

$$\overline{\mathrm{T}} = \frac{1}{9-0} \cdot \int_0^9 f(t)\mathrm{d}t = \frac{1}{9} \cdot \int_0^9 \left(-t^4 + \frac{56}{3}t^3 - 112t^2 + 256t + 8\right) \mathrm{d}t = 225,8$$

Somit beträgt die durchschnittliche Temperatur 225,8° C.

a4) Die momentane Temperaturänderungsrate zu Beginn des Grillvorgangs erhält man, indem man $t = 0$ in $f'(t)$ einsetzt:

$$f'(0) = -4 \cdot 0^3 + 56 \cdot 0^2 - 224 \cdot 0 + 256 = 256$$

Damit beträgt die momentane Temperaturänderungsrate zu Beginn des Grillvorgangs 256° C pro Minute.
Teilt man diesen Wert durch 60, so erhält man:

$$\frac{256}{60} \approx 4,27$$

Somit beträgt die momentane Temperaturänderungsrate zu Beginn des Grillvorgangs etwa 4,27° C pro Sekunde, also weniger als 5° C pro Sekunde. Damit trifft die Behauptung nicht zu.

b) Nach 9 Minuten kühlt der ausgeschaltete Grill bei geöffnetem Deckel weiter ab. Die bei der Abkühlung gewonnenen Messpunkte liegen auf dem Graphen einer Funktion $g_{a;b}$ mit

$$g_{a;b}(t) = a \cdot e^{-b\cdot(t-9)} + 7\,;\; 9 \leqslant t \leqslant 20;\; a > 0\,;\; b > 0.$$

Es gilt $g_{a;b}{}'(t) = -a \cdot b \cdot e^{-b\cdot(t-9)}$.

b1) Um zu beweisen, dass die Graphen der Funktionen $g_{a;b}$ für alle $a > 0$ und $b > 0$ an jeder Stelle t fallen, betrachtet man die 1. Ableitung von $g_{a;b}$.
Wegen $a > 0$ und $b > 0$ sowie $e^{-b\cdot(t-9)} > 0$ gilt:

$$g_{a;b}{}'(t) = -a \cdot b \cdot e^{-b\cdot(t-9)} < 0$$

Da $g_{a;b}{}'(t) < 0$ fallen alle Graphen der Funktionen $g_{a;b}$ an jeder Stelle t.

b2) Da die Graphen der Funktionen $g_{a;b}{}''$ für alle $a > 0$ und $b > 0$ vollständig oberhalb der t-Achse verlaufen, gilt:

$$g_{a;b}{}''(t) > 0$$

Somit sind die Graphen der Funktionen $g_{a;b}$ an jeder Stelle t linksgekrümmt.

b3) Da der Graph einer Funktion $g_{a;b}$ knickfrei an den Graphen von f anschließt, stimmen an der Stelle $t = 9$ die Funktionswerte und die Steigungen überein. Damit gelten die beiden Bedingungen $g_{a;b}(9) = f(9)$ und $g_{a;b}{}'(9) = f'(9)$.
Mit $f(9) = 287$ und $f'(9) = -4 \cdot 9^3 + 56 \cdot 9^2 - 224 \cdot 9 + 256 = -140$ ergibt sich folgendes Gleichungssystem:

$$\begin{array}{lrcl} \text{I} & a \cdot e^{-b\cdot(9-9)} + 7 & = & 287 \\ \text{II} & -a \cdot b \cdot e^{-b\cdot(9-9)} & = & -140 \end{array}$$

Aus Gleichung I erhält man: $a + 7 = 287 \Rightarrow a = 280$.
Setzt man $a = 280$ in Gleichung II ein, ergibt sich: $-280 \cdot b = -140 \Rightarrow b = 0,5$.
Somit haben die gesuchten Parameter die Werte $a = 280$ und $b = 0,5$.

c) Es ist $g(t) = g_{280;0,5}(t) = 280 \cdot e^{\ 0,5\cdot(t\ \ 9)} + 7\,;\ 9 \leqslant t \leqslant 20$.

c1) Die momentane Temperaturänderungsrate enspricht der 1. Ableitung von g, die man mit der Kettenregel bestimmt:

$$g'(t) = 280 \cdot e^{-0,5\cdot(t-9)} \cdot (-0,5) = -140 \cdot e^{-0,5\cdot(t-9)}$$

Die mittlere Temperaturänderungsrate erhält man, indem man die Steigung m zwischen den Punkten $\mathrm{P}(9 \mid g(9))$ und $\mathrm{Q}(20 \mid g(20))$ mit Hilfe der Formel $m = \frac{\triangle y}{\triangle x} = \frac{y_2 - y_1}{x_2 - x_1}$ bestimmt:

$$m = \frac{g(20) - g(9)}{20 - 9} = \frac{280 \cdot e^{-0,5\cdot(20-9)} + 7 - 287}{11} \approx -25,35$$

Den Zeitpunkt t, an dem die momentane Temperaturänderungsrate gleich der mittleren Temperaturänderungsrate der Abkühlungsphase ist, erhält man, indem man die

Gleichung $g'(t) = m$ nach t auflöst:

$$\begin{aligned}
-140 \cdot e^{-0,5\cdot(t-9)} &= -25,35 \\
e^{-0,5\cdot(t-9)} &= \frac{25,35}{140} \\
-0,5\cdot(t-9) &= \ln\left(\frac{25,35}{140}\right) \\
t-9 &= \frac{\ln\left(\frac{25,35}{140}\right)}{-0,5} \\
t &= \frac{\ln\left(\frac{25,35}{140}\right)}{-0,5} + 9 \\
t &\approx 12,42
\end{aligned}$$

Nach etwa 12,42 Minuten ist der gesuchte Zeitpunkt erreicht.

c2) Das zweiminütige Zeitintervall $[t\,; t+2]$, in dem die Temperatur um genau 100°C sinkt, kann man erhalten, indem man die Gleichung $g(t) - g(t+2) = 100$ bzw. indem man $g(t) = g(t+2) + 100$ nach t auflöst:

$$\begin{aligned}
280 \cdot e^{-0,5\cdot(t-9)} + 7 &= 280 \cdot e^{-0,5\cdot(t+2-9)} + 7 + 100 \\
280 \cdot e^{-0,5\cdot(t-9)} &= 280 \cdot e^{-0,5\cdot(t-7)} + 100 \\
280 \cdot e^{-0,5\cdot(t-9)} - 280 \cdot e^{-0,5\cdot(t-7)} &= 100 \\
280 \cdot \left(e^{-0,5\cdot(t-9)} - e^{-0,5\cdot(t-7)}\right) &= 100 \\
e^{-0,5t+4,5} - e^{-0,5t+3,5} &= \frac{100}{280} \\
e^{-0,5t} \cdot e^{4,5} - e^{-0,5t} \cdot e^{3,5} &= \frac{5}{14} \\
e^{-0,5t} \cdot \left(e^{4,5} - e^{3,5}\right) &= \frac{5}{14} \\
e^{-0,5t} &= \frac{\frac{5}{14}}{e^{4,5} - e^{3,5}} \\
-0,5t &= \ln\left(\frac{\frac{5}{14}}{e^{4,5} - e^{3,5}}\right) \\
t &= \frac{\ln\left(\frac{\frac{5}{14}}{e^{4,5} - e^{3,5}}\right)}{-0,5} \\
t &\approx 10,14
\end{aligned}$$

Damit ergibt sich für das zweiminütige Zeitintervall: $[10,14\,; 12,14]$.
Somit beginnt das Zeitintervall, in dem die Temperatur um genau 100°C sinkt, etwa nach 10,14 Minuten und endet nach etwa 12,14 Minuten.

d) d1) Den Inhalt A der Fläche F, die der Graph von f, der Graph von g und die t-Achse über dem Intervall $[0;20]$ begrenzen, erhält man durch die Bestimmung zweier Teilflächen, die mit Hilfe von Integralen berechnet werden.

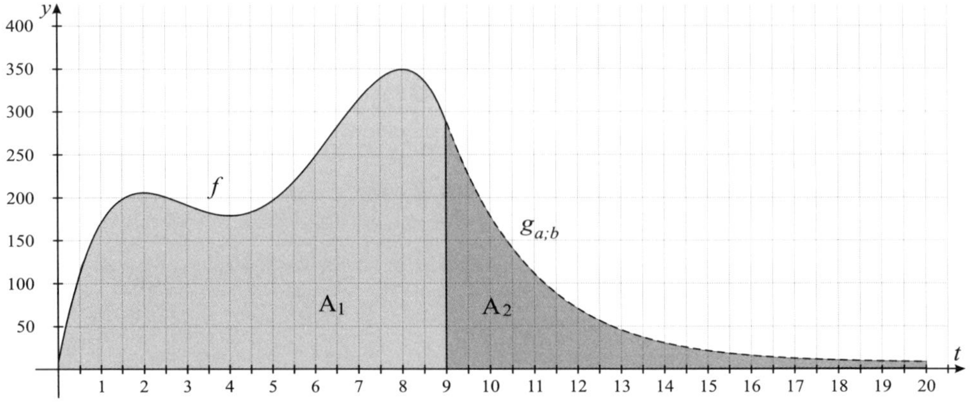

Unter Verwendung des Taschenrechners ergibt sich:

$$A_1 = \int_0^9 \left(-t^4 + \frac{56}{3}t^3 - 112t^2 + 256t + 8\right) \mathrm{d}t \approx 2032,20$$

$$A_2 = \int_9^{20} \left(280 \cdot e^{-0,5\cdot(t-9)} + 7\right) \mathrm{d}t \approx 634,71$$

Damit erhält man:

$$A = A_1 + A_2 \approx 2032,20 + 634,71 = 2666,91$$

Der Flächeninhalt beträgt etwa 2666,91 FE.

d2) Zeichnerisch kann die Situation so dargestellt werden:

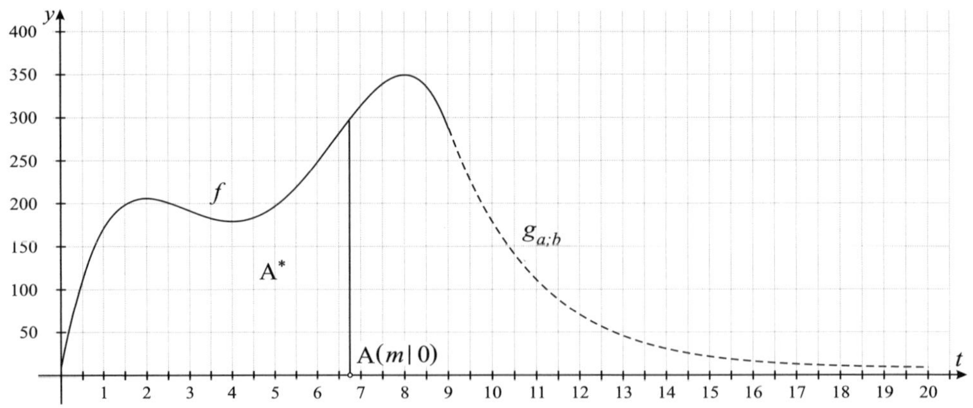

Wenn die Fläche F durch eine zur y-Achse parallele Gerade, die durch den Punkt $\mathrm{M}(m \mid 0)$ verläuft, in zwei flächeninhaltsgleiche Teile zerlegt wird, so beträgt der Flächeninhalt A^* einer Teilfläche:

$$\mathrm{A}^* = \frac{\mathrm{A}}{2} = \frac{2666,91}{2} = 1333,455$$

Den Flächeninhalt einer Teilfläche in Abhängigkeit von m erhält man mit Hilfe eines Integrals:

$$\begin{aligned}\int_0^m f(t)\mathrm{d}t &= \int_0^m \left(-t^4 + \frac{56}{3}t^3 - 112t^2 + 256t + 8\right)\mathrm{d}t \\ &= \left[-\frac{1}{5}t^5 + \frac{56}{12}t^4 - \frac{112}{3}t^3 + \frac{256}{2}t^2 + 8t\right]_0^m \\ &= -\frac{1}{5}m^5 + \frac{14}{3}m^4 - \frac{112}{3}m^3 + 128m^2 + 8m\end{aligned}$$

Nun löst man die Gleichung $\mathrm{A}^* = \int_0^m f(t)\mathrm{d}t$ nach m auf:

$$1333,455 = -\frac{1}{5}m^5 + \frac{14}{3}m^4 - \frac{112}{3}m^3 + 128m^2 + 8m$$

Mit Hilfe des Taschenrechners erhält man: $m \approx 6,90$.

Abitur 2018 – Analytische Geometrie Aufgabe 3

a) Gegeben sind die Eckpunkte A(4 | 0 | 0), B(4 | 4 | 0), C(0 | 4 | 0), F(4 | 4 | 3), und H(0 | 0 | 3) eines Quaders.

a1) Um zu begründen, dass das Dreieck ABC rechtwinklig ist, berechnet man das Skalarprodukt der Vektoren $\overrightarrow{BA}$ und $\overrightarrow{BC}$:

$$\overrightarrow{BA} \circ \overrightarrow{BC} = \begin{pmatrix} 0 \\ -4 \\ 0 \end{pmatrix} \circ \begin{pmatrix} -4 \\ 0 \\ 0 \end{pmatrix} = 0 \cdot (-4) + (-4) \cdot 0 + 0 \cdot 0 = 0$$

Da das Skalarprodukt Null ergibt, sind die beiden Vektoren orthogonal zueinander. Somit ist das Dreieck ABC rechtwinklig.

Um zu begründen, dass das Dreieck ABC gleichschenklig ist, berechnet man die Längen der Seiten $\overline{AB}$ und $\overline{BC}$, indem man die Beträge der entsprechenden Verbindungsvektoren bestimmt:

$$\overline{AB} = \left|\overrightarrow{AB}\right| = \left|\begin{pmatrix} 0 \\ 4 \\ 0 \end{pmatrix}\right| = \sqrt{0^2 + 4^2 + 0^2} = \sqrt{16} = 4$$

$$\overline{BC} = \left|\overrightarrow{BC}\right| = \left|\begin{pmatrix} -4 \\ 0 \\ 0 \end{pmatrix}\right| = \sqrt{(-4)^2 + 0^2 + 0^2} = \sqrt{16} = 4$$

Wegen $\overline{AB} = \overline{BC}$ ist das Dreieck ABC gleichschenklig.

Den Flächeninhalt A des rechtwinkligen Dreiecks ABC erhält man mit der Formel $A = \frac{g \cdot h}{2}$. Mit $g = \overline{AB}$ und $h = \overline{BC}$ ergibt sich:

$$A = \frac{\overline{AB} \cdot \overline{BC}}{2} = \frac{4 \cdot 4}{2} = 8$$

Der Flächeninhalt des Dreiecks ABC beträgt 8 FE.

a2) Die Gerade g, die durch A und C verläuft, hat beispielsweise die Gleichung:

$$g: \vec{x} = \begin{pmatrix} 4 \\ 0 \\ 0 \end{pmatrix} + s \cdot \begin{pmatrix} -4 \\ 4 \\ 0 \end{pmatrix}$$

Die Gerade h, die durch B und F verläuft, hat beispielsweise die Gleichung:

$$h\colon \vec{x} = \begin{pmatrix} 4 \\ 4 \\ 0 \end{pmatrix} + t \cdot \begin{pmatrix} 0 \\ 0 \\ -3 \end{pmatrix}$$

Um zu begründen, dass die Gerade g windschief zur Geraden h ist, kann man sich Folgendes überlegen: Die Gerade h hat mit der x_1x_2-Ebene nur den Punkt B gemeinsam. Die Gerade g durch die Punkte A und C liegt in der x_1x_2-Ebene und verläuft nicht durch den Punkt B. Somit sind g und h windschief.
Alternativ kann man auch die Geradengleichungen gleichsetzen:

$$\begin{pmatrix} 4 \\ 0 \\ 0 \end{pmatrix} + s \cdot \begin{pmatrix} -4 \\ 4 \\ 0 \end{pmatrix} = \begin{pmatrix} 4 \\ 4 \\ 0 \end{pmatrix} + t \cdot \begin{pmatrix} 0 \\ 0 \\ -3 \end{pmatrix}$$

Dies führt zu folgendem Gleichungssystem:

$$\begin{array}{lcccccc} \text{I} & 4 & - & 4s & = & 4 & \\ \text{II} & & & 4s & = & 4 & \\ \text{III} & & & 0 & = & & -\ 3t \end{array}$$

Aus Gleichung I ergibt sich $s = 0$, aus Gleichung II ergibt sich $s = 1$.
Aufgrund des Widerspruchs haben g und h keinen gemeinsamen Punkt.

Da zusätzlich die Richtungsvektoren $\vec{u} = \begin{pmatrix} -4 \\ 4 \\ 0 \end{pmatrix}$ von g und $\vec{v} = \begin{pmatrix} 0 \\ 0 \\ -3 \end{pmatrix}$ von h kein Vielfaches voneinander sind, sind g und h windschief.

a3) Die Gerade i, die durch B und H verläuft, hat beispielsweise die Gleichung:

$$i\colon \vec{x} = \begin{pmatrix} 4 \\ 4 \\ 0 \end{pmatrix} + r \cdot \begin{pmatrix} -4 \\ -4 \\ 3 \end{pmatrix}$$

Den Abstand der Geraden g und i erhält man, indem man den Abstand der beiden windschiefen Geraden g und i mit der Formel $\mathrm{d} = \frac{|(\vec{a}-\vec{b})\circ\vec{n}|}{|\vec{n}|}$ bestimmt, wobei $\vec{n}$ ein Vektor ist, der auf beiden Richtungsvektoren der Geraden g und i senkrecht steht. Den Vektor $\vec{n}$ erhält man mit Hilfe des Vektorprodukts der beiden Richtungsvektoren:

$$\begin{pmatrix} -4 \\ 4 \\ 0 \end{pmatrix} \times \begin{pmatrix} -4 \\ -4 \\ 3 \end{pmatrix} = \begin{pmatrix} 12 \\ 12 \\ 32 \end{pmatrix} = 4 \cdot \begin{pmatrix} 3 \\ 3 \\ 8 \end{pmatrix} \Rightarrow \vec{n} = \begin{pmatrix} 3 \\ 3 \\ 8 \end{pmatrix}$$

Damit ergibt sich:

$$d = \frac{\left|\left(\begin{pmatrix}4\\0\\0\end{pmatrix} - \begin{pmatrix}4\\4\\0\end{pmatrix}\right) \circ \begin{pmatrix}3\\3\\8\end{pmatrix}\right|}{\left|\begin{pmatrix}3\\3\\8\end{pmatrix}\right|}$$

$$= \frac{\left|\begin{pmatrix}0\\-4\\0\end{pmatrix} \circ \begin{pmatrix}3\\3\\8\end{pmatrix}\right|}{\left|\begin{pmatrix}3\\3\\8\end{pmatrix}\right|}$$

$$= \frac{|0 \cdot 3 + (-4) \cdot 3 + 0 \cdot 8|}{\sqrt{3^2 + 3^2 + 8^2}}$$

$$= \frac{12}{\sqrt{82}} \approx 1,33$$

Der Abstand von g zur Geraden durch B und H beträgt etwa 1,33 LE.

a4) Den Flächeninhalt A des Dreiecks ACH erhält man mit Hilfe des Vektorprodukts:

$$A = \frac{1}{2} \cdot \left|\overrightarrow{AC} \times \overrightarrow{AH}\right|$$

$$= \frac{1}{2} \cdot \left|\begin{pmatrix}-4\\4\\0\end{pmatrix} \times \begin{pmatrix}-4\\0\\3\end{pmatrix}\right|$$

$$= \frac{1}{2} \cdot \left|\begin{pmatrix}12\\12\\16\end{pmatrix}\right|$$

$$= \frac{1}{2} \cdot \sqrt{12^2 + 12^2 + 16^2}$$

$$\approx 11,66$$

Der Flächeninhalt des Dreiecks ACH beträgt etwa 11,66 FE.

b) Gegeben sind die Punkte der Geraden h durch $P_t(4 \mid 4 \mid t)$ mit $t \in \mathbb{R}$ und die Ebene $E_t: t \cdot x_1 + t \cdot x_2 - 4 \cdot x_3 - 4 \cdot t = 0$.

b1) Den Winkel α der Ebene E_t mit der x_1x_2-Ebene erhält man mit Hilfe der Formel $\cos(\alpha) = \frac{|\vec{n}_t \circ \vec{n}|}{|\vec{n}_t| \cdot |\vec{n}|}$, wobei $\vec{n}_t = \begin{pmatrix} t \\ t \\ -4 \end{pmatrix}$ ein Normalenvektor von E_t und $\vec{n} = \begin{pmatrix} 0 \\ 0 \\ 1 \end{pmatrix}$ ein Normalenvektor der x_1x_2-Ebene ist:

$$\cos(\alpha) = \frac{|\vec{n}_t \circ \vec{n}|}{|\vec{n}_t| \cdot |\vec{n}|}$$

$$\cos(\alpha) = \frac{\left| \begin{pmatrix} t \\ t \\ -4 \end{pmatrix} \circ \begin{pmatrix} 0 \\ 0 \\ 1 \end{pmatrix} \right|}{\left| \begin{pmatrix} t \\ t \\ -4 \end{pmatrix} \right| \cdot \left| \begin{pmatrix} 0 \\ 0 \\ 1 \end{pmatrix} \right|}$$

$$\cos(\alpha) = \frac{|t \cdot 0 + t \cdot 0 + (-4) \cdot 1|}{\sqrt{t^2 + t^2 + (-4)^2} \cdot \sqrt{0^2 + 0^2 + 1^2}}$$

$$\cos(\alpha) = \frac{4}{\sqrt{2t^2 + 16}}$$

Um diejenigen Werte von t zu ermitteln, für die die zugehörige Ebene E_t mit der x_1x_2-Ebene einen Winkel der Größe 60° einschließt, löst man folgende Gleichung nach t auf:

$$\begin{aligned} \cos(60^\circ) &= \frac{4}{\sqrt{2t^2 + 16}} \\ \frac{1}{2} &= \frac{4}{\sqrt{2t^2 + 16}} \\ \sqrt{2t^2 + 16} &= 8 \\ 2t^2 + 16 &= 64 \\ 2t^2 &= 48 \\ t^2 &= 24 \\ t_{1,2} &= \pm\sqrt{24} \end{aligned}$$

b2) Wenn der abgebildete Quader wie abgebildet durch eine der Ebenen E_t in zwei Teilkörper zerlegt wird, erhält man den Wert von t folgendermaßen:
Man verlängert eine der beiden nicht-parallelen Seiten der Schnittfigur der Ebene und des Quaders geradlinig so, dass die Verlängerung die Gerade h durch B und F in einem Punkt $S(4 \mid 4 \mid z)$ schneidet. Setzt man die Koordinaten des Schnittpunktes S

in die Gleichung der Ebene $E_t: t \cdot x_1 + t \cdot x_2 - 4 \cdot x_3 - 4 \cdot t = 0$ ein, so ergibt sich:

$$t \cdot 4 + t \cdot 4 - 4 \cdot z - 4 \cdot t = 0 \Rightarrow t = z$$

Somit ist der gesuchte Wert von t die x_3-Koordinate des Schnittpunkts S.

b3) Für $t = 6$ liegt der Punkt $P_6(4 \mid 4 \mid 6)$ auf der Geraden h und in der Ebene E_6.

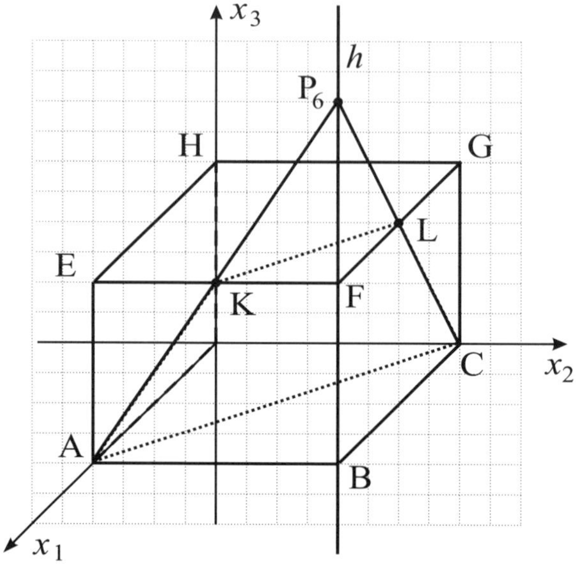

Das Volumen V desjenigen der beiden Teilkörper, zu dem der Punkt B gehört, erhält man, indem man vom Volumen der Pyramide $ABCP_6$ das Volumen der Pyramide $KFLP_6$ subtrahiert.

Das Volumen V_1 der Pyramide $ABCP_6$ erhält man mit der Formel $V_1 = \frac{1}{3} \cdot G_1 \cdot h_1$. Die Grundfläche G_1 dieser Pyramide ist das Dreieck ABC mit dem Flächeninhalt $G_1 = \frac{4 \cdot 4}{2} = 8$, die zugehörige Höhe h_1 ist die Strecke von B zu P_6, also $h = 6$. Damit gilt:

$$V_1 = \frac{1}{3} \cdot 8 \cdot 6 = 16$$

Das Volumen V_2 der Pyramide $KFLP_6$, welche den Teilkörper zur Pyramide $ABCP_6$ ergänzt, erhält man mit der Formel $V_2 = \frac{1}{3} \cdot G_2 \cdot h_2$. Die Grundfläche G_2 dieser Pyramide ist das Dreieck KFL mit dem Flächeninhalt $G_2 = \frac{2 \cdot 2}{2} = 2$, die zugehörige Höhe h_2 ist die Strecke von F zu P_6, also $h_2 = 3$. Damit gilt:

$$V_2 = \frac{1}{3} \cdot 2 \cdot 3 = 2$$

Damit gilt:

$$V = V_1 - V_2 = 16 - 2 = 14$$

Das Volumen des Teilkörpers beträgt 14 VE.

b4) Die Schnittfigur des Quaders und der Ebene E_t hat die Form eines Dreiecks für die Werte von $0 < t \leqslant 3$ und für $-3 \leqslant t < 0$. Zwei Eckpunkte dieses Dreiecks sind die Punkte A und C.
Für $t = 3$ ist der dritte Eckpunkte der Punkt F.
Für $0 < t < 3$ liegt der dritte Eckpunkt auf der Geraden h zwischen B und F.
Für $-3 < t < 0$ liegt der dritte Eckpunkt auf der Geraden zwischen O und H.
Für $t = -3$ ist der dritte Eckpunkt der Punkt H.

c) c1) Die Koordinaten des Schnittpunkts Q_t von E_t mit der Strecke $\overline{EF}$ erhält man, indem man die Gerade k durch die Punkte E und F mit E_t schneidet.
Die Gerade k durch $E(4 \mid 0 \mid 3)$ und $F(4 \mid 4 \mid 3)$ hat beispielsweise die Gleichung:

$$k\colon \vec{x} = \begin{pmatrix} 4 \\ 0 \\ 3 \end{pmatrix} + s \cdot \begin{pmatrix} 0 \\ 4 \\ 0 \end{pmatrix}$$

Setzt man den allgemeinen Punkt $P_s(4 \mid 4s \mid 3)$ von k in die Gleichung

$$E_t\colon t \cdot x_1 + t \cdot x_2 - 4 \cdot x_3 - 4 \cdot t = 0$$

ein, ergibt sich:

$$t \cdot 4 + t \cdot 4s - 4 \cdot 3 - 4 \cdot t = 0 \Rightarrow s = \frac{3}{t}$$

Setzt man $s = \frac{3}{t}$ in P_s ein, erhält man: $Q_t\left(4 \mid \frac{12}{t} \mid 3\right)$.

c2) Die Koordinaten von R_t, dem Schnittpunkt von E_t mit der Strecke $\overline{FG}$, erhält man aufgrund von Symmetriebetrachtungen: $R_t\left(\frac{12}{t} \mid 4 \mid 3\right)$.
Die Länge der Strecke $\overline{Q_tR_t}$ erhält man, indem man die Länge des zugehörigen Verbindungsvektors bestimmt:

$$\overline{Q_tR_t} = \left|\overrightarrow{Q_tR_t}\right| = \left|\begin{pmatrix} \frac{12}{t} - 4 \\ 4 - \frac{12}{t} \\ 0 \end{pmatrix}\right| = \sqrt{\left(\frac{12}{t} - 4\right)^2 + \left(4 - \frac{12}{t}\right)^2 + 0^2} = \sqrt{2 \cdot \left(4 - \frac{12}{t}\right)^2}$$

d) Zur Lösung

$$\left|\frac{t \cdot 4 + t \cdot 4 - 4 \cdot 0 - 4 \cdot t}{\sqrt{t^2 + t^2 + 16}}\right| = 2 \Leftrightarrow t = -2\sqrt{2} \vee t = 2\sqrt{2}$$

gehört folgende Aufgabenstellung:
Für welche Werte von t hat der Punkt $B(4 \mid 4 \mid 0)$ von der Ebene E_t den Abstand 2 LE?

Abitur 2018 – Stochastik Aufgabe 4

a) Legt man X als Zufallsgröße für die Anzahl der fehlerhaften Bildschirme fest, so ist X binomialverteilt mit den Parametern $n = 50$ und $p = \frac{1}{5} = 0,2$.
Die Wahrscheinlichkeit des Ereignisses A: «Von 50 zufällig ausgewählten Bildschirmen sind höchstens 8 fehlerhaft.» erhält man mit Hilfe der kumulierten Binomialverteilung:

$$P(A) = P(X \leqslant 8) \approx 0,3073$$

frv.tv/ck

Die Wahrscheinlichkeit für das Ereignis A beträgt etwa $30,73\,\%$.

Legt man Y als Zufallsgröße für die Anzahl der fehlerhaften Bildschirme fest, so ist Y binomialverteilt mit den Parametern $n = 200$ und $p = \frac{1}{5} = 0,2$. Die Wahrscheinlichkeit des Ereignisses B: «Von 200 zufällig ausgewählten Bildschirmen sind mehr als 15% (30 Stück) und weniger als 25% (20 Stück) fehlerhaft.» erhält man mit Hilfe der kumulierten Binomialverteilung:

$$P(B) = P(30 < Y < 50) = P(Y \leqslant 49) - P(Y \leqslant 30) \approx 0,9506 - 0,0430 = 0,9076$$

frv.tv/ck

Die Wahrscheinlichkeit für das Ereignis B beträgt etwa $90,76\,\%$.

Legt man Z als Zufallsgröße für die Anzahl der fehlerhaften Bildschirme fest, so ist Z binomialverteilt mit den Parametern $n = 10$ und $p = \frac{1}{5} = 0,2$. Den Erwartungswert von Z erhält man durch $E(Z) = n \cdot p = 10 \cdot 0,2 = 2$. Die Wahrscheinlichkeit des Ereignisses C: «Von 10 zufällig ausgewählten Bildschirmen sind genauso viele fehlerhaft, wie zu erwarten ist.» erhält man mit Hilfe der Binomialverteilung:

$$P(C) = P(Z = 2) \approx 0,3020$$

frv.tv/ci

Die Wahrscheinlichkeit für das Ereignis C beträgt etwa $30,20\,\%$.

b) b1) Bezeichnet man mit D: Das Display ist defekt und mit N: Das Netzteil ist defekt, so kann man anhand der gegebenen Angaben folgende Werte bestimmmen:
Da die Wahrscheinlichkeit dafür, dass das Display defekt ist, $10,7\,\%$ beträgt, gilt: $P(D) = 0,107$.
Da die Wahrscheinlichkeit dafür, dass das Display und das Netzteil defekt sind, $1\,\%$ betägt, gilt: $P(D \cap N) = 0,01$.
Da die Wahrscheinlichkeit dafür, dass weder das Display noch das Netzteil defekt sind, $87,3\,\%$ betägt, gilt: $P\left(\overline{D} \cap \overline{N}\right) = 0,873$.
Trägt man diese Werte in eine Vierfeldertafel ein und ergänzt sie durch Differenzen- und Summenbildung, ergibt sich:

	D	$\overline{D}$	
N	0,01	0,02	0,03
$\overline{N}$	0,097	0,873	0,97
	0,107	0,893	1

b2) Die Wahrscheinlichkeit dafür, dass entweder (nur) das Display oder (nur) das Netzteil defekt ist, erhält man mit Hilfe der Vierfeldertafel:

$$P\left(D\cap\overline{N}\right)+P\left(\overline{D}\cap N\right)=0,097+0,02=0,117$$

Die Wahrscheinlichkeit beträgt $11,7\,\%$.

b3) Die Wahrscheinlichkeit dafür, dass ein Bildschirm mit einem defekten Netzteil ein nicht-defektes Display hat, erhält man mit Hilfe der bedingten Wahrscheinlichkeit:

$$P_N\left(\overline{D}\right)=\frac{P\left(N\cap\overline{D}\right)}{P(N)}=\frac{0,02}{0,03}=\frac{2}{3}\approx 0,667$$

Die Wahrscheinlichkeit beträgt etwa $66,7\,\%$.

b4) Um zu untersuchen, ob die beiden betrachteten Defekte unabhängig voneinander auftreten, vergleicht man $P(D\cap N)$ mit $P(D)\cdot P(N)$.
Es gilt:

$$P(D\cap N)=0,01$$
$$P(D)\cdot P(N)=0,107\cdot 0,03=0,00321$$

Wegen $P(D\cap N)\neq P(D)\cdot P(N)$ sind die beiden Defekte nicht unabhängig voneinander.

c) c1) Die Nullhypothese lautet: «Im Mittel ist einer von fünf Bildschirmen fehlerhaft», also $H_0: p=0,2$. Da ein Mitarbeiter der Firma bezweifelt, dass im Mittel einer von fünf Bildschirmen fehlerhaft ist, lautet die Alternativhypothese: «Es sind im Mittel entweder mehr oder weniger als einer von fünf Bildschirmen fehlerhaft », d.h. H_1: $p<0,2$ oder H_1: $p>0,2$. Also ist die Nullhypothese zweiseitig zu testen. Für den Ablehnungsbereich gilt:

$$\overline{A}=\{0,\ldots,k_1\}\cup\{k_2,\ldots,180\}$$

Das Signifikanzniveau beträgt $\alpha=5\%$. Für jeden Teilbereich des Ablehnungsbereichs beträgt das Signifikanzniveau damit $\frac{\alpha}{2}=2,5\%$.
Legt man X als Zufallsvariable für die Anzahl der defekten Bildschirme fest, so ist X binomialverteilt mit den Parametern $n=180$ und $p=0,2$.

Man wird die Nullhypothese verwerfen, wenn bei den 180 Bildschirmen entweder deutlich weniger oder deutlich mehr als 36 Bildschirme defekt sind (Erwartungswert $E(X) = n \cdot p = 180 \cdot 0,2 = 36$).
Also ist einerseits ein maximales $k_1 \in \mathbb{N}$ und damit ein Ablehnungsbereich $\overline{A}_1 = \{0, \ldots, k_1\}$ so zu bestimmen, dass gilt:

$$P(X \in A_1) \leqslant \frac{\alpha}{2}$$
$$P(X \leqslant k_1) \leqslant 0,025$$

Mit Hilfe der kumulierten Binomialverteilung und durch Ausprobieren ergibt sich:

frv.tv/ck

$$P(X \leqslant 26) \approx 0,0346$$
$$P(X \leqslant 25) \approx 0,0217$$

Also ist $k_1 = 25$ das maximale $k_1 \in \mathbb{N}$ und man erhält damit den Ablehnungsbereich $\overline{A}_1 = \{0, \ldots, 25\}$.
Andererseits ist ein minimales $k_2 \in \mathbb{N}$ und damit ein Ablehnungsbereich $\overline{A}_2 = \{k_2, \ldots, 180\}$ der Nullhypothese so zu bestimmen, dass gilt:

$$P(X \in A_2) \leqslant \frac{\alpha}{2}$$
$$P(X \geqslant k_2) \leqslant 0,025$$
$$1 - P(X \leqslant k_2 - 1) \leqslant 0,025$$
$$0,975 \leqslant P(X \leqslant k_2 - 1)$$

Mit Hilfe der kumulierten Binomialverteilung ergibt sich:

frv.tv/ck

$$P(X \leqslant 46) \approx 0,9720$$
$$P(X \leqslant 47) \approx 0,9815$$

Also ist $k_2 - 1 = 47 \Rightarrow k_2 = 48$ das minimale $k_2 \in \mathbb{N}$ und man erhält damit den Ablehnungsbereich $\overline{A}_2 = \{48, \ldots, 180\}$.
Damit erhält man den Ablehnungsbereich der Nullhypothese:

$$\overline{A} = \{0, \ldots, 25\} \cup \{48, \ldots, 180\}$$

Da in der Stichprobe 27 Bildschirme fehlerhaft sind und 27 nicht im Ablehnungsbereich der Nullhypothese liegt, kann der Mitarbeiter die Nullhypothese nicht verwerfen.
Da sich der Mitarbeiter bei diesem Hypothesentest aber mit (höchstens) 5% irrt, können die Zweifel des Mitarbeiters nicht vollständig ausgeräumt werden.

c2) Die relative Häufigkeit *h* erhält man, indem man das Testergebnis von 27 durch die

Gesamtanzahl n = 180 teilt:

$$h = \frac{27}{180} = 0,15$$

Setzt man n = 180 und $h = 0,15$ in die gegebenen Formeln ein, ergibt sich:

$$p_{min} \approx h - 1,96 \cdot \sqrt{\frac{h \cdot (1-h)}{n}} = 0,15 - 1,96 \cdot \sqrt{\frac{0,15 \cdot (1-0,15)}{180}} \approx 0,0978$$

$$p_{max} \approx h + 1,96 \cdot \sqrt{\frac{h \cdot (1-h)}{n}} = 0,15 + 1,96 \cdot \sqrt{\frac{0,15 \cdot (1-0,15)}{180}} \approx 0,2022$$

Damit ergibt sich näherungsweise das zugehörige 95%-Konfidenzintervall:

$$[0,0978; 0,2022]$$

c3) Für das 95%-Konfidenzintervall gilt allgemein:

$$I_n = \left[h - 1,96 \cdot \sqrt{\frac{h \cdot (1-h)}{n}}; h + 1,96 \cdot \sqrt{\frac{h \cdot (1-h)}{n}}\right]$$

Damit ergibt sich für die Länge l_n dieses Intervalls:

$$l_n = h + 1,96 \cdot \sqrt{\frac{h \cdot (1-h)}{n}} - \left(h - 1,96 \cdot \sqrt{\frac{h \cdot (1-h)}{n}}\right) = 2 \cdot 1,96 \cdot \sqrt{\frac{h \cdot (1-h)}{n}} = \frac{3,92 \cdot \sqrt{h \cdot (1-h)}}{\sqrt{n}}$$

Wenn sich der Stichprobenumfang verdoppelt (2n), gilt für das zugehörige 95%-Konfidenzintervall:

$$I_{2n} = \left[h - 1,96 \cdot \sqrt{\frac{h \cdot (1-h)}{2n}}; h + 1,96 \cdot \sqrt{\frac{h \cdot (1-h)}{2n}}\right]$$

Damit ergibt sich für die Länge l_{2n} dieses Intervalls:

$$l_{2n} = h + 1,96 \cdot \sqrt{\frac{h \cdot (1-h)}{2n}} - \left(h - 1,96 \cdot \sqrt{\frac{h \cdot (1-h)}{2n}}\right) = 2 \cdot 1,96 \cdot \sqrt{\frac{h \cdot (1-h)}{2n}} = \frac{3,92 \cdot \sqrt{h \cdot (1-h)}}{\sqrt{2n}}$$

Damit ergibt sich:

$$l_{2n} = \frac{3,92 \cdot \sqrt{h \cdot (1-h)}}{\sqrt{2n}} = \frac{3,92 \cdot \sqrt{h \cdot (1-h)}}{\sqrt{2} \cdot \sqrt{n}} = \frac{1}{\sqrt{2}} \cdot \frac{3,92 \cdot \sqrt{h \cdot (1-h)}}{\sqrt{n}} = \frac{1}{\sqrt{2}} \cdot l_n$$

Somit gilt: $l_{2n} < l_n$ und $l_{2n} \neq \frac{1}{2} \cdot l_n$.
Also verkleinert sich die Länge eines 95%-Konfidenzintervalls bei Verdoppelung des Stichprobenumfangs n und gleicher relativer Häufigkeit h, wird aber nicht halbiert.

d) Bezeichnet man mit B: Der Bildschirm ist fehlerhaft und mit FF: Der Bildschirm wird

als fehlerfrei eingestuft, so kann man anhand der gegebenen Angaben folgende Werte bestimmmen: $P(B) = 0{,}2$ und $P\left(\overline{B}\right) = 1 - 0{,}2 = 0{,}8$.
Da alle fehlerfreien Bildschirme auch als fehlerfrei eingestuft werden, gilt: $P_{\overline{B}}(FF) = 1$.
Die Wahrscheinlichkeit dafür, dass ein fehlerhafter Bildschirm als fehlerhaft eingestuft wird, wird mit x bezeichnet, also gilt: $P_B\left(\overline{FF}\right) = x$.
Damit erhält man folgendes Baumdiagramm:

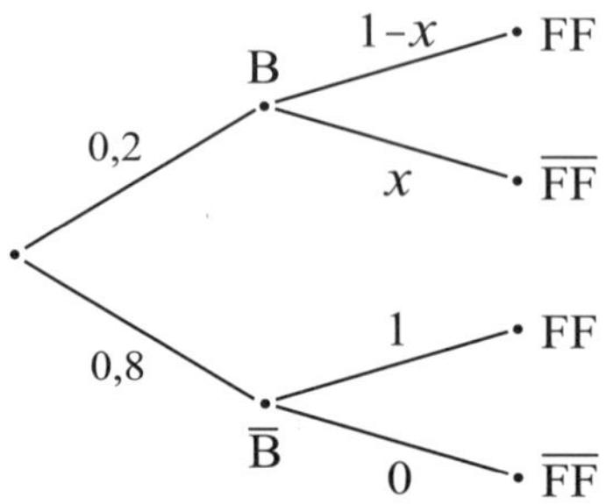

Um den Wert von x so zu bestimmen, dass die Wahrscheinlichkeit dafür, dass ein als fehlerfrei eingestufter Bildschirm fehlerhaft ist, höchstens 5% beträgt, löst man folgende Ungleichung mit Hilfe der bedingten Wahrscheinlichkeit und der Pfadregeln:

$$
\begin{aligned}
P_F(B) &\leqslant 0{,}05 \\
\frac{P(FF \cap B)}{P(FF)} &\leqslant 0{,}05 \\
\frac{P(FF \cap B)}{P(B \cap FF) + P\left(\overline{B} \cap FF\right)} &\leqslant 0{,}05 \\
\frac{0{,}2 \cdot (1-x)}{0{,}2 \cdot (1-x) + 0{,}8 \cdot 1} &\leqslant 0{,}05 \\
\frac{0{,}2 - 0{,}2x}{0{,}2 - 0{,}2x + 0{,}8} &\leqslant 0{,}05 \\
\frac{0{,}2 - 0{,}2x}{1 - 0{,}2x} &\leqslant 0{,}05 \\
0{,}2 - 0{,}2x &\leqslant 0{,}05 \cdot (1 - 0{,}2x) \\
0{,}2 - 0{,}2x &\leqslant 0{,}05 - 0{,}01x \\
0{,}15 &\leqslant 0{,}19x \\
\frac{15}{19} &\leqslant x
\end{aligned}
$$

Somit beträgt der kleinstmögliche Wert $x = \frac{15}{19}$.

3 Abitur 2019

Hilfsmittelfreier Teil

1.1 Gegeben sind die Punkte A(0 | 0 | 4), B(2 | 2 | 2) und C(0 | 3 | 1). Die Koordinaten des Punktes D erhält man mithilfe einer Vektorkette:

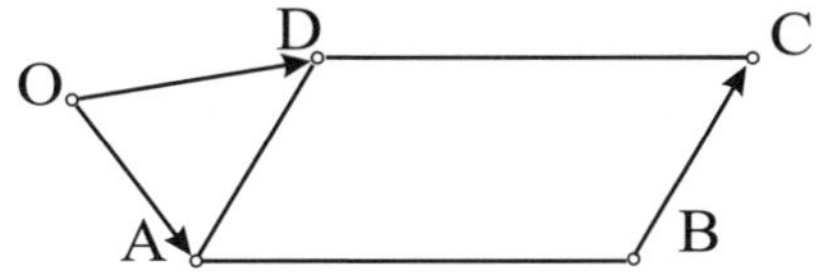

$$\overrightarrow{OD} = \overrightarrow{OA} + \overrightarrow{BC} = \begin{pmatrix} 0 \\ 0 \\ 4 \end{pmatrix} + \begin{pmatrix} -2 \\ 1 \\ -1 \end{pmatrix} = \begin{pmatrix} -2 \\ 1 \\ 3 \end{pmatrix} \Rightarrow D(-2 \mid 1 \mid 3)$$

1.2 Um zu zeigen, dass der Innenwinkel des Vierecks ABCD bei Punkt B ein rechter Winkel ist, berechnet man das Skalarprodukt der Vektoren $\overrightarrow{BA}$ und $\overrightarrow{BC}$:

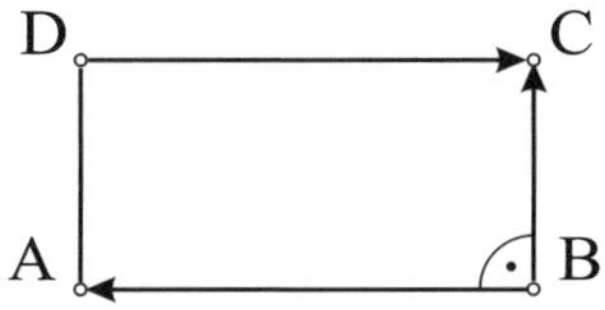

$$\overrightarrow{BA} \cdot \overrightarrow{BC} = \begin{pmatrix} -2 \\ -2 \\ 2 \end{pmatrix} \cdot \begin{pmatrix} -2 \\ 1 \\ -1 \end{pmatrix} = (-2) \cdot (-2) + (-2) \cdot 1 + 2 \cdot (-1) = 4 - 2 - 2 = 0$$

Wegen $\overrightarrow{BA} \cdot \overrightarrow{BC} = 0$ sind die Vektoren $\overrightarrow{BA}$ und $\overrightarrow{BC}$ orthogonal zueinander.
Somit ist der Innenwinkel bei B ein rechter Winkel.

1.3 Um zu prüfen, ob es sich bei dem Viereck ABCD um ein Quadrat handelt, betrachtet man noch die Längen der Seiten AB und BC, indem man die Beträge der entsprechenden Vektoren bestimmt:

$$\overline{BA} = \left|\overrightarrow{BA}\right| = \left|\begin{pmatrix} -2 \\ -2 \\ 2 \end{pmatrix}\right| = \sqrt{(-2)^2 + (-2)^2 + 2^2} = \sqrt{12}$$

$$\overline{BC} = \left|\overrightarrow{BC}\right| = \left|\begin{pmatrix} -2 \\ 1 \\ -1 \end{pmatrix}\right| = \sqrt{(-2)^2 + 1^2 + (-1)^2} = \sqrt{6}$$

Wegen $\overline{BA} \neq \overline{BC}$ sind die Seiten AB und BC nicht gleich lang.
Somit ist das Viereck ABCD kein Quadrat.

2.1 Die Koordinaten von S, in welchem sich die Gerade $g: \vec{x} = \begin{pmatrix} 0 \\ 2 \\ 0 \end{pmatrix} + r \cdot \begin{pmatrix} 2 \\ 4 \\ 1 \end{pmatrix}$ mit $r \in \mathbb{R}$ und die Ebene E: $x_1 + 2x_2 - 2x_3 = 2$ schneiden, erhält man, indem man einen allgemeinen Punkt $\mathrm{P}_r(2r \mid 2+4r \mid r)$ von g in die Ebenengleichung einsetzt:

$$\begin{aligned} 2r + 2\cdot(2+4r) - 2\cdot r &= 2 \\ 8r &= -2 \\ r &= -\frac{1}{4} \end{aligned}$$

Setzt man $r = -\frac{1}{4}$ in P_r ein, erhält man: $\mathrm{S}\left(-\frac{1}{2} \mid 1 \mid -\frac{1}{4}\right)$.

2.2 Der Punkt S ist der Schnittpunkt von g und E. Nun bestimmt man mithilfe von $\overrightarrow{\mathrm{SP_1}}$ einen Punkt $\mathrm{P_1}$ auf g und bestimmt $\mathrm{P_2}$ mithilfe der gegebenen Vektorkette: $\overrightarrow{\mathrm{OP_2}} = \overrightarrow{\mathrm{OP_1}} - 4\cdot\overrightarrow{\mathrm{SP_1}}$. Damit ergibt sich:

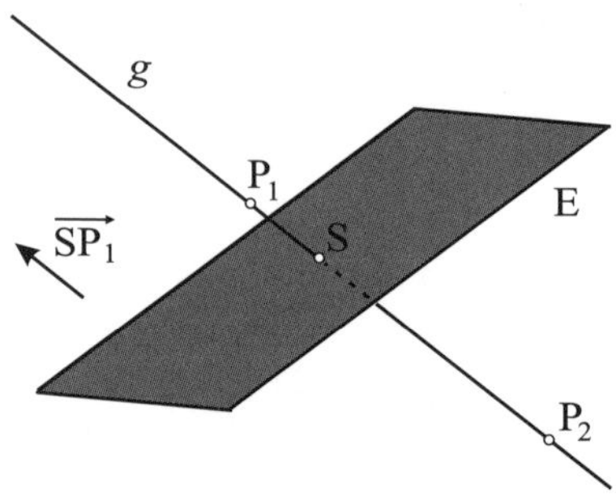

3.1 Ein Punkt Q, dessen drei Koordinaten übereinstimmen, hat die Darstellung $\mathrm{Q}(a \mid a \mid a)$. Wenn Q in der Ebene E: $3x_1 + 2x_2 + 2x_3 = 6$ enthalten ist, setzt man die Koordinaten von Q in die Gleichung von E ein und löst die entstandene Gleichung nach a auf:

$$\begin{aligned} 3a + 2a + 2a &= 6 \\ 7a &= 6 \\ a &= \frac{6}{7} \end{aligned}$$

Somit hat der Punkt Q die Koordinaten $\mathrm{Q}\left(\frac{6}{7} \mid \frac{6}{7} \mid \frac{6}{7}\right)$.

3.2 Um zu begründen, dass die Aussage *«Es gibt unendlich viele Ebenen, die keinen Punkt enthalten, dessen drei Koordinaten übereinstimmen.»* richtig ist, kann man sich Folgendes überlegen:
Alle Punkte, deren drei Koordinaten übereinstimmen, haben die Darstellung $\mathrm{Q}(a \mid a \mid a)$.

Damit liegen sie auf einer Geraden h mit der Gleichung: $h\colon \vec{x} = a \cdot \begin{pmatrix} 1 \\ 1 \\ 1 \end{pmatrix}$. Da es unendlich viele Ebenen gibt, die zur Geraden h parallel sind und h nicht enthalten, gibt es unendlich viele Ebenen, die keinen Punkt enthalten, dessen drei Koordinaten übereinstimmen.

4.1 Die Wahrscheinlichkeit dafür, dass die Zahlen 2, 0, 1 und 9 in der angegebenen Reihenfolge erzielt werden, erhält man mithilfe der Pfadregeln:

$$\mathrm{P}(2019) = \frac{1}{5} \cdot \frac{1}{5} \cdot \frac{1}{5} \cdot \frac{2}{5} = \frac{2}{625}$$

4.2 Die Wahrscheinlichkeit dafür, dass die Summe der erzielten Zahlen mindestens 11 ist, erhält man ebenfalls mithilfe der Pfadregeln:

$$\mathrm{P}(\text{Summe mindestens } 11) = \mathrm{P}(29) + \mathrm{P}(92) + \mathrm{P}(99) = \frac{1}{5} \cdot \frac{2}{5} + \frac{2}{5} \cdot \frac{1}{5} + \frac{2}{5} \cdot \frac{2}{5} = \frac{8}{25}$$

5.1 Die übrigen Einträge der Vierfeldertafel erhält man durch Summen- bzw. Differenzenbildung:

	M	$\overline{\mathrm{M}}$	
Z	$\frac{7}{16}$	$\frac{1}{8}$	$\frac{9}{16}$
$\overline{\mathrm{Z}}$	$\frac{3}{16}$	$\frac{1}{4}$	$\frac{7}{16}$
	$\frac{5}{8}$	$\frac{3}{8}$	1

5.2 Für das grau hinterlegte Feld gilt: $\mathrm{P}\left(\overline{\mathrm{Z}} \cap \overline{\mathrm{M}}\right) = \frac{1}{4}$.
Dies bedeutet im Sachzusammenhang, dass die Wahrscheinlichkeit, dass der Fragebogen einer Person gehört, die weiblich ist und nicht mit der Sauberkeit der Umkleideräume zufrieden ist, $\frac{1}{4}$ beträgt.

5.3 Die Wahrscheinlichkeit dafür, dass eine zufällig ausgewählte Frau mit der Sauberkeit der Umkleideräume nicht zufrieden ist, erhält man mithilfe der bedingten Wahrscheinlichkeit:

$$\mathrm{P}_{\overline{\mathrm{M}}}\left(\overline{\mathrm{Z}}\right) = \frac{\mathrm{P}\left(\overline{\mathrm{M}} \cap \overline{\mathrm{Z}}\right)}{\mathrm{P}\left(\overline{\mathrm{M}}\right)} = \frac{\frac{1}{4}}{\frac{3}{8}} = \frac{1}{4} \cdot \frac{8}{3} = \frac{8}{12} = \frac{2}{3}$$

6.1 Der Graph I ist der Graph der ersten Ableitungsfunktion von f.
Da der Graph von f bei $x = -2$ und $x = 2$ Extremstellen hat, muss der Graph der ersten Ableitungsfunktion von f bei $x = -2$ und $x = 2$ Nullstellen haben. Dies ist bei Graph II nicht der Fall. Also kommt der Graph II als Graph der ersten Ableitungsfunktion von f nicht infrage.

Der Graph von f hat an der Stelle $x = 0$ etwa die Steigung -1. Da der Graph III aber bei $x = 0$ den Wert -2 statt -1 hat, kommt er als Graph der ersten Ableitungsfunktion von f nicht infrage.

6.2 Da die Funktion F eine Stammfunktion von f ist, beschreibt der Graph von f die Steigung von F, da $F'(x) = f(x)$ gilt. Im Intervall $[1; 3]$ verläuft der Graph von f unterhalb der x-Achse, so dass für dieses Intervall stets $f(x) = F'(x) < 0$ gilt. Somit ist F streng monoton fallend.

7.1 Gegeben ist die Funktion f mit $f(x) = 1 - \frac{1}{x^2}$ und die Gerade g mit der Gleichung $y = -3$. Um zu zeigen, dass einer der Punkte, in denen g den Graphen von f schneidet, die x-Koordinate $\frac{1}{2}$ hat, setzt man $x = \frac{1}{2}$ in $f(x)$ ein:

$$f\left(\frac{1}{2}\right) = 1 - \frac{1}{\left(\frac{1}{2}\right)^2} = 1 - \frac{1}{\frac{1}{4}} = 1 - 1 \cdot \frac{4}{1} = 1 - 4 = -3$$

Alternativ kann man auch die Schnittpunkte von g und dem Graphen von f berechnen, indem man die Gleichung $f(x) = -3$ nach x auflöst:

$$\begin{aligned} 1 - \frac{1}{x^2} &= -3 \\ -\frac{1}{x^2} &= -4 \\ \frac{1}{4} &= x^2 \\ \pm\frac{1}{2} &= x_{1,2} \end{aligned}$$

Somit hat einer der Punkte, in denen g den Graphen von f schneidet, die x-Koordinate $\frac{1}{2}$.

7.2 Den Inhalt A der Fläche, die der Graph von f, die x-Achse und die Gerade g einschließen, erhält man, indem man die Fläche in drei Teilflächen zerlegt, von denen zwei aufgrund der Symmetrie den gleichen Flächeninhalt haben:

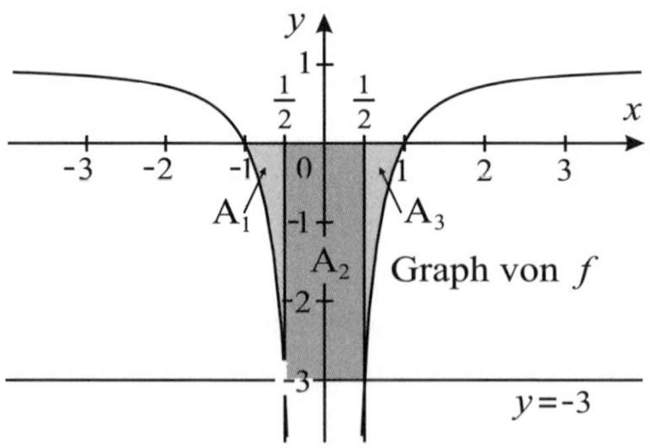

Den Flächeninhalt der Teilfläche A_3 erhält man mithilfe eines Integrals. Da die x-Achse oberhalb des Graphen von f liegt, gilt:

$$\begin{aligned}
A_3 &= \int_{\frac{1}{2}}^{1} (0 - f(x))\,dx \\
&= \int_{\frac{1}{2}}^{1} \left(0 - \left(1 - \frac{1}{x^2}\right)\right) dx \\
&= \int_{\frac{1}{2}}^{1} \left(-1 + \frac{1}{x^2}\right) dx \\
&= \int_{\frac{1}{2}}^{1} \left(-1 + x^{-2}\right) dx \\
&= \left[-1x + \frac{1}{-1}x^{-1}\right]_{\frac{1}{2}}^{1} \\
&= \left[-x - \frac{1}{x}\right]_{\frac{1}{2}}^{1} \\
&= \left(-1 - \frac{1}{1}\right) - \left(-\frac{1}{2} - \frac{1}{\frac{1}{2}}\right) \\
&= (-1 - 1) - \left(-\frac{1}{2} - 2\right) \\
&= -2 + 2{,}5 \\
&= 0{,}5
\end{aligned}$$

Aufgrund der Symmetrie gilt:

$$A_1 = A_3 = 0{,}5$$

Die Fläche A_2 ist ein Rechteck mit den Seiten $a = 1$ und $b = 3$.
Damit gilt:

$$A_2 = a \cdot b = 1 \cdot 3 = 3$$

Somit erhält man die gesamte Fläche:

$$A = A_1 + A_2 + A_3 = 0{,}5 + 3 + 0{,}5 = 4$$

Der Flächeninhalt beträgt 4 FE.

8.1 Setzt man $a = 1$ in $f_a(x) = x^2 + a \cdot (3 - 4x) + a^2$ ein, erhält man:

$$f_1(x) = x^2 + 1 \cdot (3 - 4x) + 1^2 = x^2 - 4x + 4$$

Die Nullstellen der Funktion f_1 erhält man, indem man die Gleichung $f_1(x) = 0$ nach x auflöst:

$$x^2 - 4x + 4 = 0$$

Mithilfe der *abc*- Formel erhält man als einzige Lösung $x = 2$.
Somit hat f_1 genau eine Nullstelle: $x = 2$.

8.2 Um zu untersuchen, ob der Punkt $P(1 \mid \frac{3}{4})$ Tiefpunkt des Graphen einer der Funktionen f_a ist, bestimmt man zuerst die 1. und 2. Ableitung von f_a:

$$f_a{}'(x) = 2x + a \cdot (-4) = 2x - 4a$$
$$f_a{}''(x) = 2$$

Als notwendige Bedingung löst man die Gleichung $f_a{}'(x) = 0$ nach x auf:

$$2x - 4a = 0 \Rightarrow x = 2a$$

Da P den x-Wert 1 hat, ergibt sich:

$$1 = 2a \Rightarrow a = \frac{1}{2}$$

Setzt man $x = 1$ in $f_{\frac{1}{2}}(x) = x^2 + \frac{1}{2} \cdot (3 - 4x) + \left(\frac{1}{2}\right)^2$ ein, erhält man:

$$f_{\frac{1}{2}}(1) = 1^2 + \frac{1}{2} \cdot (3 - 4 \cdot 1) + \left(\frac{1}{2}\right)^2 = 1 - \frac{1}{2} + \frac{1}{4} = \frac{3}{4}$$

Damit liegt P auf dem Graphen von$f_{\frac{1}{2}}$.
Setzt man $x = 1$ in $f''_{\frac{1}{2}}(x)$ ein, ergibt sich: $f''_{\frac{1}{2}}(1) = 2$.
Wegen $f_{\frac{1}{2}}{}''(1) = 2 > 0$ ist $P(1 \mid \frac{3}{4})$ Tiefpunkt des Graphen von $f_{\frac{1}{2}}$.

Abitur 2019 – Aufgabe 1

a1) Als Ansatz für eine ganzrationale Funktion f dritten Grades verwendet man die Funktion $f(x) = ax^3 + bx^2 + cx + d$ mit $f'(x) = 3ax^2 + 2bx + c$.
Da die Punkte A$(0 \mid 0,2)$, B$(1 \mid 0,3)$ und T$(0,5 \mid 0,13)$ auf dem Graphen von f liegen, gelten folgende Bedingungen:

$$\begin{aligned} f(0) = 0,2 &\Rightarrow a \cdot 0^3 + b \cdot 0^2 + c \cdot 0 + d = 0,2 \\ f(1) = 0,3 &\Rightarrow a \cdot 1^3 + b \cdot 1^2 + c \cdot 1 + d = 0,3 \\ f(0,5) = 0,13 &\Rightarrow a \cdot 0,5^3 + b \cdot 0,5^2 + c \cdot 0,5 + d = 0,13 \end{aligned}$$

Da T$(0,5 \mid 0,13)$ ein Tiefpunkt ist, gilt die Bedingung:

$$f'(0,5) = 0 \Rightarrow 3a \cdot 0,5^2 + 2b \cdot 0,5 + c = 0$$

Damit erhält man folgendes lineares Gleichungssystem:

$$\begin{array}{lccccccccc} \text{I} & & & & & & & d & = & 0,2 \\ \text{II} & a & + & b & + & c & + & d & = & 0,3 \\ \text{III} & 0,125a & + & 0,25b & + & 0,5c & + & d & = & 0,13 \\ \text{IV} & 0,75a & + & b & + & c & & & = & 0 \end{array}$$

bzw.

$$\begin{array}{lccccccc} \text{I} & & & & & & d = & 0,2 \\ \text{II} & a & + & b & + & c & = & 0,1 \\ \text{III} & 0,125a & + & 0,25b & + & 0,5c & = & -0,07 \\ \text{IV} & 0,75a & + & b & + & c & = & 0 \end{array}$$

frv.tv/cd

Mithilfe des WTR erhält man: $a = 0,4$, $b = -0,12$, $c = -0,18$ und $d = 0,2$.
Somit ergibt sich: $f(x) = 0,4x^3 - 0,12x^2 - 0,18x + 0,2$.

a2) Die Stelle, an der der Querschnitt des Tals eine Höhe von 240m über dem Meeresspiegel aufweist, erhält man, indem man die Gleichung $f(x) = 0,24$ mithilfe des WTR nach x auflöst. Dazu wird die Gleichung zuerst umgeformt:

frv.tv/cb

$$\begin{aligned} 0,4x^3 - 0,12x^2 - 0,18x + 0,2 &= 0,24 \\ 0,4x^3 - 0,12x^2 - 0,18x - 0,04 &= 0 \end{aligned}$$

Mithilfe des WTR erhält man: $x \approx 0,9129$. Die Steigung m an dieser Stelle erhält man, indem man $x \approx 0,9129$ in $f'(x) = 1,2x^2 - 0,24x - 0,18$ einsetzt:

$$m = f'(0,9129) = 1,2 \cdot 0,9129^2 - 0,24 \cdot 0,9129 - 0,18 \approx 0,601$$

Die Steigung beträgt etwa 60,1 %.

a3) Das durchschnittliche Gefälle auf dem Weg von A(0 | 0,2) nach T(0,5 | 0,13) erhält man, indem man die Steigung m_{AT} von A nach T berechnet:

$$m_{\text{AT}} = \frac{0,13-0,2}{0,5-0} = \frac{-0,07}{0,5} = -0,14$$

Somit beträgt das durchschnittliche Gefälle 14%.

Das maximale Gefälle auf dem Weg von A(0 | 0,2) nach T(0,5 | 0,13) erhält man, indem man das globale Minimum von f' im Intervall $[0; 0,5]$ berechnet. Die 1. Ableitung von $f'(x) = 1,2x^2 - 0,24x - 0,18$ ist $f''(x) = 2,4x - 0,24$. Als notwendige Bedingung löst man die Gleichung $f''(x) = 0$ nach x auf:

$$2,4x - 0,24 = 0 \Rightarrow x = 0,1$$

Wegen $f'''(0,1) = 2,4 > 0$ handelt es sich um ein Minimum.
Zur Untersuchung der Randwerte setzt man $x = 0$, $x = 0,1$ und $x = 0,5$ in $f'(x)$ ein:

$$f'(0) = 1,2 \cdot 0^2 - 0,24 \cdot 0 - 0,18 = -0,18$$
$$f'(0,1) = 1,2 \cdot 0,1^2 - 0,24 \cdot 0,1 - 0,18 = -0,192$$
$$f'(0,5) = 1,2 \cdot 0,5^2 - 0,24 \cdot 0,5 - 0,18 = 0$$

Damit liegt bei $x = 0,1$ ein globales Minimum von f'im Intervall $[0;\ 0,5]$ vor.
Somit beträgt das maximale Gefälle 19,2 %.

b1) Mithilfe des WTR ergänzt man für $g(x) = 0,2x^2 - 0,1x + 0,2$ die Wertetabelle und kann den Graphen von g zeichnen:

frv.tv/cf

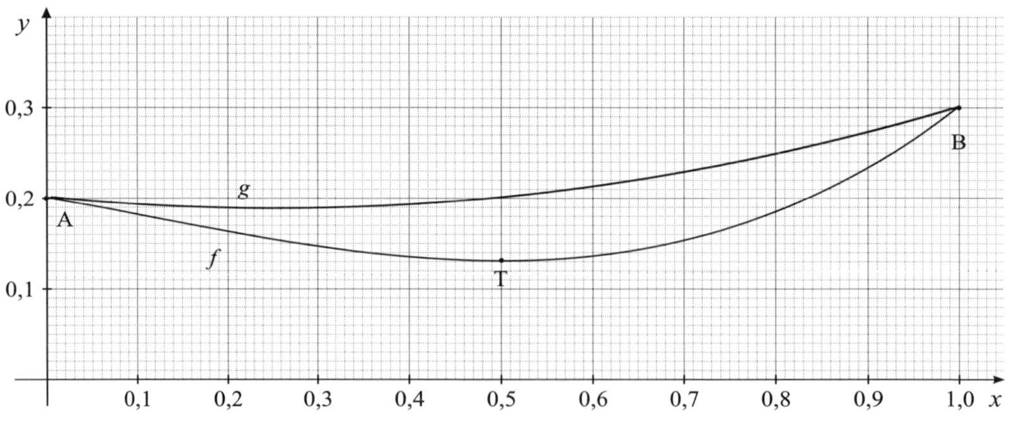

Abb. 2

b2) Den Winkel α zwischen dem Verlauf der Hängebrücke und dem Querschnitt des Tals im

Punkt B(1 | 0,3) erhält man, indem man den Winkel zwischen den beiden Tangenten im Punkt B berechnet.

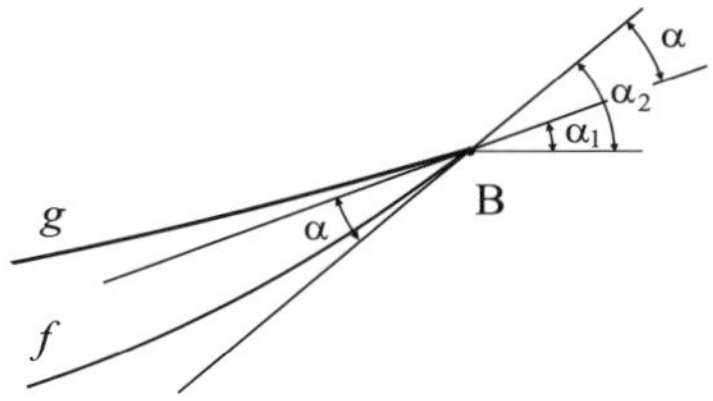

Den Steigungswinkel α_1 erhält man mithilfe von $g'(x) = 0,4x - 0,1$:

$$\tan(\alpha_1) = g'(1)$$
$$\tan(\alpha_1) = 0,3$$
$$\alpha_1 \approx 16,70°$$

Den Steigungswinkel α_2 erhält man mithilfe von $f'(x) = 1,2x^2 - 0,24x - 0,18$:

$$\tan(\alpha_2) = f'(1)$$
$$\tan(\alpha_2) = 0,78$$
$$\alpha_2 \approx 37,95°$$

Damit gilt:

$$\alpha = \alpha_2 - \alpha_1 \approx 37,95 - 16,70 = 21,25°$$

Somit beträgt der Winkel zwischen dem Verlauf der Hängebrücke und dem Querschnittsverlauf im Punkt B etwa 21,25°.

c1) Die Punkte auf der Hängebrücke, deren Höhe über dem Boden 50m beträgt, erhält man, indem man Punkte P und Q sucht, deren Abstand vom Graphen von g zum Graphen von f genau 0,05 beträgt:

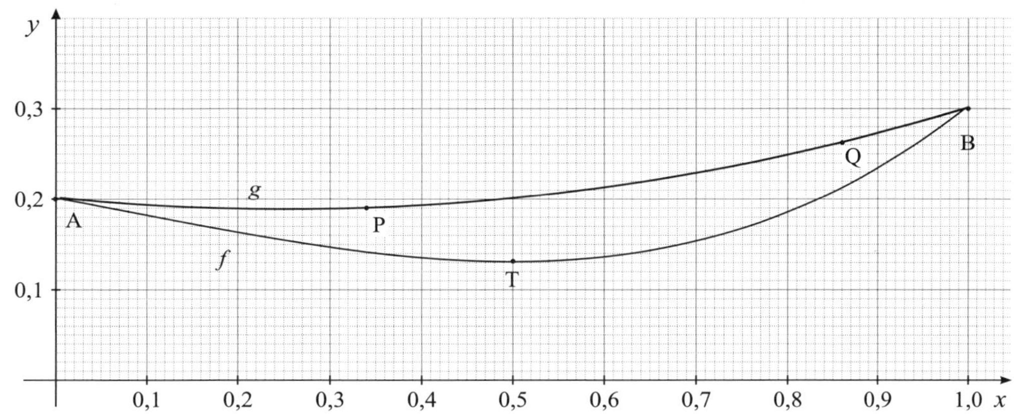

Abb. 2

Man erhält: P(0,34 | 0,19) und Q(0,86 | 0,26).

c2) Die größte Höhe der Hängebrücke über dem Boden erhält man, indem man das globale Maximum der Funktion $d(x) = g(x) - f(x)$ im Intervall $[0; 1]$ berechnet:

$$d(x) = 0,2x^2 - 0,1x + 0,2 - \left(0,4x^3 - 0,12x^2 - 0,18x + 0,2\right) = -0,4x^3 + 0,32x^2 + 0,08x$$

Dazu benötigt man die 1. und 2. Ableitung von $d(x)$:

$$d'(x) = -1,2x^2 + 0,64x + 0,08$$
$$d''(x) = -2,4x + 0,64$$

Als notwendige Bedingung löst man die Gleichung $d'(x) = 0$ nach x auf:

$$-1,2x^2 + 0,64x + 0,08 = 0$$

Mithilfe des WTR erhält man die Lösungen $x_1 \approx -0,105$ und $x_2 \approx 0,638$.
Wegen $0 \leqslant x \leqslant 1$ kommt nur $x \approx 0,638$ als Lösung in Frage.
Setzt man $x \approx 0,638$ in $d''(x)$ ein, erhält man:

frv.tv/ca

$$d''(0,638) = -2,4 \cdot 0,638 + 0,64 = -0,8912$$

Wegen $d''(0,638) < 0$ handelt es sich um ein Maximum.
Zur Untersuchung der Randwerte setzt man $x = 0$, $x = 0,638$ und $x = 1$ in $d(x)$ ein:

$$d(0) = -0,4 \cdot 0^3 + 0,32 \cdot 0^2 + 0,08 \cdot 0 = 0$$
$$d(0,638) = -0,4 \cdot 0,638^3 + 0,32 \cdot 0,638^2 + 0,08 \cdot 0,638 \approx 0,077$$
$$d(1) = -0,4 \cdot 1^3 + 0,32 \cdot 1^2 + 0,08 \cdot 1 = 0$$

Damit liegt bei $x \approx 0,638$ ein globales Maximum vor und die größte Höhe der Hängebrücke über dem Boden beträgt etwa 77m.

c3) Die Länge der Hängebrücke erhält man mit der angegebenen Formel

$$\mathrm{L} = \int_a^b \sqrt{1 + (g'(x))^2}\,\mathrm{d}x$$

Damit ergibt sich mithilfe des WTR:

frv.tv/ce

$$\mathrm{L} = \int_a^b \sqrt{1 + (0,4x - 0,1)^2}\,\mathrm{d}x \approx 1,012 \text{ (WTR)}$$

Somit hat die Hängebrücke eine Länge von etwa 1012m.

c4) Um zu begründen, dass

$$\int_0^b \sqrt{1+(g'(x))^2}\,\mathrm{d}x > \sqrt{b^2+(g(b)-g(0))^2}$$

für alle $0 < b \leqslant 1$ gilt, kann man sich Folgendes überlegen:
Mithilfe des Terms

$$\int_0^b \sqrt{1+(g'(x))^2}\,\mathrm{d}x$$

wird die Länge L_1 der Hängebrücke zwischen den Punkten $\mathrm{A}\,(0 \mid g(0))$ und $\mathrm{Q}\,(b \mid g(b))$ berechnet.
Mithilfe des Terms

$$\sqrt{b^2+(g(b)-g(0))^2} = \sqrt{(b-0)^2+(g(b)-g(0))^2}$$

wird aufgrund des Satzes des Pythagoras (gestrichelt gezeichnet) die Länge L_2 der geradlinigen Strecke zwischen den beiden Punkten $\mathrm{A}\,(0 \mid g(0))$ und $\mathrm{Q}\,(b \mid g(b))$ auf der Hängebrücke berechnet.

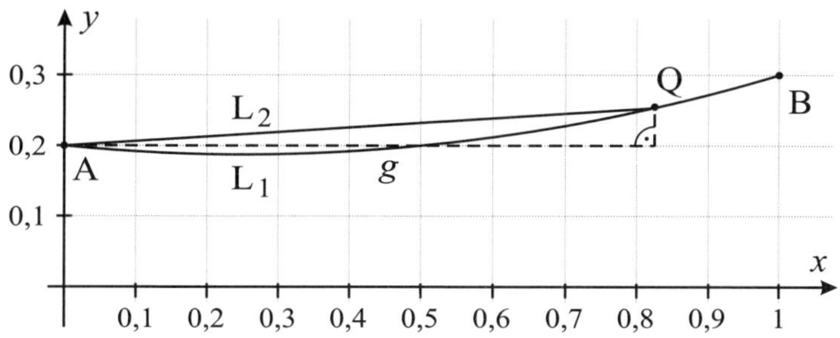

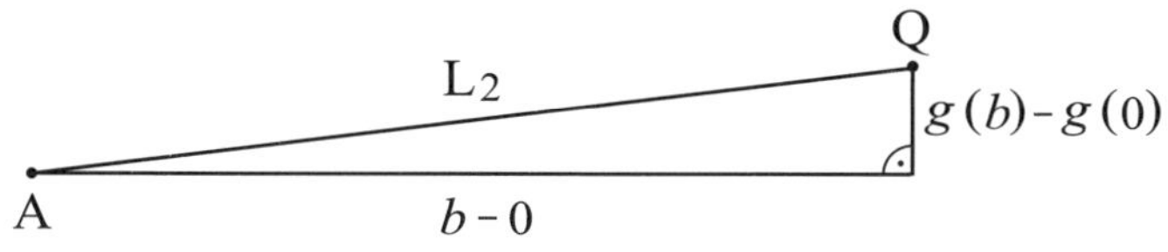

Da die Hängebrücke nicht geradlinig verläuft, ist die Länge L_1 stets größer als die Länge L_2 der direkten Verbindungsstrecke. Somit gilt:

$$\mathrm{L}_1 > \mathrm{L}_2$$

$$\int_0^b \sqrt{1+(g'(x))^2}\,\mathrm{d}x > \sqrt{b^2+(g(b)-g(0))^2}$$

d1) Die 1. Ableitung von h mit $h(x) = \frac{1}{2} \cdot (e^x + e^{-x})$ erhält man mit der Kettenregel:

$$h'(x) = \frac{1}{2} \cdot (e^x + e^{-x} \cdot (-1)) = \frac{1}{2} \cdot (e^x - e^{-x})$$

Damit gilt:

$$\begin{aligned}
(h(x))^2 - (h'(x))^2 &= \left(\frac{1}{2} \cdot (e^x + e^{-x})\right)^2 - \left(\frac{1}{2} \cdot (e^x - e^{-x})\right)^2 \\
&= \frac{1}{4} \cdot \left((e^x)^2 + 2 \cdot e^x \cdot e^{-x} + \left(e^{-x}\right)^2\right) - \frac{1}{4} \cdot \left((e^x)^2 - 2 \cdot e^x \cdot e^{-x} + \left(e^{-x}\right)^2\right) \\
&= \frac{1}{4} \cdot e^{2x} + \frac{1}{2} \cdot e^0 + \frac{1}{4} \cdot e^{-2x} - \frac{1}{4} \cdot e^{2x} + \frac{1}{2} \cdot e^0 - \frac{1}{4} \cdot e^{-2x} \\
&= e^0 \\
&= 1
\end{aligned}$$

Somit gilt: $(h(x))^2 - (h'(x))^2 = 1$.

d2) Mit $(h(x))^2 - (h'(x))^2 = 1$ bzw. $(h'(x))^2 = (h(x))^2 - 1$ und $h''(x) = h(x)$ ergibt sich:

$$\begin{aligned}
\int_{\text{a}}^{\text{b}} \sqrt{1 + (h'(x))^2}\,\mathrm{d}x &= \int_{\text{a}}^{\text{b}} \sqrt{1 + (h(x))^2 - 1}\,\mathrm{d}x \\
&= \int_{\text{a}}^{\text{b}} \sqrt{(h(x))^2}\mathrm{d}x \\
&= \int_{\text{a}}^{\text{b}} h(x)\mathrm{d}x \\
&= \int_{\text{a}}^{\text{b}} h''(x)\mathrm{d}x \\
&= \left[h'(x)\right]_a^b \\
&= h'(b) - h'(a)
\end{aligned}$$

Somit gilt:

$$\int_{\text{a}}^{\text{b}} \sqrt{1 + (h'(x))^2}\,\mathrm{d}x = h'(b) - h'(a)$$

Abitur 2019 – Aufgabe 2

a1) Als Ansatz für eine ganzrationale Funktion f dritten Grades verwendet man:

$$\begin{aligned} g(x) &= ax^3 + bx^2 + cx + d \\ g'(x) &= 3ax^2 + 2bx + c \\ g''(x) &= 6ax + 2b \end{aligned}$$

Da die Punkte T$(0 \mid 0)$ und W$\left(-\frac{1}{2} \mid \frac{5}{4}\right)$ auf dem Graphen von g liegen, gelten folgende Bedingungen:

$$\begin{aligned} g(0) = 0 &\Rightarrow a \cdot 0^3 + b \cdot 0^2 + c \cdot 0 + d = 0 \\ g\left(-\frac{1}{2}\right) = \frac{5}{4} &\Rightarrow a \cdot \left(-\frac{1}{2}\right)^3 + b \cdot \left(-\frac{1}{2}\right)^2 + c \cdot \left(-\frac{1}{2}\right) + d = \frac{5}{4} \end{aligned}$$

Da T$(0 \mid 0)$ ein Tiefpunkt und W$\left(-\frac{1}{2} \mid \frac{5}{4}\right)$ ein Wendepunkt ist, gelten noch die Bedingungen:

$$\begin{aligned} g'(0) = 0 &\Rightarrow 3a \cdot 0^2 + 2b \cdot 0 + c = 0 \\ g''\left(-\frac{1}{2}\right) = 0 &\Rightarrow 6a \cdot \left(-\frac{1}{2}\right) + 2b = 0 \end{aligned}$$

Damit erhält man folgendes lineares Gleichungssystem:

$$\begin{array}{lrcrcrcrcl} \text{I} & & & & & & & d & = & 0 \\ \text{II} & -\frac{1}{8}a & + & \frac{1}{4}b & - & \frac{1}{2}c & + & d & = & \frac{5}{4} \\ \text{III} & & & & & c & & & = & 0 \\ \text{IV} & -3a & + & 2b & & & & & = & 0 \end{array}$$

Setzt man $d = 0$ und $c = 0$ in die entsprechenden Gleichungen ein, ergibt sich:

$$\begin{array}{lrcrrcl} \text{I} & & & & d & = & 0 \\ \text{II} & -\frac{1}{8}a & + & \frac{1}{4}b & & = & \frac{5}{4} \\ \text{III} & & & & c & = & 0 \\ \text{IV} & -3a & + & 2b & & = & 0 \end{array}$$

frv.tv/cd

Mithilfe des WTR erhält man: $a = 5$; $b = \frac{15}{2}$; $c = 0$ und $d = 0$.
Somit ergibt sich: $g(x) = 5x^3 + \frac{15}{2}x^2 = \frac{5}{2} \cdot (2x + 3)$

a2) Mithilfe des WTR erhält man für $g(x) = 5x^3 + \frac{15}{2}x^2$ folgende Wertetabelle:

frv.tv/cf

x	$-1,5$	$-1,25$	-1	$-0,75$	$-0,5$	$-0,25$	0	0,25	0,5
$g(x)$	0	1,95	2,5	2,11	1,25	0,39	0	0,55	2,5

Damit kann man den Graphen von g zeichnen:

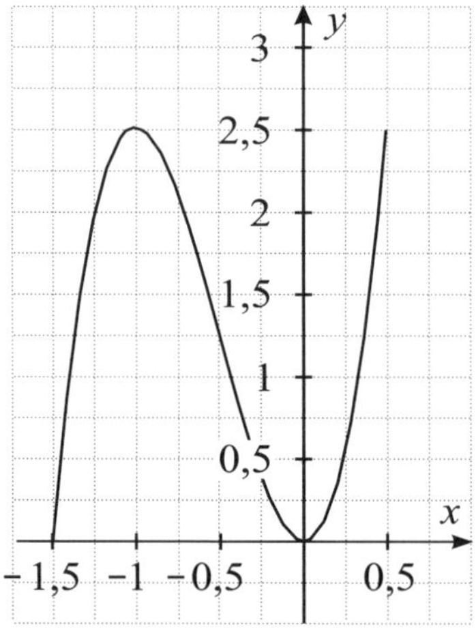

a3) Die Steigung m_{t_W} der Tangente an den Graphen von g im Wendepunkt W $\left(-\frac{1}{2} \mid \frac{5}{4}\right)$ erhält man, indem man $x = -\frac{1}{2}$ in $g'(x) = 15x^2 + 15x$ einsetzt:

$$m_{t_W} = g'\left(-\frac{1}{2}\right) = 15 \cdot \left(-\frac{1}{2}\right)^2 + 15 \cdot \left(-\frac{1}{2}\right) = -\frac{15}{4}$$

Die Größe des Winkels, unter dem die Tangente im Wendepunkt die x-Achse schneidet, erhält man, indem man den Steigungswinkel α berechnet:

$$\tan(\alpha) = m_{t_W}$$
$$\tan(\alpha) = -\frac{15}{4}$$
$$\alpha \approx -75,07°$$

Die Größe des Winkel beträgt etwa $75,07°$.

a4) Um zu zeigen, dass die Wendetangente t_W von g und der Graph von g nur den Wendepunkt gemeinsam haben, stellt man zuerst die Gleichung der Wendetangente auf:

$$t_W: y = m_{t_W} \cdot (x - x_W) + y_W$$
$$t_W: y = -\frac{15}{4} \cdot \left(x - \left(-\frac{1}{2}\right)\right) + \frac{5}{4}$$
$$t_W: y = -\frac{15}{4}x - \frac{5}{8}$$

Die gemeinsamen Punkte von t_W und dem Graphen von g erhält man durch Gleichsetzen:

$$5x^3 + \frac{15}{2}x^2 = -\frac{15}{4}x - \frac{5}{8}$$
$$5x^3 + \frac{15}{2}x^2 + \frac{15}{4}x + \frac{5}{8} = 0$$

frv.tv/cb

Mithilfe des WTR erhält man genau eine Lösung $x = -\frac{1}{2}$.
Somit haben die Wendetangente t_W von g und der Graph von g nur den Wendepunkt gemeinsam.

b1) Um zu zeigen, dass die Funktion h mit $h(x) = 5x^2 \cdot \mathrm{e}^{\frac{2}{3} \cdot x^3}$ keine negativen Funktionswerte hat, kann man sich Folgendes überlegen: Es ist $5x^2 \geqslant 0$ und $\mathrm{e}^{\frac{2}{3} \cdot x^3} > 0$ für alle $x \in \mathbb{R}$.
Damit gilt: $h(x) = 5x^2 \cdot \mathrm{e}^{\frac{2}{3} \cdot x^3} \geqslant 0$.
Somit hat h keine negativen Funktionswerte.

b2) Die 1. Ableitung von $h(x) = 5x^2 \cdot \mathrm{e}^{\frac{2}{3} \cdot x^3}$ erhält man mit der Produkt- und Kettenregel:

$$h'(x) = 10x \cdot \mathrm{e}^{\frac{2}{3} \cdot x^3} + 5x^2 \cdot \mathrm{e}^{\frac{2}{3} \cdot x^3} \cdot \frac{2}{3} \cdot 3x^2 = \left(10x + 10x^4\right) \cdot \mathrm{e}^{\frac{2}{3} \cdot x^3} = 10x \cdot \left(1 + x^3\right) \cdot \mathrm{e}^{\frac{2}{3} \cdot x^3}$$

b3) Um nachzuweisen, dass neben der x-Achse die Gerade t mit $t(x) = 5 \cdot e^{-\frac{2}{3}}$ die einzige weitere waagerechte Tangente an den Graphen von h ist, löst man die Gleichung $h'(x) = 0$ nach x auf, da eine waagerechte Tangente die Steigung Null hat.

$$10x \cdot \left(1 + x^3\right) \cdot \mathrm{e}^{\frac{2}{3} \cdot x^3} = 0$$

Mithilfe des Satzes vom Nullprodukt ergibt sich wegen $\mathrm{e}^{\frac{2}{3} \cdot x^3} \neq 0$ aus $10x = 0$ die Lösung $x_1 = 0$ und aus $1 + x^3 = 0$ die Lösung $x_2 = -1$.
Setzt man $x = 0$ in $h(x)$ ein, ergibt sich:

$$h(0) = 5 \cdot 0^2 \cdot \mathrm{e}^{\frac{2}{3} \cdot 0^3} = 0$$

Bei $x = 0$ hat der Graph von h den Tiefpunkt $\mathrm{T}(0 \mid 0)$ und die Gerade mit der Gleichung $y = 0$, also die x-Achse, als waagerechte Tangente.
Setzt man $x = -1$ in $h(x)$ ein, ergibt sich:

$$h(-1) = 5 \cdot (-1)^2 \cdot \mathrm{e}^{\frac{2}{3} \cdot (-1)^3} = 5 \cdot e^{-\frac{2}{3}}$$

Somit hat der Graph von h den Hochpunkt $\mathrm{H}\left(-1 \mid 5 \cdot e^{-\frac{2}{3}}\right)$ und in diesem die Tangente $t(x) = 5 \cdot e^{-\frac{2}{3}}$.
Da die Gleichung $h'(x) = 0$ genau zwei Lösungen hat, ist die Gerade t mit $t(x) = 5 \cdot e^{-\frac{2}{3}}$ neben der x-Achse die einzige weitere waagerechte Tangente an den Graphen von h.

b4) Die zwei gemeinsamen Punkte der Tangente t und des Graphen von h erhält man durch Gleichsetzen:

$$5x^2 \cdot \mathrm{e}^{\frac{2}{3} \cdot x^3} = 5 \cdot e^{-\frac{2}{3}}$$

Die beiden Lösungen sind $x_1 = -1$ und $x_2 \approx 0,65$ (Ausprobieren mit dem WTR).
Den Inhalt A der Fläche, die von der Tangente t und dem Graphen von h vollständig eingeschlossen wird, erhält man mithilfe eines Integrals. Da die Tangente t oberhalb des Graphen von h verläuft, gilt:

frv.tv/ce

$$\mathrm{A} = \int_{-1}^{0,65} (t(x) - h(x))\,\mathrm{d}x = \int_{-1}^{0,65} \left(5 \cdot e^{-\frac{2}{3}} - 5x^2 \cdot \mathrm{e}^{\frac{2}{3} \cdot x^3}\right) \mathrm{d}x \approx 2,52 \text{ (WTR)}$$

Der Flächeninhalt beträgt etwa 2,52 FE.

c1) Die mittlere Steigung m_1 des Graphen von g im Bereich $-1 \leqslant x \leqslant 0$ erhält man, indem man die Steigung zwischen den Punkten $\mathrm{P}(-1 \mid 2,5)$ und $\mathrm{O}(0 \mid 0)$ berechnet:

$$m_1 = \frac{0 - 2,5}{0 - (-1)} = -2,5$$

Die mittlere Steigung m_2 des Graphen von h im Bereich $-1 \leqslant x \leqslant 0$ erhält man, indem man die Steigung zwischen den Punkten $\mathrm{H}\left(-1 \mid 5 \cdot e^{-\frac{2}{3}}\right)$ und $\mathrm{O}(0 \mid 0)$ berechnet:

$$m_2 = \frac{0 - 5 \cdot e^{-\frac{2}{3}}}{0 - (-1)} = -5 \cdot e^{-\frac{2}{3}}$$

Die Abweichung der beiden Steigungen beträgt

$$m_2 - m_1 = -5 \cdot e^{-\frac{2}{3}} - (-2,5) = -5 \cdot e^{-\frac{2}{3}} + 2,5$$

Die prozentuale Abweichung der mittleren Steigung des Graphen von g von der mittleren Steigung des Graphen von h im Bereich $-1 \leqslant x \leqslant 0$ erhält man, indem man die Abweichung der beiden Steigungen durch die Steigung m_2 teilt:

$$\frac{-5 \cdot e^{-\frac{2}{3}} + 2,5}{-5 \cdot e^{-\frac{2}{3}}} \approx 0,03$$

Die prozentuale Abweichung beträgt etwa 3%.

c2) Mit dem Term $h(1) - g(1)$ berechnet man die Differenz der Funktionswerte an der Stelle $x = 1$. Mit dem Term $h(2) - g(2)$ berechnet man die Differenz der Funktionswerte an der Stelle $x = 2$. Wegen

$$(h(1) - g(1)) \cdot (h(2) - g(2)) < 0$$

haben die beiden Terme unterschiedliche Vorzeichen. Damit haben die Graphen von g und h im Bereich $1 < x < 2$ mindestens einen Schnittpunkt. Die Anzahl der Schnittpunkte ist ungerade.

d1) Die Aussage: «Für $-1{,}5 \leqslant x \leqslant 1$ ändert sich beim Graphen jeder Stammfunktion von h genau einmal das Krümmungsverhalten.» ist falsch, da sich das Krümmungsverhalten des Graphen einer Stammfunktion von h an den Extremstellen von h ändert. Da die Funktion h für $-1{,}5 \leqslant x \leqslant 1$ mehr als eine Extremstelle hat, ändert sich das Krümmungsverhalten einer Stammfunktion von h mehr als einmal.

d2) Graph I ist der Graph von H. Wegen

$$\mathrm{H}(x) = \int_0^x h(t)\,\mathrm{d}t$$

gilt:

$$\mathrm{H}'(x) = h(x)$$

Da die Funktion h mit $h(x) = 5x^2 \cdot \mathrm{e}^{\frac{2}{3} \cdot x^3}$ keine negativen Funktionswerte hat, gilt:

$$\mathrm{H}'(x) = h(x) \geqslant 0$$

Damit ist H monoton wachsend und es kommen nur die Graphen I und III als Graph von H in Frage.
Wegen $h(0) = 0$ gilt: $\mathrm{H}'(0) = h(0) = 0$. Also hat der Graph von H an der Stelle $x = 0$ die Steigung Null. Dies gilt nur für den Graphen I.

Abitur 2019 – Aufgabe 3

a1) Der Punkt G liegt senkrecht unterhalb von R und hat damit die Koordinaten G(5 | 5 | 0). Der Punkt S liegt auf gleicher Höhe wie R und hat damit die Koordinaten S(0 | 5 | 5).

a2) Die Punkte A(5 | 0 | 1), B(2 | 5 | 0), C(0 | 5 | 2) und D(1 | 0 | 5) kann man in die Abbildung einzeichnen:

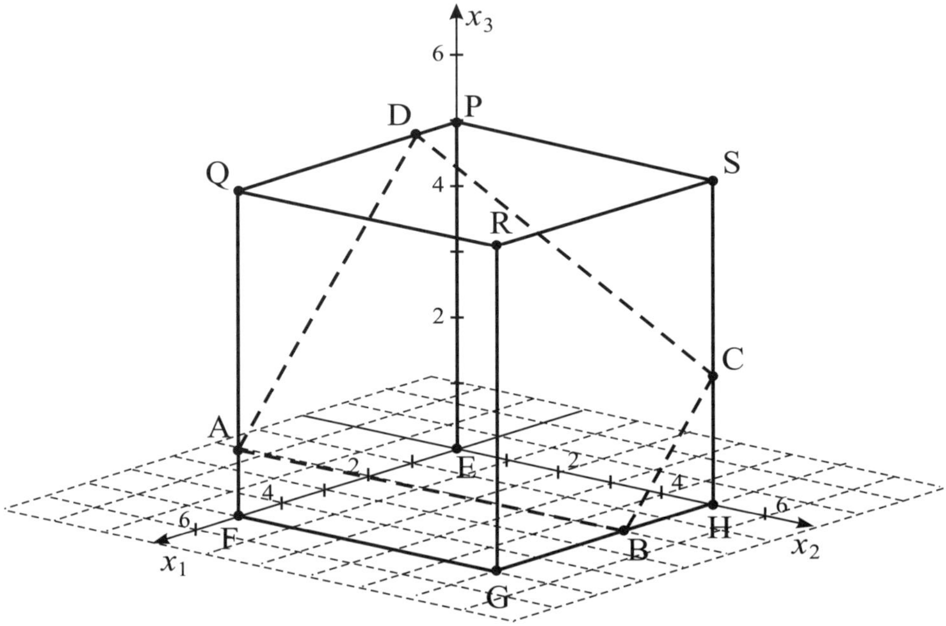

a3) Um zu zeigen, dass das Viereck ABCD ein Trapez ist, weist man nach, dass zwei gegenüberliegende Seiten parallel sind. Dazu bestimmt man die Vektoren $\overrightarrow{BC}$ und $\overrightarrow{AD}$:

$$\overrightarrow{BC} = \begin{pmatrix} -2 \\ 0 \\ 2 \end{pmatrix}$$

$$\overrightarrow{AD} = \begin{pmatrix} -4 \\ 0 \\ 4 \end{pmatrix}$$

Wegen $\overrightarrow{AD} = 2 \cdot \overrightarrow{BC}$ sind die Seiten BC und AD parallel.
Somit ist das Viereck ABCD ein Trapez.

Die Längen der Seiten AB und CD erhält man, indem man die Beträge der entsprechenden

Vektoren berechnet:

$$\overline{AB} = \left|\overrightarrow{AB}\right| = \left|\begin{pmatrix}-3\\5\\-1\end{pmatrix}\right| = \sqrt{(-3)^2+5^2+(-1)^2} = \sqrt{35}$$

$$\overline{CD} = \left|\overrightarrow{CD}\right| = \left|\begin{pmatrix}1\\-5\\3\end{pmatrix}\right| = \sqrt{1^2+(-5)^2+3^2} = \sqrt{35}$$

Wegen $\overline{AB} = \overline{CD}$ sind beim Trapez ABCD zwei gegenüberliegende Seiten gleich lang.

a4) Den Flächeninhalt A_{Viereck} des Vierecks ABCD erhält man, indem man die Flächeninhalte A_1 und A_2 der Dreiecke ABD und BCD mithilfe des Vektorprodukts berechnet:

$$A_1 = \frac{1}{2}\cdot\left|\overrightarrow{AB}\times\overrightarrow{AD}\right| = \frac{1}{2}\cdot\left|\begin{pmatrix}-3\\5\\-1\end{pmatrix}\times\begin{pmatrix}-4\\0\\4\end{pmatrix}\right| = \frac{1}{2}\cdot\left|\begin{pmatrix}20\\16\\20\end{pmatrix}\right|$$
$$= \frac{1}{2}\cdot\sqrt{20^2+16^2+20^2} = 2\cdot\sqrt{66}$$

$$A_2 = \frac{1}{2}\cdot\left|\overrightarrow{CB}\times\overrightarrow{CD}\right| = \frac{1}{2}\cdot\left|\begin{pmatrix}2\\0\\-2\end{pmatrix}\times\begin{pmatrix}1\\-5\\3\end{pmatrix}\right| = \frac{1}{2}\cdot\left|\begin{pmatrix}-10\\-8\\-10\end{pmatrix}\right|$$
$$= \frac{1}{2}\cdot\sqrt{(-10)^2+(-8)^2+(-10)^2} = \sqrt{66}$$

Damit erhält man:

$$A_{\text{Viereck}} = A_1 + A_2 = 2\cdot\sqrt{66}+\sqrt{66} = 3\cdot\sqrt{66} \approx 24,37$$

Der Flächeninhalt des Vierecks ABCD beträgt etwa 24,37 FE.

b1) Die Ebene T enthält die Punkte $A(5 \mid 0 \mid 1)$, $B(2 \mid 5 \mid 0)$, $C(0 \mid 5 \mid 2)$ und $D(1 \mid 0 \mid 5)$. Sie hat beispielsweise den Stützpunkt A und die Spannvektoren $\overrightarrow{AB} = \begin{pmatrix}-3\\5\\-1\end{pmatrix}$ und $\overrightarrow{AC} = \begin{pmatrix}-5\\5\\1\end{pmatrix}$. Damit hat T die Parametergleichung:

$$T\colon \vec{x} = \begin{pmatrix}5\\0\\1\end{pmatrix} + s\cdot\begin{pmatrix}-3\\5\\-1\end{pmatrix} + t\cdot\begin{pmatrix}-5\\5\\1\end{pmatrix};\ s,t \in \mathbb{R}$$

Einen Normalenvektor $\vec{n}$ von T erhält man mithilfe des Kreuzprodukts (siehe Seite 71) der Spannvektoren:

$$\begin{pmatrix} -3 \\ 5 \\ -1 \end{pmatrix} \times \begin{pmatrix} -5 \\ 5 \\ 1 \end{pmatrix} = \begin{pmatrix} 10 \\ 8 \\ 10 \end{pmatrix} = 2 \cdot \begin{pmatrix} 5 \\ 4 \\ 5 \end{pmatrix} \Rightarrow \vec{n} = \begin{pmatrix} 5 \\ 4 \\ 5 \end{pmatrix}$$

Damit hat T die Koordinatenform:

$$\text{T}: \; 5x_1 + 4x_2 + 5x_3 = d$$

Setzt man die Koordinaten des Punktes A $(5 \mid 0 \mid 1)$ in den Ansatz $5x_1 + 4x_2 + 5x_3 = d$ ein, ergibt sich:

$$5 \cdot 5 + 4 \cdot 0 + 5 \cdot 1 = d \;\Rightarrow\; d = 30$$

Die Ebene T hat somit die Koordinatengleichung T: $5x_1 + 4x_2 + 5x_3 = 30$.

b2) Die Gerade h durch die Punkte P$(0 \mid 0 \mid 5)$ und S$(0 \mid 5 \mid 5)$, auf der die Kante $\overline{\text{PS}}$ des Würfels liegt, hat folgende Gleichung:

$$h: \vec{x} = \begin{pmatrix} 0 \\ 0 \\ 5 \end{pmatrix} + t \cdot \begin{pmatrix} 0 \\ 5 \\ 0 \end{pmatrix}$$

Die Koordinaten des Punktes Z, in welchem die Ebene T die Kante $\overline{\text{PS}}$ des Würfels schneidet, erhält man, indem man den allgemeinen Punkt $\text{P}_t(0 \mid 5t \mid 5)$ von h in die Ebenengleichung T: $5x_1 + 4x_2 + 5x_3 = 30$ einsetzt:

$$\begin{aligned} 5 \cdot 0 + 4 \cdot 5t + 5 \cdot 5 &= 30 \\ 20t &= 5 \\ t &= \frac{1}{4} \end{aligned}$$

Setzt man $t = \frac{1}{4}$ in P_t ein, erhält man: Z$\left(0 \mid \frac{5}{4} \mid 5\right)$.

c1) Die Größe des Winkels α, unter dem sich T und T′ schneiden, erhält man mit der Formel $\cos(\alpha) = \frac{|\vec{n}_1 \circ \vec{n}_2|}{|\vec{n}_1| \cdot |\vec{n}_2|}$, wobei $\vec{n}_1 = \begin{pmatrix} 5 \\ 4 \\ 5 \end{pmatrix}$ ein Normalenvektor von T und $\vec{n}_2 = \begin{pmatrix} -5 \\ 4 \\ 5 \end{pmatrix}$ ein Normalenvektor von T′ ist:

$$\cos(\alpha) = \frac{|\vec{n}_1 \circ \vec{n}_2|}{|\vec{n}_1| \cdot |\vec{n}_2|}$$

$$\cos(\alpha) = \frac{\left|\begin{pmatrix} 5 \\ 4 \\ 5 \end{pmatrix} \circ \begin{pmatrix} -5 \\ 4 \\ 5 \end{pmatrix}\right|}{\left|\begin{pmatrix} 5 \\ 4 \\ 5 \end{pmatrix}\right| \cdot \left|\begin{pmatrix} -5 \\ 4 \\ 5 \end{pmatrix}\right|}$$

$$\cos(\alpha) = \frac{|5 \cdot (-5) + 4 \cdot 4 + 5 \cdot 5|}{\sqrt{5^2 + 4^2 + 5^2} \cdot \sqrt{(-5)^2 + 4^2 + 5^2}}$$

$$\cos(\alpha) = \frac{16}{66}$$

$$\alpha \approx 75{,}97^\circ$$

Die Größe des Winkels beträgt etwa $75{,}97^\circ$.

c2) Durch Spiegelung an der Ebene mit der Gleichung $x_1 = a$ wird beispielsweise der Punkt $\mathrm{D}(1 \mid 0 \mid 5)$ der Ebene T auf den Punkt $\mathrm{D}'(2a - 1 \mid 0 \mid 5)$ der Ebene T' abgebildet.
Setzt man die Koordinaten von D' in die Ebenengleichung $\mathrm{T}'\colon -5x_1 + 4x_2 + 5x_3 - 5 = 0$ ein, ergibt sich:

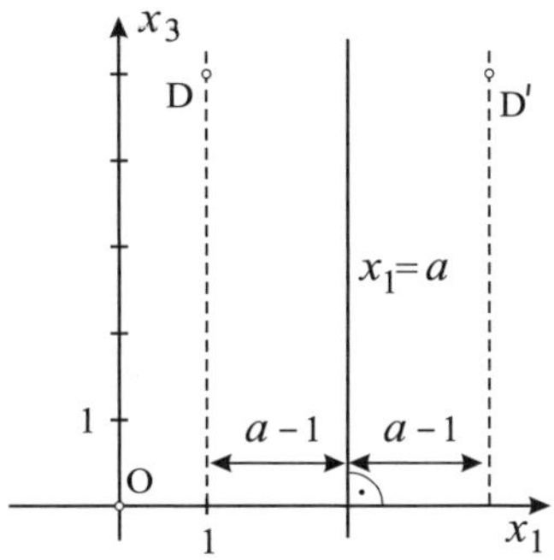

$$-5 \cdot (2a - 1) + 4 \cdot 0 + 5 \cdot 5 - 5 = 0$$

$$-10a = -25$$

$$a = 2{,}5$$

Für $a = 2{,}5$ geht die Ebene T' aus der Ebene T durch Spiegelung an der Ebene mit der Gleichung $x_1 = 2{,}5$ hervor.

c3) Um zu begründen, dass keine Gerade der Schar

$$g_b : \vec{x} = \begin{pmatrix} 2{,}5 \\ 0 \\ 3{,}5 \end{pmatrix} + r \cdot \begin{pmatrix} 0 \\ -10b \\ \frac{2}{b} \end{pmatrix} \quad \text{mit } b \in \mathbb{R}^+ \text{ und } r \in \mathbb{R}$$

in der Ebene mit der Gleichung $x_3 = 3{,}5$ liegt, setzt man die Koordinaten eines allgemeinen Punktes $\mathrm{P}_r\left(2{,}5 \mid -10rb \mid 3{,}5 + r \cdot \frac{2}{b}\right)$ von g_b in die Ebenengleichung $x_3 = 3{,}5$ ein:

$$3{,}5 + r \cdot \frac{2}{b} = 3{,}5$$

$$r \cdot \frac{2}{b} = 0$$

$$r = 0$$

Wegen $r = 0$ (eindeutige Lösung), hat jede Gerade der Schar g_b genau einen Schnittpunkt mit der Ebene der Gleichung $x_3 = 3,5$.
Somit liegt keine Gerade der Schar g_b in der Ebene mit der Gleichung $x_3 = 3,5$.

c4) Um zu untersuchen, ob die Schnittgerade von T und T′ zur Schar g_b gehört, setzt man die Koordinaten eines allgemeinen Punktes $P_r\left(2,5 \mid -10rb \mid 3,5 + r \cdot \frac{2}{b}\right)$ von g_b mit $b \in \mathbb{R}^+$ in die Ebenengleichungen von T und T′ ein:

$$\begin{aligned} 5 \cdot 2,5 + 4 \cdot (-10rb) + 5 \cdot \left(3,5 + r \cdot \frac{2}{b}\right) &= 30 \\ \frac{10r}{b} &= 40rb \\ \frac{1}{4} &= b^2 \\ \frac{1}{2} &= b \end{aligned}$$

bzw.

$$\begin{aligned} -5 \cdot 2,5 + 4 \cdot (-10rb) + 5 \cdot \left(3,5 + r \cdot \frac{2}{b}\right) - 5 &= 0 \\ \frac{10r}{b} &= 40rb \\ \frac{1}{4} &= b^2 \\ \frac{1}{2} &= b \end{aligned}$$

Die Lösung $b = -\frac{1}{2}$ kommt wegen $b \in \mathbb{R}^+$nicht in Frage. Für $b = \frac{1}{2}$ liegt die Gerade $g_{\frac{1}{2}}$ sowohl in T als auch in T′, ist also die Schnittgerade von T und T′. Somit gehört die Schnittgerade von T und T′ zur Schar g_b.

d) Der Mittelpunkt M der Kugel, auf deren Oberfläche die Punkte P, Q, R und S liegen, muss aus Symmetriegründen auf einer Geraden durch den Mittelpunkt des Quadrats PQRS liegen. Damit hat M die Koordinaten $M(2,5 \mid 2,5 \mid m_3)$. Da der Abstand von M zu $P(0 \mid 0 \mid 5)$ gleich groß wie der Radius $r = \sqrt{\frac{33}{2}}$ der Kugel sein muss, löst man folgende Gleichung durch Quadrieren nach m_3 auf:

$$\begin{aligned} \left|\overrightarrow{MP}\right| &= r \\ \left|\begin{pmatrix} -2,5 \\ -2,5 \\ 5 - m_3 \end{pmatrix}\right| &= \sqrt{\frac{33}{2}} \\ \sqrt{(-2,5)^2 + (-2,5)^2 + (5 - m_3)^2} &= \sqrt{\frac{33}{2}} \end{aligned}$$

$$\sqrt{12,5+(5-m_3)^2} = \sqrt{16,5}$$
$$12,5+(5-m_3)^2 = 16,5$$
$$12,5+25-10m_3+m_3^2 = 16,5$$
$$m_3^2-10m_3+21 = 0$$

Mit Hilfe des WTR erhält man $m_3 = 3$ und $m_3 = 7$.
Somit haben die Kugeln K_1 und K_2, auf deren Oberflächen die Punkte P, Q, R und S liegen und die den Radius $r = \sqrt{\frac{33}{2}}$ haben, folgende Gleichungen:

$$K_1 : (x_1-2,5)^2+(x_2-2,5)^2+(x_3-3)^2 = \frac{33}{2}$$
$$K_2 : (x_1-2,5)^2+(x_2-2,5)^2+(x_3-7)^2 = \frac{33}{2}$$

e) Die Punkte Q und R haben die Koordinaten Q $(5 \mid 0 \mid 5)$ und R $(5 \mid 5 \mid 5)$.
Die Strecke $\overline{QR}$ hat damit die Gleichung:

$$\vec{x} = \begin{pmatrix} 5 \\ 0 \\ 5 \end{pmatrix} + t \cdot \begin{pmatrix} 0 \\ 5 \\ 0 \end{pmatrix} \quad 0 \leqslant t \leqslant 1$$

Wenn die Spitze S einer Pyramide mit der Grundfläche ABCD auf der Strecke $\overline{QR}$ liegt, hat sie die Koordinaten $S(5 \mid 5t \mid 5)$ mit $0 \leqslant t \leqslant 1$.
Die Höhe h der Pyramide erhält man, indem man den Abstand von S zur Ebene T mithilfe der Abstandsformel berechnet:

$$h = \left| \frac{5\cdot5+4\cdot5t+5\cdot5-30}{\sqrt{5^2+4^2+5^2}} \right| = \frac{20+20t}{\sqrt{66}}$$

Um zu untersuchen, ob die Höhe dieser Pyramide 2 betragen kann, löst man die Gleichung $h = 2$ nach t auf:

$$\frac{20+20t}{\sqrt{66}} = 2$$
$$20+20t = 2\cdot\sqrt{66}$$
$$20t = 2\cdot\sqrt{66}-20$$
$$t = \frac{2\cdot\sqrt{66}-20}{20}$$
$$t \approx -0,19$$

Wegen $t \notin [0;1]$ liegt die Spitze der Pyramide mit der Höhe 2 nicht auf der Strecke $\overline{QR}$, also kann die Höhe der Pyramide nicht 2 betragen.

Abitur 2019 – Aufgabe 4

a1) Legt man X als Zufallsgröße für die Anzahl der Kunden mit einem «S» fest, so ist X binomialverteilt mit den Parametern $n = 550$ und $p = 0,06$.
Die Wahrscheinlichkeit des Ereignisses E_1: «Von 550 zufällig ausgewählten Kunden sind mehr als 40, aber höchstens 50 der ausgewählten Kunden mit einem «S» gekennzeichnet.» erhält man mithilfe der kumulierten Binomialverteilung:

$$P(E_2) = P(40 < X \leqslant 50) = P(X \leqslant 50) - P(X \leqslant 40) \approx 0,9984 - 0,9080 = 0,0904$$

frv.tv/ck

Die Wahrscheinlichkeit für das Ereignis E_1 beträgt etwa 9,04 %.

a2) Legt man X als Zufallsgröße für die Anzahl der Kunden mit einem «S» fest, so ist X binomialverteilt mit den Parametern $n = 550$ und $p = 0,06$. Den Erwartungswert von X erhält man mit der Formel $E(X) = \mu = n \cdot p$:

$$E(X) = 550 \cdot 0,06 = 33$$

Die Wahrscheinlichkeit des Ereignisses E_2: «Unter den 550 zufällig ausgewählten Kunden sind weniger mit einem «S» gekennzeichnet, als es zu erwarten ist, also weniger als 33 Kunden.», erhält man mithilfe der kumulierten Binomialverteilung:

$$P(E_2) = P(X < 33) = P(X \leqslant 32) \approx 0,4747$$

frv.tv/ck

Die Wahrscheinlichkeit für das Ereignis E_2 beträgt etwa 47,47 %.

a3) Die Wahrscheinlichkeit, dass ein Kunde nicht mit einem «S» gekennzeichnet ist, beträgt $p = 1 - 0,06 = 0,94$.
Legt man Y als Zufallsgröße für die Anzahl der Kunden ohne «S» fest, so ist Y binomialverteilt mit den Parametern $n = 550$ und $p = 0,94$. Damit ergibt sich mit der Bernoulliformel:

$$P(A) = 0,94^{550} = \binom{550}{550} \cdot 0,94^{550} \cdot 0,06^{0} = P(Y = 550)$$

Damit lautet das Ereignis A: «Von den 550 ausgewählten Kunden sind alle 550 Kunden nicht mit einem «S» gekennzeichnet.» oder: «Von den 550 ausgewählten Kunden ist keiner mit einem «S» gekennzeichnet.».

b1) Da das Schiff mit 60 Fahrgästen voll besetzt ist und es vier Preise gibt, beträgt die Wahrscheinlichkeit, dass eine Person bzw. der Vater einen Preis gewinnt, $p = \frac{4}{60} = \frac{1}{15}$.

b2) Es gibt $\binom{60}{4}$ Möglichkeiten, die vier Preise auf 60 Personen zu verteilen. Wenn die Familie genau zwei Preise gewinnt, so gibt es $\binom{4}{2}$ Möglichkeiten, von den vier Preisen genau zwei zu gewinnen und $\binom{56}{2}$ Möglichkeiten, von den 56 Nieten genau zwei zu erhalten. Legt man X als Zufallsvariable für die Anzahl der von der Familie erhaltenen Preise fest, so ist X

hypergeometrisch verteilt. Damit gilt:

$$P(X=2) = \frac{\binom{4}{2} \cdot \binom{56}{2}}{\binom{60}{4}} \approx 0,0189$$

Die Wahrscheinlichkeit, mit der die Familie genau zwei Preise gewinnt, beträgt etwa $1,89\,\%$.

b3) Es gibt $\binom{60}{4}$ Möglichkeiten, die vier Preise, also 3 gewöhnliche Preise und den Hauptpreis, auf 60 Personen zu verteilen. Wenn die Familie genau zwei gewöhnliche Preise gewinnt, so gibt es $\binom{3}{2}$ Möglichkeiten, von den drei gewöhnlichen Preisen genau zwei zu gewinnen, $\binom{1}{0}$ Möglichkeiten, den Hauptpreis nicht zu erhalten und $\binom{56}{2}$ Möglichkeiten, von den 56 Nieten genau zwei zu erhalten. Legt man X als Zufallsvariable für die Anzahl der von der Familie erhaltenen gewöhnlichen Preise fest, so ist X hypergeometrisch verteilt. Damit gilt:

$$P(X=2) = \frac{\binom{3}{2} \cdot \binom{1}{0} \cdot \binom{56}{2}}{\binom{60}{4}} \approx 0,0095$$

Die Wahrscheinlichkeit, mit der die Familie genau zwei Preise, aber nicht den Hauptpreis gewinnt, beträgt etwa $0,95\,\%$.

c1) Die Zufallsgröße X, welche die Anzahl der Personen mit Reservierung, die zu der Fahrt erscheinen, beschreibt, ist im Allgemeinen nicht binomialverteilt, da das Erscheinen oder Nichterscheinen in der Regel für einige Personen mit Reservierung (z.B. Familien oder Freunde) nicht unabhängig voneinander ist.

c2) Die Wahrscheinlichkeit, dass eine Person, die reserviert hat, auch die Fahrt antritt, beträgt 90%. Legt man X als Zufallsgröße für die Anzahl der Personen mit Reservierung, die zu der Fahrt erscheinen, fest, so ist X binomialverteilt mit den Parametern $n = 64$ und $p = 0,9$. Die Wahrscheinlichkeit dafür, dass bei einer Fahrt mindestens eine Person mit Reservierung abgewiesen werden muss, also dass mehr als 60 Personen reserviert haben, erhält man mithilfe der kumulierten Binomialverteilung und der Wahrscheinlichkeit des Gegenereignisses:

$$P(X > 60) = 1 - P(X \leqslant 60) \approx 1 - 0,8937 = 0,1063$$

frv.tv/ck

Die Wahrscheinlichkeit beträgt etwa $10,63\,\%$.

c3) Wenn statt 60 Reservierungen 64 Reservierungen vom Reisebüro angenommen werden, so werden 80 Euro mehr eingenommen (pro zusätzlicher Reservierung 20 Euro). Da das Reisebüro davon ausgeht, dass die Summe der fälligen Rück- und Entschädigungszahlungen durchschnittlich weniger als 20 Euro pro Fahrt beträgt, kann mit dem Überbuchungsverfahren ein zusätzlicher Gewinn von über 60 Euro pro Fahrt gegenüber der Beschränkung auf 60 Reservierungen erwartet werden.

c4) Legt man Y als Zufallsgröße für die Anzahl der Personen, die zu einer reservierten Fahrt nicht antreten, fest, so ist Y binomialverteilt mit $n = 64$ und $p = 1 - 0,9 = 0,1$.
mithilfe der Binomialverteilung unter Verwendung des WTR ergeben sich folgende Wahrscheinlichkeiten:

frv.tv/ci

$$P(Y = 0) \approx 0,0012$$
$$P(Y = 1) \approx 0,0084$$
$$P(Y = 2) \approx 0,0293$$
$$P(Y = 3) \approx 0,0674$$

Damit kann man den angegebenen Term berechnen:

$$\begin{aligned}\sum_{i=0}^{3} (P(Y = i) \cdot (4 - i) \cdot 120) &= P(Y = 0) \cdot (4 - 0) \cdot 120 + P(Y = 1) \cdot (4 - 1) \cdot 120 \\ &\quad + P(Y = 2) \cdot (4 - 2) \cdot 120 + P(Y = 3) \cdot (4 - 3) \cdot 120 \\ &= 0,0012 \cdot 480 + 0,0084 \cdot 360 + 0,0293 \cdot 240 + 0,0674 \cdot 120 \\ &= 18,72\end{aligned}$$

Der angegebene Term gibt die zu erwartende durchschnittliche Summe der Rück- und Entschädigungszahlungen des Reisebüros pro Fahrt in Euro an.

d1) Da die Geschäftsführerin des Reisebüros vermutet, dass die Wahrscheinlichkeit dafür, dass eine Person eine reservierte Fahrt antritt, kleiner als 90% ist, und ihre Vermutung gestützt werden soll, lautet die Nullhypothese: H_0: $p \geqslant 0,9$.
Die zugehörige Alternativhypothese lautet: H_1: $p < 0,9$.
Wegen H_1: $p < 0,9$ handelt es sich um einen linksseitigen Test mit $\alpha = 2,5\,\%$.
Legt man X als Zufallsvariable für die Anzahl der Personen, die eine reservierte Fahrt antreten, fest, so ist X binomialverteilt mit $n = 64$ und Trefferwahrscheinlichkeit $p = 0,9$.
Man wird die Nullhypothese verwerfen, wenn deutlich weniger als 58 Personen die Fahrt antreten. (Erwartungswert: $E(X) = \mu = n \cdot p = 64 \cdot 0,9 = 57,6$). Also ist ein maximales $k \in \mathbb{N}$ und damit ein Ablehnungsbereich $\overline{A} = \{0, ..., k\}$ der Nullhypothese so zu bestimmen, dass gilt:

$$P(X \in \overline{A}) \leqslant \alpha$$
$$P(X \leqslant k) \leqslant 0,025$$

Für $n = 64$ und $p = 0,9$ erhält man mithilfe des WTR:

frv.tv/cl

$$P(X \leqslant 52) \approx 0,0236$$
$$P(X \leqslant 53) \approx 0,0516$$

Also ist $k = 52$ das maximale $k \in \mathbb{N}$ und man erhält damit den Ablehnungsbereich:

$$\overline{A} = \{0; \ldots; 52\}$$

Daraus ergibt sich die folgende Entscheidungsregel: Wenn unter den 64 angemeldeten Personen höchstens 52 Personen mit Reservierung zur Fahrt erscheinen, so wird die Nullhypothese verworfen und die Vermutung der Geschäftsführerin wird gestützt.

d2) Die Nullhypothese lautet wieder: $H_0\colon p \geqslant 0,9$.
Die zugehörige Alternativhypothese lautet: $H_1\colon p < 0,9$.
Wegen $H_1\colon p < 0,9$ handelt es sich um einen linksseitigen Test mit $\alpha = 2,5\,\%$.
Legt man Y als Zufallsvariable für die Anzahl der Personen, die eine reservierte Fahrt antreten fest, so ist Y binomialverteilt mit $n = 256$ und Trefferwahrscheinlichkeit $p = 0,9$. Man wird die Nullhypothese verwerfen, wenn deutlich weniger als 230 Personen die Fahrt antreten. (Erwartungswert: $E(Y) = \mu = n \cdot p = 256 \cdot 0,9 = 230,4$). Also ist ein maximales $k \in \mathbb{N}$ und damit ein Ablehnungsbereich $\overline{A} = \{0, \ldots, k\}$ der Nullhypothese so zu bestimmen, dass gilt:

$$P(Y \in \overline{A}) \leqslant \alpha$$
$$P(Y \leqslant k) \leqslant 0,025$$

frv.tv/cl

Für $n = 256$ und $p = 0,9$ erhält man mithilfe des WTR:

$$P(Y \leqslant 220) \approx 0,0235$$
$$P(Y \leqslant 221) \approx 0,0362$$

Also ist $k = 220$ das maximale $k \in \mathbb{N}$ und man erhält damit den Ablehnungsbereich:

$$\overline{A} = \{0; \ldots; 220\}$$

Da der Mitarbeiter bei den vier Fahrten $54 + 56 + 54 + 55 = 219$ Personen zählt und 219 im Ablehnungsbereich der Nullhypothese liegt, ist die Nullhypothese daher zu verwerfen. Alternativ kann man auch direkt die Wahrscheinlichkeit berechnen, dass von den 256 Personen höchstens 219 zur Fahrt erschienen sind. Mithilfe der kumulierten Binomialverteilung ergibt sich:

$$P(Y \leqslant 219) \approx 0,0148$$

Wegen $P(Y \leqslant 219) < 0,025$ liegt 219 im Ablehnungsbereich der Nullhypothese, daher ist die Nullhypothese zu verwerfen.

d3) Es ist c eine positive ganze Zahl. Die Zufallsgröße X_c ist binomialverteilt mit den Parametern $c \cdot n$ und p. Damit gilt für den Erwartungswert von X_1: $E(X_1) = 1 \cdot n \cdot p = n \cdot p$.
Die Aussage [(1)] ist wahr, denn es gilt:

$$E(X_c) = (c \cdot n) \cdot p = c \cdot (n \cdot p) = c \cdot E(X_1)$$

Die Aussage [(2)] ist falsch, da man Gegenbeispiele angeben kann:
Die Zufallsgröße X_1 ist binomialverteilt mit den Parametern $n = 64$ und $p = 0,9$.
Für beispielsweise $k = 55$ gilt: $P(X_1 \leqslant 55) \approx 0,1866$.
Die Zufallsgröße X_4 ist binomialverteilt mit den Parametern $n = 4 \cdot 64 = 256$ und $p = 0,9$.
Für $k = 4 \cdot 55 = 220$ gilt: $P(X_4 \leqslant 4 \cdot 55) = P(X_4 \leqslant 220) \approx 0,0234$.
Wegen $P(X_1 \leqslant 55) \neq P(X_4 \leqslant 4 \cdot 55)$ ist die allgemeine Aussage $P(X_1 \leqslant k) = P(X_c \leqslant c \cdot k)$ falsch.
Man kann als Gegenbeispiel auch andere Zahlen wählen.

4 Abitur 2020

Hilfsmittelfreier Teil

1.1 Die Wahrscheinlichkeiten $P(A) = 0,6$ und $P\left(\overline{B}\right) = 0,3$ sowie $P\left(A \cap \overline{B}\right) = 0,2$ kann man direkt in die Vierfeldertafel eintragen. Die übrigen Einträge der Vierfeldertafel erhält man durch Summen- bzw. Differenzenbildung:

	B	$\overline{B}$	
A	0,4	**0,2**	**0,6**
$\overline{A}$	0,3	0,1	0,4
	0,7	**0,3**	1

1.2 Die Wahrscheinlichkeit $P_A\left(\overline{B}\right)$ erhält man mit der Formel für die bedingte Wahrscheinlichkeit:

$$P_A\left(\overline{B}\right) = \frac{P\left(A \cap \overline{B}\right)}{P(A)} = \frac{0,2}{0,6} = \frac{2}{6} = \frac{1}{3}$$

2.1 Die Wahrscheinlichkeit, dass bei einmaligem Werfen eine «1» geworfen wird, beträgt $\frac{1}{6}$, dass eine «2» geworfen wird, $\frac{4}{6}$ und dass eine «3» geworfen wird, auch $\frac{1}{6}$.
Die Wahrscheinlichkeit dafür, dass die Summe der beiden geworfenen Zahlen 4 ist, erhält man mithilfe der Pfadregeln:

$$\begin{aligned} P(\text{Summe gleich } 4) &= P(13) + P(22) + P(31) \\ &= \frac{1}{6} \cdot \frac{1}{6} + \frac{4}{6} \cdot \frac{4}{6} + \frac{1}{6} \cdot \frac{1}{6} \\ &= \frac{18}{36} \\ &= \frac{1}{2} \end{aligned}$$

2.2 Den Erwartungswert bei einmaligem Werfen erhält man, indem man die möglichen geworfenen Zahlen mit den entsprechenden Wahrscheinlichkeiten multipliziert und die Ergebnisse addiert.
Legt man x als erste neue Zahl fest, so ist die zweite neue Zahl $3 \cdot x$, da das Verhältnis $1:3$ beträgt.
Damit ergibt sich für den Erwartungswert:

$$E = \frac{1}{6} \cdot x + \frac{4}{6} \cdot 2 + \frac{1}{6} \cdot 3x = \frac{8}{6} + \frac{4}{6}x$$

Da der Erwartungswert 4 betragen soll, löst man die Gleichung $\mathrm{E} = 4$ nach x auf:

$$\begin{aligned} \frac{8}{6} + \frac{4}{6}x &= 4 \\ \frac{4}{6}x &= \frac{16}{6} \\ x &= 4 \end{aligned}$$

Damit sind die beiden neuen Zahlen «4» und «12».

Alternativ erhält man durch Ausprobieren:

Sind die beiden neuen Zahlen «2» und «6», so gilt für den Erwartungswert:

$$\mathrm{E}_1 = \frac{5}{6} \cdot 2 + \frac{1}{6} \cdot 6 = \frac{16}{6}$$

Sind die beiden neuen Zahlen «3» und «9», so gilt für den Erwartungswert:

$$\mathrm{E}_2 = \frac{4}{6} \cdot 2 + \frac{1}{6} \cdot 3 + \frac{1}{6} \cdot 9 = \frac{20}{6}$$

Sind die beiden neuen Zahlen «4» und «12», so gilt für den Erwartungswert:

$$\mathrm{E}_3 = \frac{4}{6} \cdot 2 + \frac{1}{6} \cdot 4 + \frac{1}{6} \cdot 12 = \frac{24}{6} = 4$$

Somit sind die beiden neuen Zahlen «4» und «12».

3.1 Die Kugel K mit der Gleichung $\mathrm{K}\colon\ (x_1 - 4)^2 + (x_2 - 4)^2 + (x_3 - 1)^2 = 1$ hat den Mittelpunkt $\mathrm{M}(4 \mid 4 \mid 1)$ und den Radius $r = 1$.
Die Koordinaten eines Punktes P auf dieser Kugel müssen die Kugelgleichung erfüllen, d.h. es entsteht beim Einsetzen eine wahre Aussage. Dies ist z.B. für $\mathrm{P}(5 \mid 4 \mid 1)$ der Fall, da $(5-4)^2 + (4-4)^2 + (1-1)^2 = 1$ ergibt.

3.2 Die Gerade g durch die Punkte $\mathrm{A}(4 \mid 4 \mid 0)$ und $\mathrm{B}(0 \mid 8 \mid 0)$ hat die Gleichung:

$$g\colon \vec{x} = \begin{pmatrix} 4 \\ 4 \\ 0 \end{pmatrix} + t \cdot \begin{pmatrix} -4 \\ 4 \\ 0 \end{pmatrix}$$

Setzt man die Koordinaten des allgemeinen Punktes $\mathrm{P}_t(4 - 4t \mid 4 + 4t \mid 0)$ von g in die Kugelgleichung ein, ergibt sich:

$$\begin{aligned} (4 - 4t - 4)^2 + (4 + 4t - 4)^2 + (0 - 1)^2 &= 1 \\ 16t^2 + 16t^2 + 1 &= 1 \\ 32t^2 &= 0 \\ t &= 0 \end{aligned}$$

Da diese Gleichung genau eine Lösung hat, berührt die Gerade durch A und B die Kugel K in genau einem Punkt.

4.1 Der Punkt $P(5 \mid 1 \mid 0)$ liegt wegen $x_3 = 0$ in der x_1x_2-Ebene.
Der Mittelpunkt der Grundfläche hat die Koordinaten $M^*(8 \mid 5 \mid 0)$.
Den Abstand von P zu M^* erhält man, indem man den Betrag des entsprechenden Verbindungsvektors berechnet:

$$\overline{PM^*} = \left|\overrightarrow{PM^*}\right| = \left|\begin{pmatrix} 3 \\ 4 \\ 0 \end{pmatrix}\right| = \sqrt{3^2+4^2+0^2} = \sqrt{25} = 5 = r$$

Wegen $\overline{PM^*} = r$ liegt P auf dem Rand der Grundfläche des Zylinders.

4.2 Der Punkt S liegt genau senkrecht oberhalb des Punktes P, hat also die Koordinaten $S(5 \mid 1 \mid 10)$. Die Koordinaten des Punktes T, der genau gegenüber von S auf dem Rand der Deckfläche liegt und von P den größten Abstand hat, erhält man mithilfe einer Vektorkette:

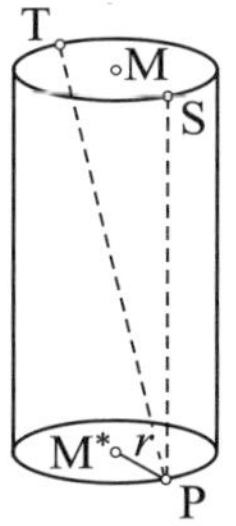

$$\overrightarrow{OT} = \overrightarrow{OS} + 2 \cdot \overrightarrow{SM} = \begin{pmatrix} 5 \\ 1 \\ 10 \end{pmatrix} + 2 \cdot \begin{pmatrix} 3 \\ 4 \\ 0 \end{pmatrix} = \begin{pmatrix} 11 \\ 9 \\ 10 \end{pmatrix}$$

Somit hat der Punkt T die Koordinaten $T(11 \mid 9 \mid 10)$.

5.1 Die Geraden $g_a\colon \vec{x} = \begin{pmatrix} 1 \\ 1 \\ 1 \end{pmatrix} + r \cdot \begin{pmatrix} a \\ 4 \\ 1 \end{pmatrix}$ und $h_a\colon \vec{x} = \begin{pmatrix} 1 \\ 1 \\ 1 \end{pmatrix} + s \cdot \begin{pmatrix} 2a \\ a \\ 2 \end{pmatrix}$ haben den gemeinsamen Punkt $P(1 \mid 1 \mid 1)$.
Um zu untersuchen, ob es ein $a \in \mathbb{R}$ gibt, für das g_a und h_a identisch sind, genügt es zu prüfen, ob die Richtungsvektoren von g_a und h_a ein Vielfaches voneinander sein können:

$$\begin{pmatrix} a \\ 4 \\ 1 \end{pmatrix} = k \cdot \begin{pmatrix} 2a \\ a \\ 2 \end{pmatrix}$$

Dies führt zu:

$$\begin{array}{lrcl} \text{I} & a & = & k \cdot 2a \\ \text{II} & 4 & = & k \cdot a \\ \text{III} & 1 & = & k \cdot 2 \end{array}$$

Aus Gleichung III ergibt sich: $k = \frac{1}{2}$.

Setzt man $k = \frac{1}{2}$ in Gleichung I und Gleichung II ein, ergibt sich:

$$\begin{array}{lccc} \text{I} & a & = & \frac{1}{2} \cdot 2a \\ \text{II} & 4 & = & \frac{1}{2} \cdot a \end{array}$$

bzw.

$$\begin{array}{lccc} \text{I} & a & = & a \\ \text{II} & 8 & = & a \end{array}$$

Für $a = 8$ sind g_a und h_a identisch.

5.2 Um zu zeigen, dass es genau ein $a \in \mathbb{R}$ gibt, so dass g_a und h_a orthogonal zueinander sind, setzt man das Skalarprodukt der beiden Richtungsvektoren gleich Null und löst die entstandene Gleichung nach a auf:

$$\begin{aligned} \begin{pmatrix} a \\ 4 \\ 1 \end{pmatrix} \cdot \begin{pmatrix} 2a \\ a \\ 2 \end{pmatrix} &= 0 \\ a \cdot 2a + 4 \cdot a + 1 \cdot 2 &= 0 \\ 2a^2 + 4a + 2 &= 0 \\ a^2 + 2a + 1 &= 0 \end{aligned}$$

Mithilfe der *pq*- oder *abc*-Formel erhält man als einzige Lösung $a = -1$.
Somit gibt es genau ein $a \in \mathbb{R}$, so dass g_a und h_a orthogonal zueinander sind.

6.1 Es ist $f(x) = \frac{1}{5}x^5 + x^4 - \frac{8}{3}x^3$ mit $f'(x) = x^4 + 4x^3 - 8x^2$.
Die lokale Änderungsrate der Funktion f an der Stelle $x = -1$ erhält man, indem man $x = -1$ in $f'(x)$ einsetzt:

$$f'(-1) = (-1)^4 + 4 \cdot (-1)^3 - 8 \cdot (-1)^2 = 1 - 4 - 8 = -11$$

Die lokale Änderungsrate an der Stelle $x = -1$ beträgt -11.

6.2 Für die 2. Ableitung von f gilt: $f''(x) = 4x^3 + 12x^2 - 16x$.
Die Wendestellen von f erhält man, indem man die Gleichung $f''(x) = 0$ nach x auflöst:

$$\begin{aligned} 4x^3 + 12x^2 - 16x &= 0 \\ x^3 + 3x^2 - 4x &= 0 \\ x \cdot \left(x^2 + 3x - 4\right) &= 0 \end{aligned}$$

Mithilfe des Satzes vom Nullprodukt erhält man $x_1 = 0$ und aus $x^2 + 3x - 4 = 0$ mithilfe der *pq*- oder *abc*-Formel die Lösungen $x_2 = -4$ und $x_3 = 1$.
Somit hat f die drei Wendestellen $x_1 = 0$, $x_2 = -4$ und $x_3 = 1$.

7.1 Gegeben sind die Punkte O(0 | 0), P(a | 0) und Q(a | $f(a)$) mit $a > 0$.

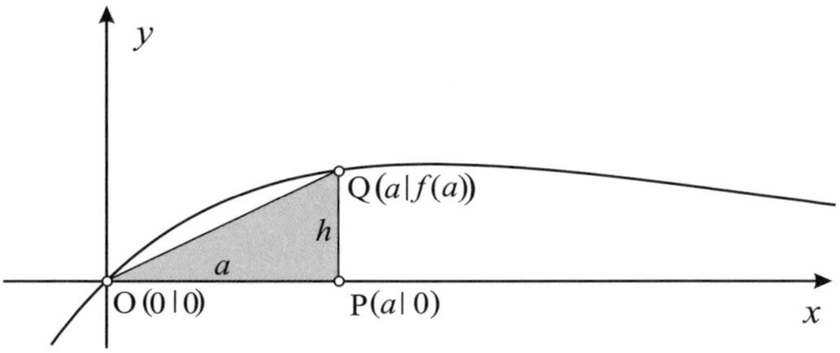

Den Flächeninhalt A eines Dreiecks OPQ erhält man mit der Formel $A = \frac{1}{2} \cdot g \cdot h$.
Mit $g = a$ und $h = f(a) = a \cdot e^{-a}$ ergibt sich:

$$A(a) - \frac{1}{2} \cdot g \cdot h = \frac{1}{2} \cdot a \cdot a \cdot e^{-a} = \frac{1}{2} a^2 \cdot e^{-a}$$

7.2 Um das Dreieck mit dem größten Flächeninhalt zu bestimmen, berechnet man das Maximum der Funktion $A(a) = \frac{1}{2}a^2 \cdot e^{-a}$. Hierzu verwendet man die 1. Ableitung von $A(a)$, die man mit der Produkt- und Kettenregel erhält:

$$A'(a) = a \cdot e^{-a} + \frac{1}{2}a^2 \cdot e^{-a} \cdot (-1) = e^{-a} \cdot \left(a - \frac{1}{2}a^2\right) = a \cdot e^{-a} \cdot \left(1 - \frac{1}{2}a\right)$$

Als notwendige Bedingung löst man die Gleichung $A'(a) = 0$ nach a auf:

$$a \cdot e^{-a} \cdot \left(1 - \frac{1}{2}a\right) = 0$$

Mithilfe des Satzes vom Nullprodukt erhält man $a_1 = 0$ und aus $1 - \frac{1}{2}a = 0$ die Lösung $a_2 = 2$.
Wegen $a > 0$ kommt nur $a = 2$ als Lösung in Frage.
Somit ist für $a = 2$ der Flächeninhalt des Dreiecks OPQ am größten.

8.1 Es ist $f_a(x) = a \cdot (x-2)^3$.
Setzt man $a = 2$ in f_a ein, erhält man: $f_2(x) = 2 \cdot (x-2)^3$.
Um zu zeigen, dass die Funktion F mit $F(x) = \frac{1}{2} \cdot (x-2)^4 + 3$ eine Stammfunktion von f_2 ist, bestimmt man die 1. Ableitung von F:

$$F'(x) = \frac{1}{2} \cdot 4 \cdot (x-2)^3 + 0 = 2 \cdot (x-2)^3 = f_2(x)$$

Wegen $F'(x) = f_2(x)$ ist F eine Stammfunktion von f_2.

8.2 Eine allgemeine Stammfunktion F_a von f_a hat die Gleichung $F_a(x) = \frac{a}{4} \cdot (x-2)^4 + c$.
Die Graphen von F_a gehen aus dem Graphen von $g(x) = x^4$ durch Streckung mit dem Faktor $\frac{a}{4}$ in y-Richtung (ist $a < 0$ ist der Graph zusätzlich an der x-Achse gespiegelt), Verschiebung um 2 LE in positive x-Richtung und Verschiebung um c LE in y-Richtung hervor.
Für $a < 0$ und $a > 0$ kann man folgende Graphen skizzieren:

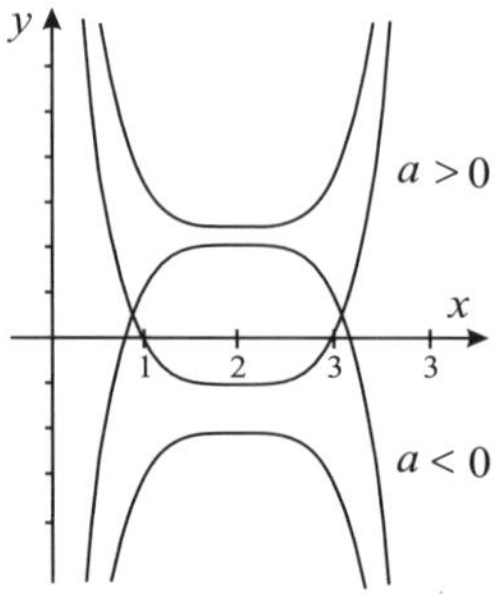

Für $a > 0$ sind die Graphen von F_a nach oben geöffnet und haben einen Tiefpunkt mit den Koordinaten $T(2 \mid c)$.
Für $a < 0$ sind die Graphen von F_a nach unten geöffnet und haben einen Hochpunkt mit den Koordinaten $H(2 \mid c)$.
Somit gibt es nur für $a < 0$ und $c < 0$ Stammfunktionen von f_a, die nur negative Funktionswerte haben.

Abitur 2020 – Analysis Aufgabe 1

a) Es ist $f(x) = 5x \cdot e^{-x} + 1$ und $x \in [0; 8]$.

a1) Der Punkt L wird in das Koordinatensystem eingezeichnet:

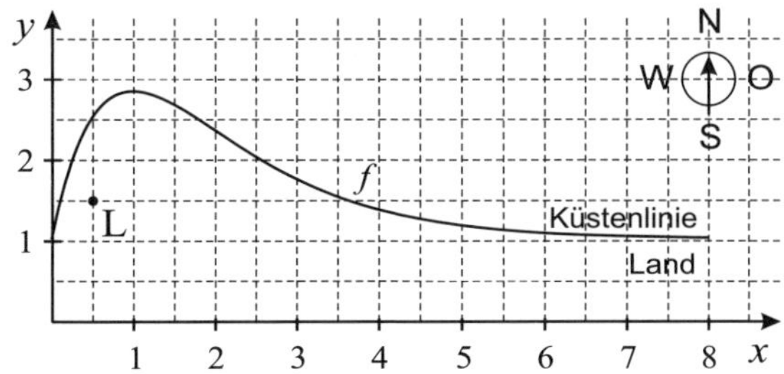

Die y-Koordinate des Punkts der Küstenlinie an der Stelle $x = 0,5$ erhält man, indem man $x = 0,5$ in $f(x)$ einsetzt:

$$y = f(0,5) = 5 \cdot 0,5 \cdot e^{-0,5} + 1 \approx 2,52$$

a2) Die Tangente berührt den Graphen von f an der Stelle $x = 2$.

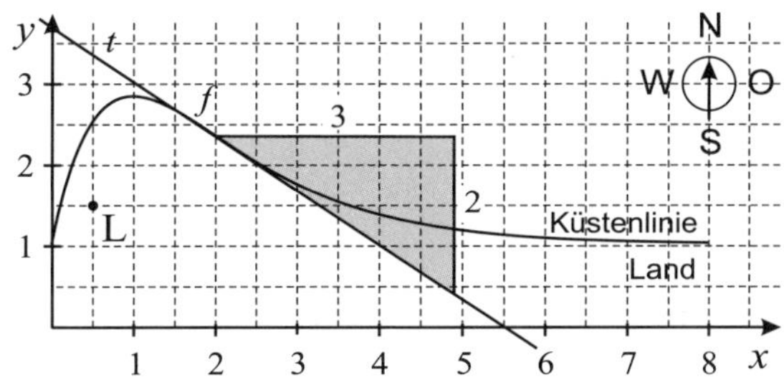

Mithilfe des Steigungsdreiecks kann man die Steigung m der Tangente näherungsweise bestimmen:

$$m \approx -\frac{2}{3}$$

Alternativ kann man auch $x = 2$ in $f'(x)$ (aus Aufgabe b1) einsetzen:

$$f'(2) = 5 \cdot e^{-2} \cdot (1 - 2) \approx -0,68$$

a3) Die Punkte A und B der Küstenlinie, deren Abstand von der Straße 200 m beträgt, erhält man, indem man die Gerade $y = 2$ mit dem Graphen von f schneidet.

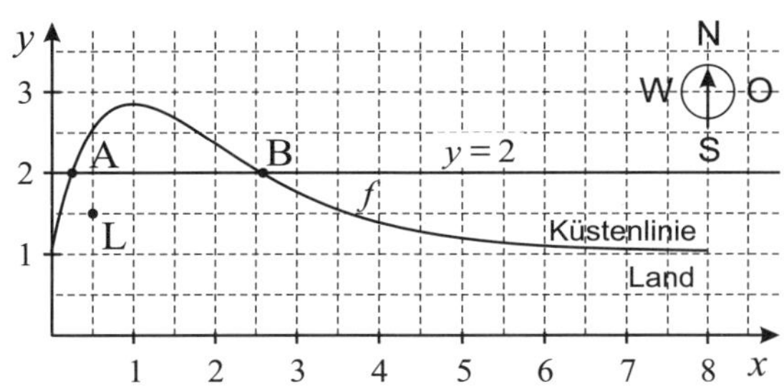

Dazu löst man die Gleichung $f(x) = 2$ nach x auf:

$$5x \cdot e^{-x} + 1 = 2$$

Mithilfe des Taschenrechners erhält man $x_1 \approx 0,26$ und $x_2 \approx 2,54$.
Damit haben die Punkte A und B die Koordinaten $\mathrm{A}(0,26 \mid 2)$ und $\mathrm{B}(2,54 \mid 2)$.

b) b1) Die Koordinaten des nördlichsten Punkts auf dem betrachteten Teil der Küstenlinie erhält man, indem man die Koordinaten des Hochpunkts des Graphen von f bestimmt. Dazu verwendet man die 1. und 2. Ableitung von f, die man mit der Produkt- und Kettenregel erhält:

$$f'(x) = 5 \cdot e^{-x} + 5x \cdot e^{-x} \cdot (-1) = 5e^{-x} \cdot (1-x)$$
$$f''(x) = 5e^{-x} \cdot (-1)(1-x) + 5e^{-x} \cdot (-1) = 5e^{-x} \cdot (x-2)$$

Als notwendige Bedingung löst man die Gleichung $f'(x) = 0$ nach x auf. Wegen $e^{-x} \neq 0$ ergibt sich:

$$5e^{-x} \cdot (1-x) = 0$$
$$1 - x = 0$$
$$x = 1$$

Setzt man $x = 1$ in $f''(x)$ ein, ergibt sich:

$$f''(1) = 5e^{-1} \cdot (1-2) \approx -1,84 < 0 \Rightarrow \text{ Hochpunkt}$$

Den zugehörigen y-Wert erhält man, indem man $x = 1$ in $f(x)$ einsetzt:

$$f(1) = 5 \cdot 1 \cdot e^{-1} + 1 \approx 2,84$$

Die Randwerte erhält man, indem man $x = 0$ und $x = 8$ in $f(x)$ einsetzt:

$$f(0) = 5 \cdot 0 \cdot e^{-0} + 1 = 1 < 2,84$$
$$f(8) = 5 \cdot 8 \cdot e^{-8} + 1 \approx 1,01 < 2,84$$

Aufgrund des Verlaufs des Graphen von f und der Randwerte liegt bei $x = 1$ ein absoluter Hochpunkt vor.
Somit hat der nördlichste Punkt der Küstenlinie die Koordinaten $\mathrm{H}(1 \mid 2,84)$.

b2) Die Gleichung $f''(x) = 0$ wird nach x aufgelöst. Wegen $e^{-x} \neq 0$ ergibt sich:

$$5e^{-x} \cdot (x-2) = 0$$
$$x - 2 = 0$$
$$x = 2$$

Somit ist $x = 2$ die einzige Stelle, für die $f''(x) = 0$ gilt.

b3) Den mittleren Abstand $\overline{d}$ der Punkte des betrachteten Teils der Küstenlinie zur Straße erhält man mithilfe eines Integrals unter Verwendung des Taschenrechners:

$$\overline{d} = \frac{1}{8}\int_0^8 \left(5x \cdot e^{-x} + 1\right) \mathrm{d}x \approx 1{,}62$$

Da eine Längeneinheit 100 Meter entspricht, beträgt der mittlere Abstand der Punkte auf der Küstenlinie von der Straße etwa 162 Meter.

b4) Einen Funktionsterm für eine Stammfunktion F von $f(x) = 5x \cdot e^{-x} + 1$ erhält man mithilfe der partiellen Integration. Wählt man dabei $u(x) = 5x$ mit $u'(x) = 5$ und $v'(x) = e^{-x}$ mit $v(x) = -e^{-x}$ ergibt sich:

$$\begin{aligned} \int \left(5x \cdot e^{-x} + 1\right) \mathrm{d}x &= \int \left(5x \cdot e^{-x}\right) \mathrm{d}x + \int (1)\,\mathrm{d}x \\ &= \left[5x \cdot \left(-e^{-x}\right)\right] - \int \left(5 \cdot \left(-e^{-x}\right)\right) \mathrm{d}x + [x] \\ &= \left[-5x \cdot e^{-x}\right] + \int \left(5 \cdot e^{-x}\right) \mathrm{d}x + [x] \\ &= \left[-5x \cdot e^{-x}\right] + \left[-5 \cdot e^{-x}\right] + [x] \\ &= \left[-5x \cdot e^{-x} - 5e^{-x} + x\right] \\ &= \left[-5 \cdot e^{-x} \cdot (x+1) + x\right] \end{aligned}$$

Somit ist $\mathrm{F}(x) = -5 \cdot e^{-x} \cdot (x+1) + x$ eine Stammfunktion von f.

c) Es ist $f_a(x) = 5x \cdot e^{-0{,}05a \cdot x} + 1$ und $x \in [0\,; 8]$, ($a \geqslant 20$ in Jahre seit Beginn des Jahres 2000).

c1) Um zu berechnen, in welchem Jahr der Leuchtturm auf der Küstenlinie stehen wird, setzt man die Koordinaten von $\mathrm{L}(0{,}5 \mid 1{,}5)$ in die Funktionsgleichung von f_a ein und löst die Gleichung nach a auf:

$$\begin{aligned} 1{,}5 &= 5 \cdot 0{,}5 \cdot e^{-0{,}05a \cdot 0{,}5} + 1 \\ 0{,}5 &= 2{,}5 \cdot e^{-0{,}025a} \\ \frac{0{,}5}{2{,}5} &= e^{-0{,}025a} \\ \ln(0{,}2) &= -0{,}025a \\ \frac{\ln(0{,}2)}{-0{,}025} &= a \\ a &\approx 64{,}38 \end{aligned}$$

Also steht der Leuchtturm im Verlauf des Jahres 2064 auf der Küstenlinie.

c2) Der Graph der Funktion f_a hat einen Hochpunkt H_a an der Stelle $x = \frac{20}{a}$.
Den zugehörigen y-Wert erhält man, indem man $x = \frac{20}{a}$ in $f_a(x)$ einsetzt:

$$y = f_a\left(\frac{20}{a}\right) = 5 \cdot \frac{20}{a} \cdot e^{-0{,}05a \cdot \frac{20}{a}} + 1 = \frac{100}{a} \cdot e^{-1} + 1$$

Somit hat der Hochpunkt H_a die Koordinaten $H_a\left(\frac{20}{a} \mid \frac{100}{a} \cdot e^{-1} + 1\right)$.
Eine Gleichung der Ortskurve, auf der die Hochpunkte H_a liegen, erhält man, indem man den x-Wert von H_a nach a auflöst und in den y-Wert von H_a einsetzt:

$$\begin{aligned} x &= \frac{20}{a} \Rightarrow a = \frac{20}{x} \\ y &= \frac{100}{a} \cdot e^{-1} + 1 \\ y &= \frac{100}{\frac{20}{x}} \cdot e^{-1} + 1 \\ y &= \frac{100}{20} \cdot x \cdot e^{-1} + 1 \\ y &= 5 \cdot e^{-1} \cdot x + 1 \end{aligned}$$

Die Ortskurve, auf der alle Hochpunkte liegen, hat die Gleichung $y = 5 \cdot e^{-1} \cdot x + 1$.

c3) Da der Weg genau in Nordrichtung führt und zu einem bestimmten Zeitpunkt am nördlichsten Punkt der Küstenlinie endet, muss der Wert der x-Koordinate des Leuchtturms $L(0,5 \mid 1,5)$ mit dem x-Wert des nördlichsten Punkts der Küstenlinie

$$H_a\left(\frac{20}{a} \,\middle|\, \frac{100}{a} \cdot e^{-1} + 1\right)$$

übereinstimmen. Damit gilt:

$$0,5 = \frac{20}{a} \Rightarrow a = \frac{20}{0,5} = 40$$

Der gesuchte Zeitpunkt liegt im Jahr 2040.
Die Länge l des Weges zu diesem Zeitpunkt erhält man, indem man den Wert der y-Koordinate des Leuchtturms vom y-Wert des Hochpunkts H_{40} subtrahiert:

$$l = \frac{100}{40} \cdot e^{-1} + 1 - 1,5 \approx 0,42$$

Da eine Längeneinheit 100 Meter entspricht, beträgt die Länge des Weges etwa 42 Meter.

d) d1) Den Inhalt A der Landfläche zwischen der Küstenlinie und der Straße im Intervall $[0;8]$ zu Beginn des Jahres 2150, also für $a = 150$, erhält man mithilfe eines Integrals:

$$\mathrm{A} = \int_0^8 f_{150}(x)\mathrm{d}x = \int_0^8 \left(5x \cdot e^{-0{,}05 \cdot 150 \cdot x} + 1\right)\mathrm{d}x \approx 8{,}09$$

Da einer Längeneinheit 100 m entsprechen, entspricht einer Flächeneinheit

$$100\,\mathrm{m} \cdot 100\,\mathrm{m} = 10000\,\mathrm{m} = 1\,\mathrm{Hektar}$$

Somit beträgt der Inhalt der Landfläche zu Beginn des Jahres 2150 etwa $80900\,\mathrm{m}^2$ oder $8{,}09$ Hektar.

Um zu begründen, dass der Inhalt der Landfläche auch in allen Jahren nach 2150 größer als 8 Hektar sein wird, kann man sich Folgendes überlegen:

Der Graph von f_a verläuft auch für größer werdende Werte von a stets oberhalb der Geraden $y = 1$.

Für größer werdende Werte von a sind die Werte des Terms $f_a(x) = 5x \cdot e^{-0{,}05a \cdot x} + 1$ nämlich stets größer als 1, da der Term

$$5x \cdot e^{-0{,}05a \cdot x} \quad \text{für } x \in [0;8]$$

stets größer oder gleich Null ist.

Damit ist der Flächeninhalt zwischen dem Funktionsgraphen von f_a und der x-Achse für $x \in [0;8]$ stets größer als der Flächeninhalt des Rechtecks mit den Seiten $a = 8$ und $b = 1$. Also gilt:

$$\int_0^8 f_a(x)\mathrm{d}x > 8 \cdot 1 = 8$$

Somit ist der Flächeninhalt der Landfläche auch in den folgenden Jahren immer größer als 8 Hektar.

d2) Mithilfe des Integrals $\int_0^8 \left(5x \cdot e^{-0{,}05a \cdot x} + 1\right)\mathrm{d}x$ berechnet man den Inhalt der Landfläche im Jahr a nach 2000. Mithilfe des Integrals $0{,}8 \cdot \int_0^8 \left(5x \cdot e^{-x} + 1\right)\mathrm{d}x$ berechnet man 80% des Flächeninhalts der Landfläche im Jahr 2020, da für $a = 20$ gilt: $5x \cdot e^{-0{,}05 \cdot 20 \cdot x} + 1 = 5x \cdot e^{-x} + 1$.

Damit erhält man mit der Gleichung

$$\int_0^8 \left(5x \cdot e^{-0{,}05a \cdot x} + 1\right)\mathrm{d}x = 0{,}8 \cdot \int_0^8 \left(5x \cdot e^{-x} + 1\right)\mathrm{d}x$$

denjenigen Wert von a, für den diese beiden Flächen genau gleich groß sind.

Also gibt der Wert von a an, in welchem Jahr seit Beginn des Jahres 2000 der Flächeninhalt der Landfläche nur noch 80% der Landfläche des Jahres 2020 beträgt.

d3) Die Ungleichung $f_a(x) < f(x)$ löst man durch Umformen nach a auf. Für $x > 0$ gilt:

$$\begin{aligned}
5x \cdot e^{-0,05a \cdot x} + 1 &< 5x \cdot e^{-x} + 1 \\
5x \cdot e^{-0,05a \cdot x} &< 5x \cdot e^{-x} \\
e^{-0,05a \cdot x} &< e^{-x} \\
-0,05a \cdot x &< -x \\
-0,05a &< -1 \\
-a &< -20 \\
a &> 20
\end{aligned}$$

Abitur 2020 – Analysis Aufgabe 2

a1) Die Tangente t_W im Wendepunkt W$(4 \mid 8)$ kann man mithilfe eines Steigungsdreiecks einzeichnen:

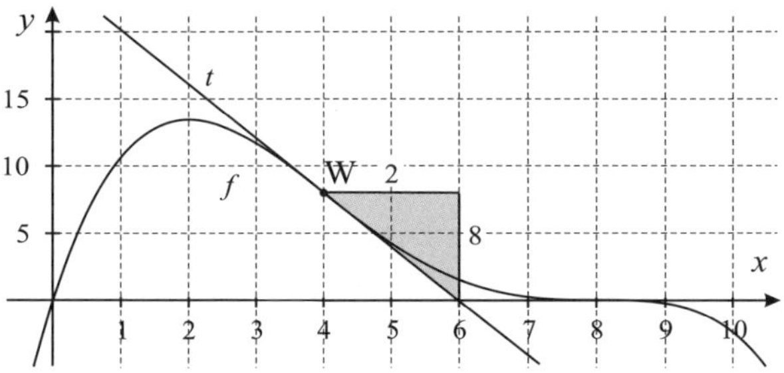

Die Gleichung der Tangente t im Wendepunkt W$(4 \mid 8)$ des Graphen von f mit der Steigung $m = \frac{-8}{2} - 4$ erhält man mithilfe der Punkt-Steigungs-Form:

$$t\colon\ y = m \cdot (x - x_W) + y_W$$
$$t\colon\ y = -4 \cdot (x - 4) + 8$$
$$t\colon\ y = -4x + 24$$

a2) Die Nullstellen der ersten Ableitungsfunktion f' sind diejenigen Stellen, an denen die Steigung des Graphen von f Null ist, d.h. dort besitzt der Graph von f waagrechte Tangenten. Dies ist bei $x = 2$ und $x = 8$ der Fall.
Somit sind $x = 2$ und $x = 8$ die beiden Nullstellen von f'.
Der Graph von f' besitzt einen Tiefpunkt an der Stelle, an der der Graph von f einen Wendepunkt mit negativer Steigung hat. Dies ist bei $x = 4$ der Fall. Da die Steigung der Tangente in diesem Wendepunkt -4 beträgt, hat der Tiefpunkt des Graphen von f' die Koordinaten T$(4 \mid -4)$.

a3) Die Funktion f hat eine Gleichung der Form $f(x) = ax^4 + bx^3 + cx^2 + 16x$.
Die ersten zwei Ableitungen sind:

$$f'(x) = 4ax^3 + 3bx^2 + 2cx + 16$$
$$f''(x) = 12ax^2 + 6bx + 2c$$

Da die Tangente t_W im Wendepunkt W$(4 \mid 8)$ die Steigung $m = -4$ hat, gelten folgende Bedingungen:

$$f(4) = 8 \Rightarrow a \cdot 4^4 + b \cdot 4^3 + c \cdot 4^2 + 16 \cdot 4 = 8$$
$$f''(4) = 0 \Rightarrow 12a \cdot 4^2 + 6b \cdot 4 + 2c = 0$$
$$f'(4) = -4 \Rightarrow 4a \cdot 4^3 + 3b \cdot 4^2 + 2c \cdot 4 + 16 = -4$$

Damit erhält man folgendes lineares Gleichungssystem:

$$\begin{array}{lccccccccc} \text{I} & 256a & + & 64b & + & 16c & + & 64 & = & 8 \\ \text{II} & 192a & + & 24b & + & 2c & & & = & 0 \\ \text{III} & 256a & + & 48b & + & 8c & + & 16 & = & -4 \end{array}$$

bzw.

$$\begin{array}{lcccccccc} \text{I} & 256a & + & 64b & + & 16c & = & -56 \\ \text{II} & 192a & + & 24b & + & 2c & = & 0 \\ \text{III} & 256a & + & 48b & + & 8c & = & -20 \end{array}$$

Mithilfe des Taschenrechners erhält man: $a = -\frac{1}{32}$; $b = \frac{3}{4}$ und $c = -6$.
Somit ergibt sich: $f(x) = -\frac{1}{32}x^4 + \frac{3}{4}x^3 - 6x^2 + 16x$.

frv.tv/cd

a4) Um nachzuweisen, dass der Graph von f an der Stelle $x = 8$ einen Sattelpunkt, d.h. einen Wendepunkt mit waagerechter Tangente, hat, setzt man $x = 8$ in $f''(x)$, $f'''(x)$ und $f'(x)$ ein.
Die Ableitungen von $f(x) = -\frac{1}{32}x^4 + \frac{3}{4}x^3 - 6x^2 + 16x$ sind:

$$f'(x) = -\frac{1}{8}x^3 + \frac{9}{4}x^2 - 12x + 16$$
$$f''(x) = -\frac{3}{8}x^2 + \frac{9}{2}x - 12$$
$$f'''(x) = -\frac{3}{4}x + \frac{9}{2}$$

Damit ergibt sich:

$$f''(8) = -\frac{3}{8} \cdot 8^2 + \frac{9}{2} \cdot 8 - 12 = 0$$
$$f'''(8) = -\frac{3}{4} \cdot 8 + \frac{9}{2} = -\frac{3}{2} \neq 0 \Rightarrow \text{Wendepunkt}$$
$$f'(8) = -\frac{1}{8} \cdot 8^3 + \frac{9}{4} \cdot 8^2 - 12 \cdot 8 + 16 = 0 \Rightarrow \text{Steigung gleich Null}$$

Wegen $f''(8) = 0$ und $f'''(8) \neq 0$ liegt bei $x = 8$ ein Wendepunkt vor, dessen Tangente wegen $f'(8) = 0$ waagerecht verläuft.
Somit hat der Graph von f bei $x = 8$ einen Sattelpunkt.

b) Es ist $p(x) = 200 \cdot e^{-0{,}048x}$ und $x \geqslant 0$ (x in Jahren seit 1986 und $p(x)$: Masse des verbliebenen Plutonium-241 in Milligramm).

b1) Wegen

$$p(0) = 200 \cdot e^{-0{,}048 \cdot 0} = 200 \cdot 1 = 200$$

ist der Faktor 200 die Masse des Plutoniums-241 zum Unfallzeitpunkt im Jahr 1986.

Den prozentualen Anteil, um den die Masse des Plutonium-241 in jedem Jahr abnimmt, erhält man, indem man zuerst die Masse des Plutoniums-241 nach einem Jahr durch die Masse des Plutoniums-241 zum Unfallzeitpunkt dividiert:

$$\frac{p(1)}{p(0)} = \frac{200 \cdot e^{-0{,}048 \cdot 1}}{200 \cdot e^{-0{,}048 \cdot 0}} \approx \frac{190,63}{200} \approx 0,953$$

Damit sind nach einem Jahr noch $95,3\,\%$ der Masse vorhanden.
Die prozentuale Abnahme beträgt

$$100\% - 95,3\% = 4,7\%$$

Somit nimmt die Masse jedes Jahr um etwa $4,7\,\%$ ab.

b2) Um zu bestimmen, in welchem Jahr erstmals weniger als ein Milligramm des Plutonium-241 vorhanden sein wird, löst man die Gleichung $p(x) = 1$ nach x auf:

$$\begin{aligned}
200 \cdot e^{-0{,}048x} &= 1 \\
e^{-0{,}048x} &= \frac{1}{200} \\
-0,048x &= \ln\left(\frac{1}{200}\right) \\
x &= \frac{\ln\left(\frac{1}{200}\right)}{-0,048} \\
x &\approx 110,38
\end{aligned}$$

Somit wird erstmals im Verlaufe des Jahres 2096 weniger als ein Milligramm des Plutonium-241 vorhanden sein.

c) Es ist $h_k(x) = 10 \cdot \left(1 - e^{-kx}\right) \cdot e^{-x}$ und $x \geqslant 0$.

c1) Um zu zeigen, dass h_k nur die Nullstelle $x = 0$ hat, löst man die Gleichung $h_k(x) = 0$ nach x auf. Wegen $e^{-x} \neq 0$ erhält man:

$$\begin{aligned}
10 \cdot \left(1 - e^{-kx}\right) \cdot e^{-x} &= 0 \\
1 - e^{-kx} &= 0 \\
1 &= e^{-kx} \\
\ln(1) &= -kx \\
0 &= -kx \\
0 &= x
\end{aligned}$$

Somit hat h_k nur die Nullstelle $x = 0$.

c2) Die x-Koordinate des Hochpunkts erhält man, indem man die Gleichung $h_k{}'(x) = 0$ nach x auflöst:

$$\begin{aligned} 10 \cdot \Big((k+1)\cdot e^{-kx} - 1\Big)\cdot e^{-x} &= 0 \\ (k+1)\cdot e^{-kx} - 1 &= 0 \\ (k+1)\cdot e^{-kx} &= 1 \\ e^{-kx} &= \frac{1}{k+1} \\ -kx &= \ln\left(\frac{1}{k+1}\right) \\ x &= \frac{\ln\left(\frac{1}{k+1}\right)}{-k} \end{aligned}$$

Somit hat der Hochpunkt des Graphen von h_k den x-Wert $x = \frac{\ln\left(\frac{1}{k+1}\right)}{-k}$.

d) Es ist $a(x) = 207 \cdot \left(1 - e^{-0{,}0464x}\right)\cdot e^{-0{,}0016x}$ und $x \geqslant 0$.

d1) Den Graphen von a kann man erhalten, indem man den Graphen der Funktion h_k mit $h_k(x) = 10 \cdot \left(1 - e^{-kx}\right)\cdot e^{-x}$ um den Faktor $\frac{207}{10} = 20,7$ in y-Richtung und um den Faktor $\frac{1}{0{,}0016} = 625$ in x-Richtung streckt.
Um den passenden Wert von k zu bestimmen, kann man sich Folgendes überlegen:
Wenn der Graph von h_k um $20,7$ in y-Richtung und um 625 in x-Richtung gestreckt wurde, gilt:

$$h_k(x) = 20,7 \cdot 10 \cdot \Big(1 - e^{-k\cdot 0{,}0016x}\Big)\cdot e^{-0{,}0016x}$$

Aus $h_k(x) = a(x) = 207 \cdot \left(1 - e^{-0{,}0464x}\right)\cdot e^{-0{,}0016x}$ ergibt sich durch Koeffizientenvergleich:

$$-k \cdot 0,0016 = -0,0464 \Rightarrow k = \frac{-0,0464}{-0,0016} = 29$$

Somit ist $k = 29$ der passende Wert.

d2) Der Faktor $1 - e^{-0{,}0464x}$ hat für $x = 0$ den Wert $1 - e^{-0{,}0464\cdot 0} = 0$ und geht für $x \to \infty$ gegen 1.
Der Faktor $e^{-0{,}0016x}$ hat für $x = 0$ den Wert $e^{-0{,}0016\cdot 0} = 1$ und geht für $x \to \infty$ gegen Null.
Damit müssen sich die Graphen der Funktionen $z(x) = 1 - e^{-0{,}0464x}$ und $w(x) = e^{-0{,}0016x}$ an einer Stelle schneiden. Somit gibt es für $x > 0$ einen Zeitpunkt, zu dem beide Faktoren den gleichen Wert annehmen.

e) Es ist H_k mit $\mathrm{H}_k(x) = -10 \cdot e^{-x} + \frac{10}{k+1} \cdot e^{-(k+1)x}$ eine Stammfunktion von h_k.

Um zu zeigen, dass $\int_0^\infty h_k(x)\mathrm{d}x < 10$ für alle $k > 0$ gilt, legt man als obere Grenze des Integrals z fest und ermittelt den Wert des Integrals in Abhängigkeit von z mithilfe des Hauptsatzes der Differential- und Integralrechnung:

$$\begin{aligned}\int_0^z h_k(x)\mathrm{d}x &= \left[-10 \cdot e^{-x} + \frac{10}{k+1} \cdot e^{-(k+1)x}\right]_0^z \\ &= \left(-10 \cdot e^{-z} + \frac{10}{k+1} \cdot e^{-(k+1)\cdot z}\right) - \left(-10 \cdot e^{-0} + \frac{10}{k+1} \cdot e^{-(k+1)\cdot 0}\right) \\ &= -10 \cdot e^{-z} + \frac{10}{k+1} \cdot e^{-(k+1)\cdot z} + 10 - \frac{10}{k+1}\end{aligned}$$

Für $z \to \infty$ gehen e^{-z} und $e^{-(k+1)\cdot z}$ jeweils gegen Null, so dass gilt:

$$\int_0^\infty h_k(x)\mathrm{d}x = 10 - \frac{10}{k+1}$$

Wegen $k > 0$ ist $\frac{10}{k+1} > 0$ und damit $10 - \frac{10}{k+1} < 10$.
Somit gilt für $k > 0$:

$$\int_0^\infty h_k(x)\mathrm{d}x = 10 - \frac{10}{k+1} < 10$$

Abitur 2020 – Analytische Geometrie Aufgabe 3

a1) Die Gerade $g\colon \vec{x} = \begin{pmatrix} 0 \\ -12 \\ 9 \end{pmatrix} + r \cdot \begin{pmatrix} 1 \\ 0 \\ 0 \end{pmatrix}$ verläuft parallel zur x_1-Achse, da ihr Richtungsvektor $\vec{u} = \begin{pmatrix} 1 \\ 0 \\ 0 \end{pmatrix}$ mit der Richtung der x_1-Achse übereinstimmt.

Um zu prüfen, ob der Punkt $L\left(-\frac{25}{4} \mid -8 \mid 6\right)$ auf g liegt, setzt man seine Koordinaten in die Geradengleichung ein (Punktprobe):

$$\begin{pmatrix} -\frac{25}{4} \\ -8 \\ 6 \end{pmatrix} = \begin{pmatrix} 0 \\ -12 \\ 9 \end{pmatrix} + r \cdot \begin{pmatrix} 1 \\ 0 \\ 0 \end{pmatrix}$$

Dies führt zu folgendem Gleichungssystem:

$$\begin{array}{lrcr} \text{I} & -\frac{25}{4} & = & r \\ \text{II} & -8 & = & -12 \\ \text{III} & 6 & = & 9 \end{array}$$

Aufgrund des Widerspruchs in Gleichung II (und auch III) liegt L nicht auf g.
Somit verläuft g parallel zur x_1-Achse, aber nicht durch L.

a2) Die Ebene E enthält den Punkt $L\left(-\frac{25}{4} \mid -8 \mid 6\right)$ und die Gerade

$$g\colon \vec{x} = \begin{pmatrix} 0 \\ -12 \\ 9 \end{pmatrix} + r \cdot \begin{pmatrix} 1 \\ 0 \\ 0 \end{pmatrix}$$

Sie hat beispielsweise den Stützpunkt $R(0 \mid -12 \mid 9)$ von g und die Spannvektoren

$$\vec{u} = \begin{pmatrix} 1 \\ 0 \\ 0 \end{pmatrix} \text{ und } \overrightarrow{RL} = \begin{pmatrix} -\frac{25}{4} \\ 4 \\ -3 \end{pmatrix}$$

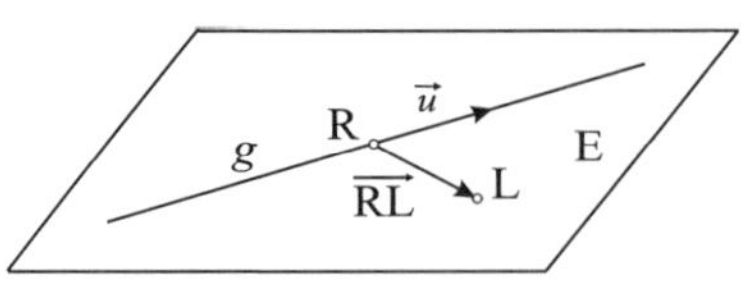

Damit hat E die Parametergleichung:

$$E\colon \vec{x} = \begin{pmatrix} 0 \\ -12 \\ 9 \end{pmatrix} + s \cdot \begin{pmatrix} 1 \\ 0 \\ 0 \end{pmatrix} + t \cdot \begin{pmatrix} -\frac{25}{4} \\ 4 \\ -3 \end{pmatrix};\ s,t \in \mathbb{R}$$

Einen Normalenvektor $\vec{n}$ von E erhält man mithilfe des Kreuzprodukts (siehe Seite 71) der Spannvektoren:

$$\begin{pmatrix} 1 \\ 0 \\ 0 \end{pmatrix} \times \begin{pmatrix} -\frac{25}{4} \\ 4 \\ -3 \end{pmatrix} = \begin{pmatrix} 0 \\ 3 \\ 4 \end{pmatrix} \Rightarrow \vec{n} = \begin{pmatrix} 0 \\ 3 \\ 4 \end{pmatrix}$$

Damit hat E die Koordinatenform:

$$E\colon\ 3x_2 + 4x_3 = d$$

Setzt man die Koordinaten des Punktes $R(0 \mid -12 \mid 9)$ in den Ansatz $3x_2 + 4x_3 = d$ ein, ergibt sich:

$$3 \cdot (-12) + 4 \cdot 9 = d \ \Rightarrow\ d = 0$$

Die Ebene E hat somit die Koordinatengleichung $E\colon\ 3x_2 + 4x_3 = 0$.

b1) Aufgrund der Koordinaten der Punkte $Q\left(-\frac{25}{2} \mid -12 \mid 9\right)$ und $R(0 \mid -12 \mid 9)$ kann man auf der x_2-Achse die Stelle -12 und auf der x_3-Achse die Stelle 9 markieren:

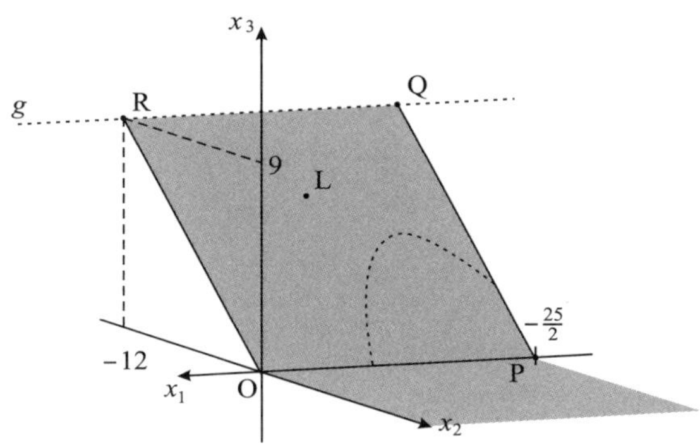

b2) Um zu begründen, dass das Viereck OPQR ein Rechteck ist, bestimmt man zuerst die Verbindungsvektoren der gegenüberliegenden Seiten:

$$\overrightarrow{OP} = \begin{pmatrix} -\frac{25}{2} \\ 0 \\ 0 \end{pmatrix} \qquad \overrightarrow{RQ} = \begin{pmatrix} -\frac{25}{2} \\ 0 \\ 0 \end{pmatrix}$$

$$\overrightarrow{OR} = \begin{pmatrix} 0 \\ -12 \\ 9 \end{pmatrix} \qquad \overrightarrow{PQ} = \begin{pmatrix} 0 \\ -12 \\ 9 \end{pmatrix}$$

Wegen $\overrightarrow{OP} = \overrightarrow{RQ}$ und $\overrightarrow{OR} = \overrightarrow{PQ}$ ist das Viereck OPQR ein Parallelogramm.

Um nachzuweisen, dass ein rechter Winkel vorhanden ist, berechnet man das Skalarprodukt zweier einen Winkel bildenden Vektoren:

$$\overrightarrow{OP} \cdot \overrightarrow{OR} = \begin{pmatrix} -\frac{25}{2} \\ 0 \\ 0 \end{pmatrix} \cdot \begin{pmatrix} 0 \\ -12 \\ 9 \end{pmatrix} = -\frac{25}{2} \cdot 0 + 0 \cdot (-12) + 0 \cdot 9 = 0$$

Wegen $\overrightarrow{OP} \cdot \overrightarrow{OR} = 0$ ist bei O ein rechter Winkel.

Somit ist das Viereck OPQR ein Rechteck.

Den Flächeninhalt A dieses Rechtecks erhält man mit der Formel $\mathrm{A} = a \cdot b$.

Die Seitenlängen a und b des Rechtecks erhält man, indem man die Beträge der entsprechenden Vektoren berechnet:

$$a = \overline{OP} = \left|\overrightarrow{OP}\right| = \left|\begin{pmatrix} -\frac{25}{2} \\ 0 \\ 0 \end{pmatrix}\right| = \sqrt{\left(-\frac{25}{2}\right)^2 + 0^2 + 0^2} = \frac{25}{2}$$

$$b = \overline{OR} = \left|\overrightarrow{OR}\right| = \left|\begin{pmatrix} 0 \\ -12 \\ 9 \end{pmatrix}\right| = \sqrt{0^2 + (-12)^2 + 9^2} = 15$$

Damit gilt:

$$\mathrm{A} = a \cdot b = \frac{25}{2} \cdot 15 = 187{,}5$$

Der Flächeninhalt des Rechtecks OPQR beträgt 187,5 FE.

b3) Die Gerade h, die durch die Punkte P und R verläuft, hat die Gleichung:

$$h\colon \vec{x} = \overrightarrow{OP} + t \cdot \overrightarrow{PR}$$

$$h\colon \vec{x} = \begin{pmatrix} -\frac{25}{2} \\ 0 \\ 0 \end{pmatrix} + t \cdot \begin{pmatrix} \frac{25}{2} \\ -12 \\ 9 \end{pmatrix}$$

b4) Um den Punkt O′, der durch Spiegelung des Punktes O an der Geraden h entsteht, zu bestimmen, kann man sich Folgendes überlegen:

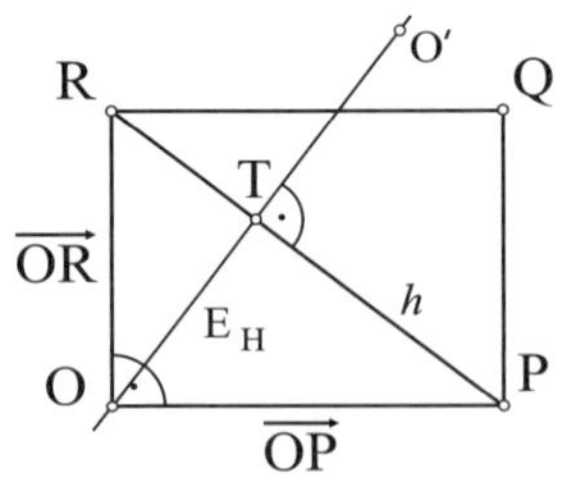

Zuerst stellt man eine Hilfsebene E_H auf, die durch O geht und orthogonal zu h ist, d.h. als Normalenvektor von E_H kann man den Richtungsvektor von h verwenden. Anschließend schneidet man E_H mit h und erhält den Lotfußpunkt T. Schließlich stellt man eine Vektorkette auf:

$$\overrightarrow{OO'} = 2 \cdot \overrightarrow{OT}$$

c1) Die Größe des Winkels α, den der geneigte Teil der Bahn mit dem Untergrund einschließt, erhält man mit der Formel $\cos(\alpha) = \frac{|\vec{n}_1 \circ \vec{n}_2|}{|\vec{n}_1| \cdot |\vec{n}_2|}$, wobei $\vec{n}_1 = \begin{pmatrix} 0 \\ 3 \\ 4 \end{pmatrix}$ ein Normalenvektor von E und $\vec{n}_2 = \begin{pmatrix} 0 \\ 0 \\ 1 \end{pmatrix}$ ein Normalenvektor der x_1x_2-Ebene ist:

$$\cos(\alpha) = \frac{|\vec{n}_1 \circ \vec{n}_2|}{|\vec{n}_1| \cdot |\vec{n}_2|}$$

$$\cos(\alpha) = \frac{\left|\begin{pmatrix} 0 \\ 3 \\ 4 \end{pmatrix} \circ \begin{pmatrix} 0 \\ 0 \\ 1 \end{pmatrix}\right|}{\left|\begin{pmatrix} 0 \\ 3 \\ 4 \end{pmatrix}\right| \cdot \left|\begin{pmatrix} 0 \\ 0 \\ 1 \end{pmatrix}\right|}$$

$$\cos(\alpha) = \frac{|0 \cdot 0 + 3 \cdot 0 + 4 \cdot 1|}{\sqrt{0^2 + 3^2 + 4^2} \cdot \sqrt{0^2 + 0^2 + 1^2}}$$

$$\cos(\alpha) = \frac{4}{5}$$

$$\alpha \approx 36,87^\circ$$

Die Größe des Winkels beträgt etwa $36,9^\circ$.

c2) Den Punkt F der Ebene E, der den kürzesten Abstand zur Beleuchtung $A(-5 \mid 8 \mid 24)$ aufweist, erhält man, indem man die Lotgerade l, die durch A geht und orthogonal zu E ist, mit E schneidet.

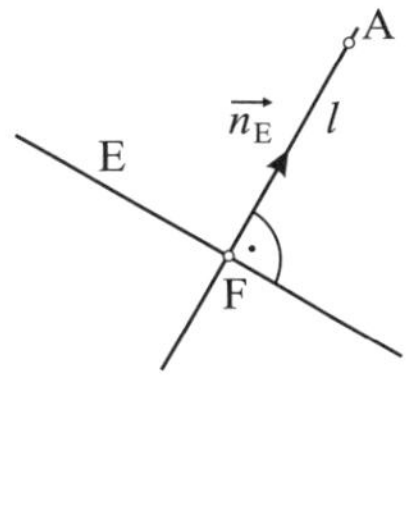

Die Lotgerade l hat den Stützpunkt A und als Richtungsvektor den Normalenvektor von E:

$$l\colon \vec{x} = \begin{pmatrix} -5 \\ 8 \\ 24 \end{pmatrix} + t \cdot \begin{pmatrix} 0 \\ 3 \\ 4 \end{pmatrix}$$

Die Koordinaten des Punktes F, in welchem die Lotgerade l die Ebene E schneidet, erhält man, indem man den allgemeinen Punkt $P_t(-5 \mid 8+3t \mid 24+4t)$ von l in die Ebenengleichung $E\colon\ 3x_2+4x_3=0$ einsetzt:

$$\begin{aligned} 3\cdot(8+3t)+4\cdot(24+4t) &= 0 \\ 25t+120 &= 0 \\ 25t &= -120 \\ t &= -4,8 \end{aligned}$$

Setzt man $t=-4,8$ in P_t ein, erhält man: $F(-5 \mid -6,4 \mid 4,8)$.
Somit hat der Punkt $F(-5 \mid -6,4 \mid 4,8)$ von E den kürzesten Abstand zur Beleuchtung A.

c3) Um zu zeigen, dass der Punkt F innerhalb des Vierecks OPQR liegt, stellt man den Ortsvektor von F als Vektorkette der Vektoren $\overrightarrow{OP}$ und $\overrightarrow{OR}$ dar:

$$\overrightarrow{OF}=r\cdot\overrightarrow{OP}+s\cdot\overrightarrow{OR}$$

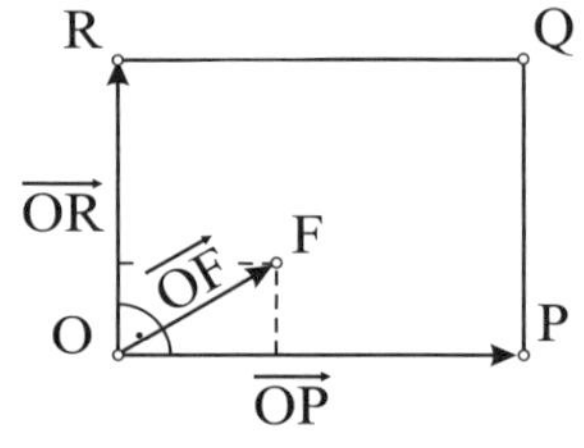

bzw.

$$\begin{pmatrix}-5\\-6,4\\4,8\end{pmatrix}=r\cdot\begin{pmatrix}-\frac{25}{2}\\0\\0\end{pmatrix}+s\cdot\begin{pmatrix}0\\-12\\9\end{pmatrix}$$

Dies führt zu folgendem linearen Gleichungssystem:

$$\begin{array}{llcl} \text{I} & -5 & = & -\frac{25}{2}r \\ \text{II} & -6,4 & = & -12s \\ \text{III} & 4,8 & = & 9s \end{array}$$

Aus Gleichung I ergibt sich $r=\frac{2}{5}$, aus Gleichung II und III erhält man $s=\frac{8}{15}$.
Wegen $0<r<1$ und $0<s<1$ liegt der Punkt F innerhalb des Vierecks OPQR.

c4) Die Koordinaten des Eckpunktes R′ erhält man, indem man die Gerade z durch die Punkte $A(-5 \mid 8 \mid 24)$ und $R(0 \mid -12 \mid 9)$ mit der x_1x_2-Ebene schneidet. Diese Gerade z hat die Gleichung:

$$z\colon\ \vec{x}=\overrightarrow{OA}+t\cdot\overrightarrow{AR}$$
$$z\colon\ \vec{x}=\begin{pmatrix}-5\\8\\24\end{pmatrix}+t\cdot\begin{pmatrix}5\\-20\\-15\end{pmatrix}$$

Die Koordinaten des Punktes R′, in welchem die Gerade z die x_1x_2-Ebene schneidet, er-

hält man, indem man den allgemeinen Punkt $P_t(-5+5t \mid 8-20t \mid 24-15t)$ von z in die Ebenengleichung $x_3 = 0$ einsetzt:

$$24 - 15t = 0$$
$$24 = 15t$$
$$\frac{24}{15} = t$$
$$t = 1,6$$

Setzt man $t = 1,6$ in P_t ein, erhält man: $R'(3 \mid -24 \mid 0)$.
Somit hat der Eckpunkt R' die Koordinaten $R'(3 \mid -24 \mid 0)$.

d1) Setzt man $t = 0$ in $B_t\left(-5-3t \mid -8t+\frac{8}{3}t^2 \mid 6t-2t^2\right)$ ein, ergibt sich: $B_0(-5 \mid 0 \mid 0)$.

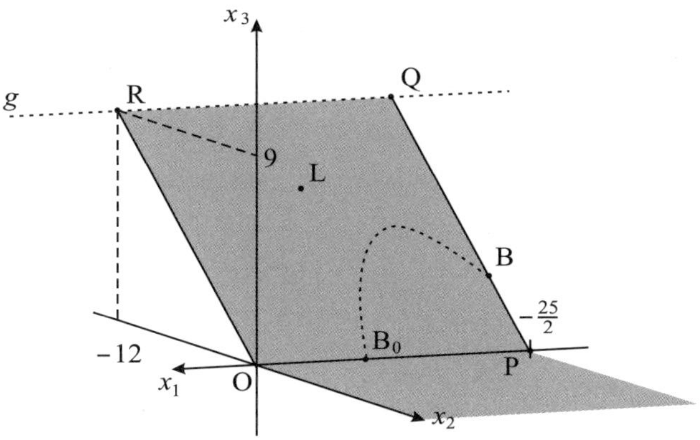

d2) Der Punkt B, in dem der Weg des Balls auf die seitliche Begrenzung der Minigolfbahn trifft, hat die gleiche x_1-Koordinate wie die Punkte P und Q, also $x_1 = -\frac{25}{2}$.
Damit muss die x_1-Koordinate des Punktes B_t gleich groß sein wie die x_1-Koordinate des Punktes P:

$$-5 - 3t = -\frac{25}{2}$$
$$-3t = -\frac{15}{2}$$
$$t = \frac{5}{2}$$
$$t = 2,5$$

Setzt man $t = 2,5$ in B_t ein, ergibt sich: $B\left(-\frac{25}{2} \mid -\frac{10}{3} \mid \frac{5}{2}\right)$.
Somit trifft der Weg des Balls auf die seitliche Begrenzung der Minigolfbahn im Punkt $B\left(-\frac{25}{2} \mid -\frac{10}{3} \mid \frac{5}{2}\right)$.

d3) Die Höhe des Balls über dem Untergrund wird durch die x_3-Koordinate des Punktes $B_t\left(-5-3t \mid -8t+\frac{8}{3}t^2 \mid 6t-2t^2\right)$ beschrieben. Die maximale Höhe über dem Untergrund, die der Ball erreicht, erhält man, indem man das Maximum der Funktion $h(t) = 6t - 2t^2$ berechnet. Hierzu verwendet man die 1. und 2. Ableitung:

$$h'(t) = 6 - 4t$$
$$h''(t) = -4$$

Als notwendige Bedingung löst man die Gleichung $h'(t) = 0$ nach t auf:

$$6 - 4t = 0 \Rightarrow t = 1{,}5$$

Wegen $h''(1{,}5) = -4 < 0$ handelt es sich um ein Maximum.
Den zugehörigen Maximalwert erhält man, indem man $t = 1{,}5$ in $h(t)$ einsetzt:

$$h(1{,}5) = 6 \cdot 1{,}5 - 2 \cdot 1{,}5^2 = 4{,}5$$

Da einer Längeneinheit 10 cm entsprechen, erreicht der Ball eine Höhe von 45 cm.

Abitur 2020 – Stochastik Aufgabe 4

a1) Legt man X als Zufallsgröße für die Anzahl der gekauften Mountainbikes fest, so ist X binomialverteilt mit den Parametern $n = 100$ und $p = 0{,}4$.
Die Wahrscheinlichkeit des Ereignisses E_1: «genau 30 Mountainbikes werden gekauft» erhält man mithilfe der Binomialverteilung:

frv.tv/ci

$$P(E_1) = P(X = 30) \approx 0{,}0100$$

Die Wahrscheinlichkeit für das Ereignis E_1 beträgt etwa 1,00 %.
Die Wahrscheinlichkeit des Ereignisses E_2: «mindestens 35 und weniger als 45 Mountainbikes werden gekauft» erhält man mithilfe der kumulierten Binomialverteilung:

frv.tv/ck

$$P(E_2) = P(35 \leqslant X < 45) = P(X \leqslant 44) - P(X \leqslant 34) \approx 0{,}8211 - 0{,}1303 = 0{,}6908$$

Die Wahrscheinlichkeit für das Ereignis E_2 beträgt etwa 69,08 %.

a2) Legt man Y als Zufallsgröße für die Anzahl der gekauften Mountainbikes fest, so ist Y binomialverteilt mit den Parametern $n = 250$ und $p = 0{,}4$. Den Erwartungswert von Y erhält man mit der Formel $E(Y) = \mu = n \cdot p$:

$$E(Y) = 250 \cdot 0{,}4 = 100$$

10% von 100 sind 10.
Die Wahrscheinlichkeit des Ereignisses E_3: «Die Anzahl der gekauften Mountainbikes ist um mindestens 10% größer als der Erwartungswert» erhält man mithilfe der kumulierten Binomialverteilung und der Wahrscheinlichkeit des Gegenereignisses:

frv.tv/ck

$$P(E_3) = P(Y \geqslant 110) = 1 - P(Y \leqslant 109) \approx 1 - 0{,}8896 = 0{,}1104$$

Die Wahrscheinlichkeit für das Ereignis E_3 beträgt etwa 11,04 %.

a3) Das Zufallsexperiment lautet: Zehn verkaufte Fahrräder werden zufällig ausgewählt.
Der angegebene Term kann mithilfe der Bernoulliformel umgeformt werden:

$$\begin{aligned}1 - 0{,}6^{10} - 10 \cdot 0{,}4 \cdot 0{,}6^9 &= 1 - \binom{10}{0} \cdot 0{,}4^0 \cdot 0{,}6^{10} - \binom{10}{1} 0{,}4 \cdot 0{,}6^9 \\ &= 1 - \left(\binom{10}{0} \cdot 0{,}4^0 \cdot 0{,}6^{10} + \binom{10}{1} 0{,}4 \cdot 0{,}6^9\right) \\ &= 1 - P(Z \leqslant 1)\end{aligned}$$

Legt man Z als Zufallsvariable für die Anzahl der gekauften Mountainbikes unter 10 gekauften Fahrrädern fest, so ist Z binomialverteilt mit den Parametern $n = 10$ und $p = 0{,}4$.
Mit $P(Z \leqslant 1)$ berechnet man die Wahrscheinlichkeit, dass höchstens ein Mountainbike un-

ter den 10 gekauften Fahrrädern ist.
Mit $1 - P(Z \leqslant 1)$ berechnet man die Wahrscheinlichkeit des Gegenereignisses von $Z \leqslant 1$. Somit kann mit dem Term $1 - 0{,}6^{10} - 10 \cdot 0{,}4 \cdot 0{,}6^9$ die Wahrscheinlichkeit des Ereignisses, dass unter den 10 gekauften Fahrrädern mindestens zwei Mountainbikes sind, berechnet werden.

a4) Legt man X als Zufallsgröße für die Anzahl der gekauften Mountainbikes fest, so ist X binomialverteilt mit den Parametern n (unbekannt) und $p = 0{,}4$. Da der Händler berechnet hat, dass er im September des Jahres 2020 mit einer Wahrscheinlichkeit von mehr als 96% mehr als 800 Mountainbikes verkaufen wird, gilt folgende Ungleichung:

$$\begin{aligned} P(X > 800) &> 0{,}96 \\ 1 - P(X \leqslant 800) &> 0{,}96 \\ 0{,}04 &> P(X \leqslant 800) \end{aligned}$$

Durch Ausprobieren erhält man mit Hilfe der kumulierten Binomialverteilung unter Verwendung des Taschenrechners:

frv.tv/ck

$$n = 2099 \quad P(X \leqslant 800) \approx 0{,}0405$$
$$n = 2100 \quad P(X \leqslant 800) \approx 0{,}0390$$

Somit ist der Händler bei seiner Berechnung davon ausgegangen, dass er mindestens 2100 Fahrräder verkauft.

b) Bezeichnet man mit M: ein verkauftes Fahrrad ist ein Mountainbike und A: ein Fahrrad hat einen Rahmen aus Aluminium, so kann man folgende Wahrscheinlichkeiten in eine Vierfeldertafel eintragen: Da der Anteil der Mountainbikes unter allen verkauften Fahrrädern 40% beträgt, gilt: $P(M) = 0{,}4$. Da 20% aller verkauften Fahrräder einen Rahmen aus Aluminium haben, gilt: $P(A) = 0{,}2$. Da 45% aller verkauften Fahrräder weder Mountainbikes sind noch einen Rahmen aus Aluminium haben, gilt:

$$P\left(\overline{M} \cap \overline{A}\right) = 0{,}45$$

Die Wahrscheinlichkeiten $P(M) = 0{,}4$ und $P(A) = 0{,}2$ sowie $P\left(\overline{M} \cap \overline{A}\right) = 0{,}45$ kann man direkt in die Vierfeldertafel eintragen. Die übrigen Einträge der Vierfeldertafel erhält man durch Summen- bzw. Differenzenbildung:

	M	$\overline{M}$	
A	0,05	0,15	**0,2**
$\overline{A}$	0,35	**0,45**	0,8
	0,4	0,6	1

Den Anteil der Fahrräder mit einem Rahmen aus Aluminium unter den verkauften Mountainbikes erhält man, indem man $P(M \cap A)$ durch $P(M)$ teilt:

$$\frac{P(M \cap A)}{P(M)} = \frac{0,05}{0,4} = 0,125$$

Der gesuchte Anteil beträgt 12,5 %.

c1) Der Anteil der Mountainbikes unter allen im April verkauften Fahrrädern beträgt 36%. Da 810 Mountainbikes verkauft wurden, erhält man die Anzahl aller verkauften Fahrräder mithilfe des Dreisatzes:

$$\begin{aligned} 36\% &\triangleq 810 \\ 1\% &\triangleq \frac{810}{36} \\ 100\% &\triangleq \frac{810}{36} \cdot 100 \\ &\triangleq 2250 \end{aligned}$$

Somit wurden insgesamt 2250 Fahrräder verkauft.

c2) Bei der Berechnung des Anteils von zwei Monaten ist zu berücksichtigen, dass pro Monat eine bestimmte Menge an Mountainbikes gekauft wird. Werden insgesamt beispielsweise 1000 Fahrräder verkauft, davon 900 im Juli und 100 im August, so gilt für die Anzahl A der gekauften Mountainbikes im Juli und August:

$$A = 0,44 \cdot 900 + 0,52 \cdot 100 = 448$$

Den Anteil p der Mountainbikes im Juli und August insgesamt erhält man, indem man die Anzahl A durch 1000 teilt:

$$p = \frac{448}{1000} = 0,448 = 44,8\% < 46\%$$

Somit ist es möglich, dass der Anteil der Mountainbikes im Juli und August insgesamt kleiner war als insgesamt im Mai und Juni.

d1) Es ist $P(L) = 0,7$ und $P(L \cap G) = 0,56$. Damit ergibt sich mithilfe der Pfadregeln:

$$P_L(G) = \frac{0,56}{0,7} = 0,8$$

und mithilfe der Wahrscheinlichkeit des Gegenereignisses

$$P_L\left(\overline{G}\right) = 1 - 0,8 = 0,2$$

Damit ergibt sich mithilfe der Pfadregeln:

$$P\left(L\cap\overline{G}\right)=P(L)\cdot P_L\left(G\right)=0,7\cdot 0,2=0,14$$

Wegen $P(L)=0,7$ erhält man mithilfe der Wahrscheinlichkeit des Gegenereignisses:

$$P(O)=1-0,7=0,3$$

Mithilfe der Pfadregeln ergibt sich damit:

$$P_O(G)=\frac{P(O\cap G)}{P(O)}=\frac{0,135}{0,3}=0,45 \text{ und } P\left(O\cap\overline{G}\right)=0,3\cdot 0,55=0,165$$

Damit ergibt sich folgendes Baumdiagramm:

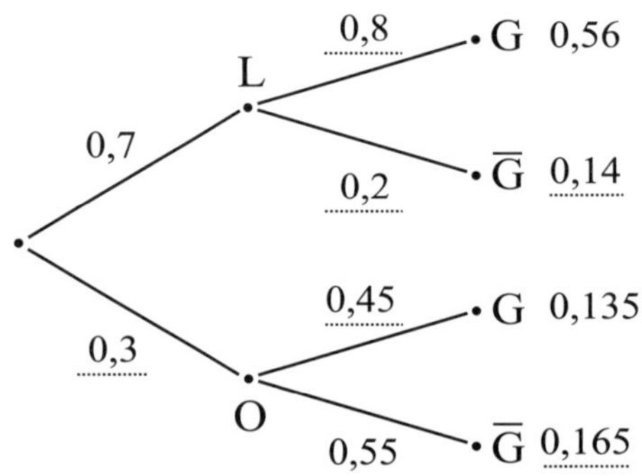

Die Wahrscheinlichkeit dafür, dass für ein zufällig ausgewähltes verkauftes Fahrrad eine Garantieverlängerung abgeschlossen wird, erhält man mithilfe des Baumdiagramms:

$$\begin{aligned}P(\text{Garantieverlängerung})&=P(L\cap G)+P(O\cap G)\\&=0,56+0,135\\&=0,695\\&=69,5\%\end{aligned}$$

Somit ist die Wahrscheinlichkeit kleiner als 70%.

d2) Da die Vermutung des Händlers, dass der Anteil der Fahrräder, für die beim Onlinekauf eine Garantieverlängerung abgeschlossen wird, auf über 45% gestiegen ist, gestützt werden soll, gilt für die Alternativhypothese: $H_1: p>0,45$. Damit ergibt sich als Nullhypothese: $H_0: p\leqslant 0,45$.
Wegen H_1: $p>0,45$ handelt es sich um einen rechtsseitigen Test mit $\alpha=5\,\%$.
Legt man X als Zufallsvariable für die Anzahl der Fahrräder, für die beim Onlinekauf eine Garantieverlängerung abgeschlossen wird, fest, so ist X binomialverteilt mit $n=80$ und

Trefferwahrscheinlichkeit $p = 0,45$.

Man wird die Nullhypothese verwerfen, wenn deutlich mehr als 36 Garantieverlängerungen abgeschlossen werden (Erwartungswert: $E(X) = \mu = n \cdot p = 80 \cdot 0,45 = 36$).

Also ist ein minimales $k \in \mathbb{N}$ und damit ein Ablehnungsbereich $\overline{A} = \{k, ..., 80\}$ der Nullhypothese so zu bestimmen, dass gilt:

$$
\begin{aligned}
P(X \in \overline{A}) &\leqslant \alpha \\
P(X \geqslant k) &\leqslant 0,05 \\
1 - P(X \leqslant k-1) &\leqslant 0,05 \\
0,95 &\leqslant P(X \leqslant k-1)
\end{aligned}
$$

Für $n = 80$ und $p = 0,45$ erhält man mithilfe der kumulierten Binomialverteilung unter Verwendung des WTR:

frv.tv/cl

$$
\begin{aligned}
P(X \leqslant 42) &\approx 0,9276 \\
P(X \leqslant 43) &\approx 0,9537
\end{aligned}
$$

Also gilt $k - 1 = 43 \Rightarrow k = 44$ ist das minimale $k \in \mathbb{N}$ und man erhält damit den Ablehnungsbereich:

$$\overline{A} = \{44; ...; 80\}$$

Daraus ergibt sich die folgende Entscheidungsregel: Wenn von den 80 gekauften Fahrrädern für mindestens 44 Fahrräder eine Garantieverlängerung abgeschlossen wurde, so ist H_0 zu verwerfen und die Vermutung des Händlers wird gestützt.

e) Um den Beweis zu führen, verwendet man die Wahrscheinlichkeit des Gegenereignisses und die Pfadregeln. Mit $P(A) \cdot P\left(\overline{B}\right) = P\left(A \cap \overline{B}\right)$ ergibt sich:

$$
\begin{aligned}
P(A) \cdot P(B) &= P(A) \cdot \left(1 - P\left(\overline{B}\right)\right) \\
&= P(A) - P(A) \cdot P\left(\overline{B}\right) \\
&= P(A) - P\left(A \cap \overline{B}\right) \\
&= \left(P(A \cap B) + P\left(A \cap \overline{B}\right)\right) - P\left(A \cap \overline{B}\right) \\
&= P(A \cap B)
\end{aligned}
$$

5 Abitur 2021

Hilfsmittelfreier Teil

1.1 Um zu zeigen, dass $x = 1$ eine lokale Minimalstelle von f mit $f(x) = 4x^3 - 12x$ ist, verwendet man die 1. und 2. Ableitung von f:

$$f'(x) = 12x^2 - 12$$
$$f''(x) = 24x$$

Setzt man $x = 1$ in $f'(x)$ und $f''(x)$ ein, ergibt sich:

$$f'(1) = 12 \cdot 1^2 - 12 = 12 - 12 = 0$$
$$f''(1) = 24 \cdot 1 = 24 > 0$$

Wegen $f'(1) = 0$ (notwendige Bedingung) und $f''(1) > 0$ (hinreichende Bedingung) liegt bei $x = 1$ eine lokale Minimalstelle von f vor.

1.2 Eine Stammfunktion F_c von f erhält man mit der Potenzregel:

$$\mathrm{F}_c(x) = \frac{4}{4}x^4 - \frac{12}{2}x^2 + c = x^4 - 6x^2 + c$$

Mit $\mathrm{F}_c(0) \neq 0$ muss gelten: $0^4 - 6 \cdot 0^2 + c \neq 0 \;\Rightarrow\; c \neq 0$.
Somit erhält man beispielsweise für $c = 1$:

$$\mathrm{F}(x) = x^4 - 6x^2 + 1$$

2.1 Es ist $f(x) = -\frac{1}{2}x^3 + \frac{3}{2}x^2 + 2x$.
Wegen $f'(3) = -\frac{5}{2}$ ist die Steigung m_P der Tangente t_P im Punkt P(3 | 6) gegeben: $m_\mathrm{P} = -\frac{5}{2}$. Damit kann man die Tangente t_P einzeichnen und die Nullstelle von t_P zeichnerisch ermitteln:

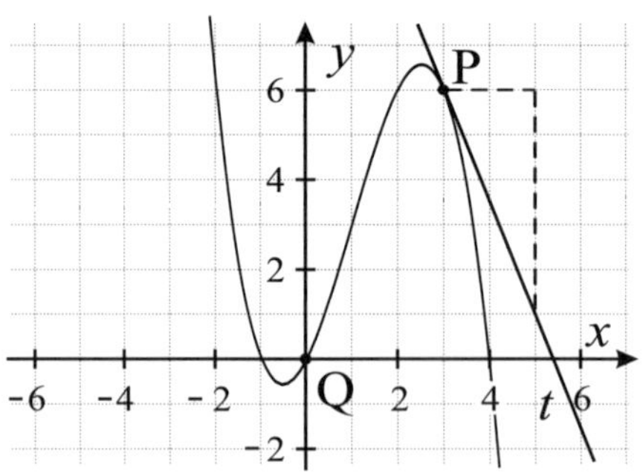

Es ergibt sich als Nullstelle: $x = 5{,}4$.

2.2 Um rechnerisch zu prüfen, ob die Tangente t_Q durch P verläuft, bestimmt man zuerst die Gleichung von t_Q mithilfe des Ansatzes $y = m \cdot x + b$.
Die Steigung m_Q von t_Q erhält man, indem man den x-Wert von $Q(0 \mid 0)$, also $x = 0$, in $f'(x) = -\frac{3}{2}x^2 + 3x + 2$ einsetzt:

$$m_Q = f'(0) = -\frac{3}{2} \cdot 0^2 + 3 \cdot 0 + 2 = 2$$

Setzt man $m_Q = 2$ und die Koordinaten von $Q(0 \mid 0)$ in den Ansatz $y = m \cdot x + b$ ein, ergibt sich:

$$0 = 2 \cdot 0 + b \Rightarrow b = 0$$

Somit hat t_Q die Gleichung $y = 2x$.
Setzt man nun die Koordinaten des Punktes $P(3 \mid 6)$ in die Gleichung von t_Q ein, ergibt sich:

$$6 = 2 \cdot 3 \Leftrightarrow 6 = 6$$

Aufgrund der wahren Aussage verläuft die Tangente t_Q durch P.

3.1 Ein Graph einer Funktion f mit $f(0) = 2$ verläuft durch den Punkt $P(0 \mid 2)$.
Wegen $f'(-1) = 0$ und $f''(-1) < 0$ hat der Graph von f an der Stelle $x = -1$ einen Hochpunkt.
Damit kann man den Graphen einer Funktion mit diesen Eigenschaften in das Koordinatensystem einzeichnen.

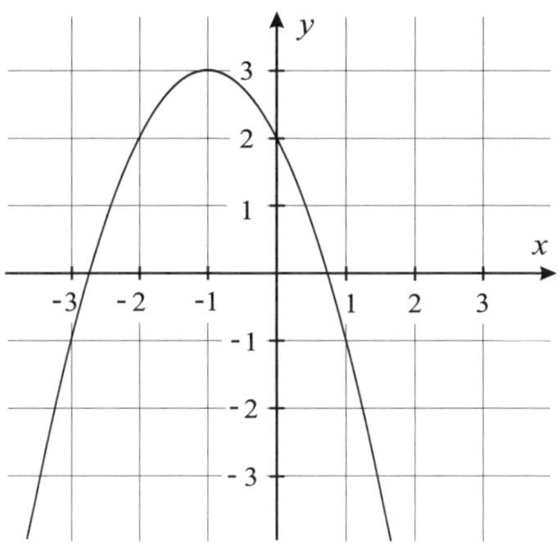

3.2 Es ist $f(x) = -0,5x^4 + bx + c$ mit $f'(x) = -2x^3 + b$.
Mit $f(0) = 2$ und $f'(-1) = 0$ ergibt sich:

$$-0,5 \cdot 0^4 + b \cdot 0 + c = 2 \Rightarrow c = 2$$
$$-2 \cdot (-1)^3 + b = 0 \Rightarrow b = -2$$

Somit sind $b = -2$ und $c = 2$.

4.1 Um zu zeigen, dass die Funktion F mit $\mathrm{F}(x) = (-4x - 14)e^{-0,5x}$ eine Stammfunktion von $f(x) = (2x+3)e^{-0,5x}$ ist, bestimmt man die 1. Ableitung von F mit der Produkt- und Kettenregel:

$$\begin{aligned}\mathrm{F}'(x) &= -4 \cdot e^{-0,5x} + (-4x - 14) \cdot e^{-0,5x} \cdot (-0,5) \\ &= -4 \cdot e^{-0,5x} + (2x+7) \cdot e^{-0,5x} \\ &= (2x+3)e^{-0,5x} \\ &= f(x)\end{aligned}$$

Wegen $\mathrm{F}'(x) = f(x)$ ist F eine Stammfunktion von f.

4.2 Um zu untersuchen, ob für jede reelle Zahl $k > 0$ gilt: $\int_0^k f(x)\mathrm{d}x < 14$, verwendet man die gegebene Stammfunktion und den Hauptsatz der Differential- und Integralrechnung:

$$\begin{aligned}\int_0^k f(x)\mathrm{d}x &= \Big[\mathrm{F}(x)\Big]_0^k \\ &= \mathrm{F}(k) - \mathrm{F}(0) \\ &= (-4k - 14)e^{-0,5k} - (-4 \cdot 0 - 14)e^{-0,5 \cdot 0} \\ &= (-4k - 14)e^{-0,5k} + 14\end{aligned}$$

Der Term $(-4k - 14)e^{-0,5k}$ ist negativ, da $e^{-0,5k}$ stets positiv und $(-4k - 14)$ für $k > 0$ stets negativ ist und das Produkt aus einer positiven und negativen Zahl stets negativ ist. Damit ist der Term $(-4k - 14)e^{-0,5k} + 14$ kleiner als 14, da eine negative Zahl zu 14 addiert wird.
Somit gilt:

$$\int_0^k f(x)\mathrm{d}x < 14$$

5.1 Die Koordinaten des Spurpunktes S_2 der Ebene $\mathrm{E}: x_1 + 3x_2 + 2x_3 = 6$ erhält man, indem man $x_1 = 0$ und $x_3 = 0$ in die Gleichung von E einsetzt:

$$0 + 3x_2 + 2 \cdot 0 \quad = \quad 6 \Rightarrow x_2 = 2 \Rightarrow \mathrm{S}_2(0 \mid 2 \mid 0)$$

Die Koordinaten des Spurpunktes S_3 der Ebene $\mathrm{E}: x_1 + 3x_2 + 2x_3 = 6$ erhält man, indem man $x_1 = 0$ und $x_2 = 0$ in die Gleichung von E einsetzt:

$$0 + 3 \cdot 0 + 2x_3 \quad = \quad 6 \Rightarrow x_3 = 3 \Rightarrow \mathrm{S}_3(0 \mid 0 \mid 3)$$

Damit kann man das Dreieck $\mathrm{S}_1\mathrm{S}_2\mathrm{S}_3$ mit $\mathrm{S}_1(6 \mid 0 \mid 0)$, $\mathrm{S}_2(0 \mid 2 \mid 0)$ und $\mathrm{S}_3(0 \mid 0 \mid 3)$ in das Koordinatensystem einzeichnen:

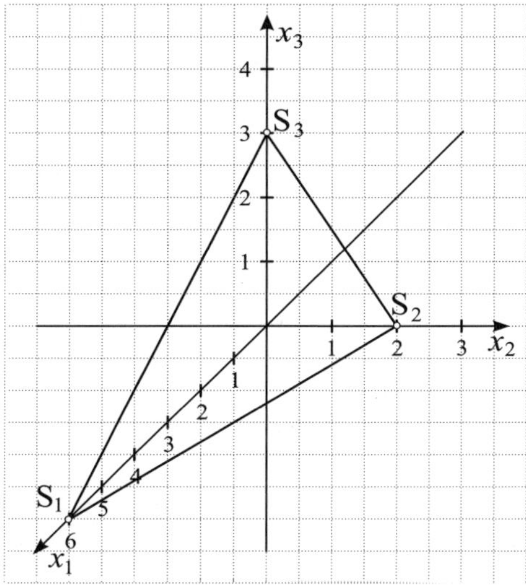

5.2 Eine Gerade g, die durch den Punkt P$(2 \mid 5 \mid 7)$ verläuft, hat die Gleichung

$$g: \vec{x} = \begin{pmatrix} 2 \\ 5 \\ 7 \end{pmatrix} + t \cdot \vec{u}$$

Wenn g parallel zu E ist, muss der Richtungsvektor $\vec{u}$ von g orthogonal zum Normalenvektor $\vec{n} = \begin{pmatrix} 1 \\ 3 \\ 2 \end{pmatrix}$ von E sein, d.h. das Skalarprodukt von $\vec{u}$ und $\vec{n}$ muss Null sein.

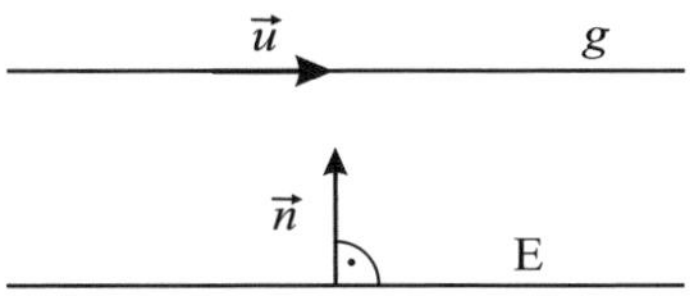

Beispielsweise kann man $\vec{u} = \begin{pmatrix} 2 \\ 0 \\ -1 \end{pmatrix}$ wählen, da dann gilt:

$$\vec{u} \circ \vec{n} = \begin{pmatrix} 2 \\ 0 \\ -1 \end{pmatrix} \circ \begin{pmatrix} 1 \\ 3 \\ 2 \end{pmatrix} = 2 \cdot 1 + 0 \cdot 3 + (-1) \cdot 2 = 0$$

Somit lautet eine Gleichung von g beispielsweise:

$$g: \vec{x} = \begin{pmatrix} 2 \\ 5 \\ 7 \end{pmatrix} + t \cdot \begin{pmatrix} 2 \\ 0 \\ -1 \end{pmatrix}$$

6.1 Um diejenige Zahl a anzugeben, für die der Punkt $A(a \mid 0 \mid -1)$ in der Ebene $E\colon 2x_1 + 2x_2 + x_3 = 3$ liegt, setzt man die Koordinaten von A in die Gleichung von E ein:

$$2 \cdot a + 2 \cdot 0 + (-1) = 3 \Rightarrow a = 2$$

Somit liegt A für $a = 2$ in der Ebene E.

6.2 Die Gerade g, die senkrecht auf $E\colon 2x_1 + 2x_2 + x_3 = 3$ steht und durch den Punkt $B(1 \mid 3 \mid 4)$ verläuft, hat als Richtungsvektor $\vec{u}$ den Normalenvektor $\vec{n} = \begin{pmatrix} 2 \\ 2 \\ 1 \end{pmatrix}$ von E. Damit hat g die Gleichung:

$$g\colon \vec{x} = \begin{pmatrix} 1 \\ 3 \\ 4 \end{pmatrix} + t \cdot \begin{pmatrix} 2 \\ 2 \\ 1 \end{pmatrix}$$

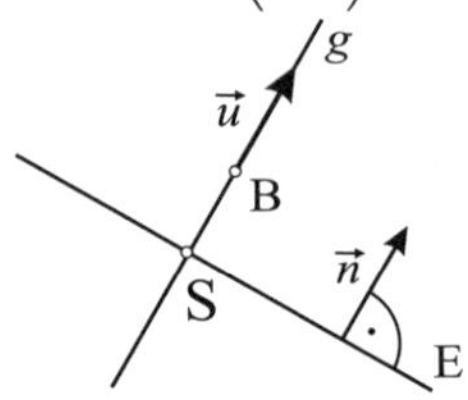

Die Koordinaten des Schnittpunkts S der Ebene E mit der Geraden g erhält man, indem man einen allgemeinen Punkt $P_t(1 + 2t \mid 3 + 2t \mid 4 + t)$ von g in die Gleichung von E einsetzt:

$$2 \cdot (1 + 2t) + 2 \cdot (3 + 2t) + (4 + t) = 3 \Leftrightarrow 12 + 9t = 3 \Rightarrow t = -1$$

Setzt man $t = -1$ in die Gleichung von g ein, ergibt sich:

$$\vec{s} = \begin{pmatrix} 1 \\ 3 \\ 4 \end{pmatrix} + (-1) \cdot \begin{pmatrix} 2 \\ 2 \\ 1 \end{pmatrix} = \begin{pmatrix} -1 \\ 1 \\ 3 \end{pmatrix}$$

Somit hat der Schnittpunkt S von E und g die Koordinaten $S(-1 \mid 1 \mid 3)$.

7.1 Um zu zeigen, dass es keine Zahl a gibt, für die

$$g_a\colon \vec{x} = \begin{pmatrix} 1 \\ 0 \\ 0 \end{pmatrix} + t \cdot \begin{pmatrix} 1 \\ 2 + a \\ -3 \end{pmatrix}$$

orthogonal zu $E_a\colon x_1 + 2x_2 + ax_3 = 5$ verläuft, weist man nach, dass der Richtungsvektor $\vec{u_a} = \begin{pmatrix} 1 \\ 2 + a \\ -3 \end{pmatrix}$ von g_a kein Vielfaches des Normalenvektors $\vec{n_a} = \begin{pmatrix} 1 \\ 2 \\ a \end{pmatrix}$ sein kann.

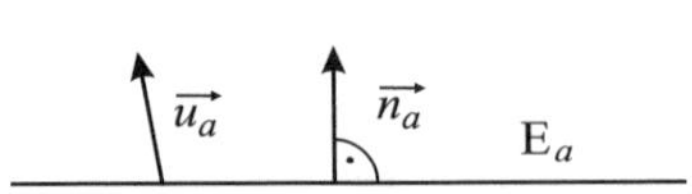

Der Ansatz $\overrightarrow{u_a} = k \cdot \overrightarrow{n_a}$ führt zu folgendem Gleichungssystem:

$$\begin{array}{llcl} \text{I} & 1 & = & k \cdot 1 \\ \text{II} & 2 + a & = & k \cdot 2 \\ \text{III} & -3 & = & k \cdot a \end{array}$$

Aus Gleichung I ergibt sich: $k = 1$.
Setzt man $k = 1$ in Gleichung II ein, erhält man: $2 + a = 1 \cdot 2 \Rightarrow a = 0$.
Setzt man $k = 1$ in Gleichung III ein, erhält man: $-3 = 1 \cdot a \Rightarrow a = -3$.
Aufgrund des Widerspruchs gibt es keine reelle Zahl a, für die g_a orthogonal zu E_a verläuft.

7.2 Um zu untersuchen, ob es einen Wert für a gibt, so dass die Gerade g_a und die Ebene E_a keinen gemeinsamen Punkt haben, verwendet man das Skalarprodukt. Wenn g_a echt parallel zu E_a ist, muss das Skalarprodukt des Richtungsvektors $\vec{u}_a = \begin{pmatrix} 1 \\ 2+a \\ -3 \end{pmatrix}$ von g_a und des Normalenvektors $\vec{n}_a = \begin{pmatrix} 1 \\ 2 \\ a \end{pmatrix}$ von E_a gleich Null sein.

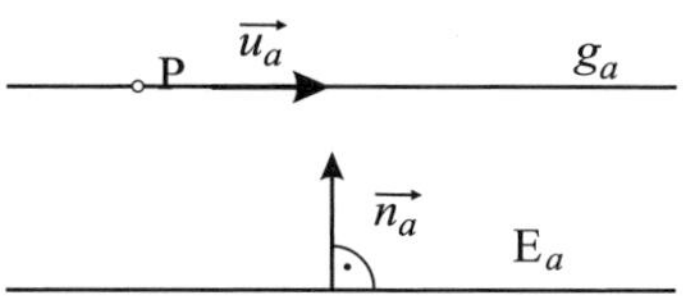

Damit ergibt sich:

$$\begin{aligned} \vec{u}_a \circ \vec{n}_a &= 0 \\ \begin{pmatrix} 1 \\ 2+a \\ -3 \end{pmatrix} \circ \begin{pmatrix} 1 \\ 2 \\ a \end{pmatrix} &= 0 \\ 1 \cdot 1 + (2+a) \cdot 2 + (-3) \cdot a &= 0 \\ 5 - a &= 0 \\ a &= 5 \end{aligned}$$

Setzt man $a = 5$ in g_a und E_a ein, erhält man $g_5: \vec{x} = \begin{pmatrix} 1 \\ 0 \\ 0 \end{pmatrix} + t \cdot \begin{pmatrix} 1 \\ 2+5 \\ -3 \end{pmatrix}$ und $E_5: x_1 + 2x_2 + 5x_3 = 5$.
Um zu prüfen, ob g_5 und E_5 echt parallel sind, setzt man die Koordinaten des Stützpunkts $P(1 \mid 0 \mid 0)$ in die Gleichung von E_5 ein:

$$1 + 2 \cdot 0 + 5 \cdot 0 = 5 \Rightarrow 1 = 5$$

Aufgrund des Widerspruchs liegt P nicht auf E_5.
Damit sind g_5 und E_5 echt parallel.

Somit haben für $a = 5$ die Gerade g_a und die Ebene E_a keinen gemeinsamen Punkt.

Alternativ kann man auch einen allgemeinen Punkt $P_t(1+t \mid 2t+at \mid -3t)$ von g_a in $E_a\colon x_1 + 2x_2 + ax_3 = 5$ einsetzen:

$$\begin{aligned} 1+t+2\cdot(2t+at)+a\cdot(-3t) &= 5 \\ 1+5t+2at-3at &= 5 \\ 5t-at &= 4 \\ t\cdot(5-a) &= 4 \end{aligned}$$

Für $a = 5$ ergibt sich ein Widerspruch $0 = 4$.

Somit haben für $a = 5$ die Gerade g_a und die Ebene E_a keinen gemeinsamen Punkt.

8.1 Mithilfe der Pfadregel ergibt sich: $P(A \cap B) = P(A) \cdot P_A(B) = 0,4 \cdot 0,5 = 0,2$.

Mithilfe der Wahrscheinlichkeit des Gegenereignisses gilt:

$$P_A\left(\overline{B}\right) = 1 - P_A(B) = 1 - 0,5 = 0,5$$

Ebenfalls mithilfe der Wahrscheinlichkeit des Gegenereignisses ergibt sich:

$$P\left(\overline{A}\right) = 1 - P(A) = 1 - 0,4 = 0,6$$

Aus $P\left(\overline{A} \cap B\right) = P\left(\overline{A}\right) \cdot P_{\overline{A}}(B) = 0,24$ erhält man

$$P_{\overline{A}}(B) = \frac{0,24}{P\left(\overline{A}\right)} = \frac{0,24}{0,6} = 0,4$$

Mithilfe der Wahrscheinlichkeit des Gegenereignisses gilt:

$$P_{\overline{A}}\left(\overline{B}\right) = 1 - P_{\overline{A}}(B) = 1 - 0,4 = 0,6$$

Mithilfe der Pfadregel ergibt sich: $P\left(\overline{A} \cap \overline{B}\right) = P\left(\overline{A}\right) \cdot P_{\overline{A}}\left(\overline{B}\right) = 0,6 \cdot 0,6 = 0,36$.

Damit erhält man folgendes Baumdiagramm.

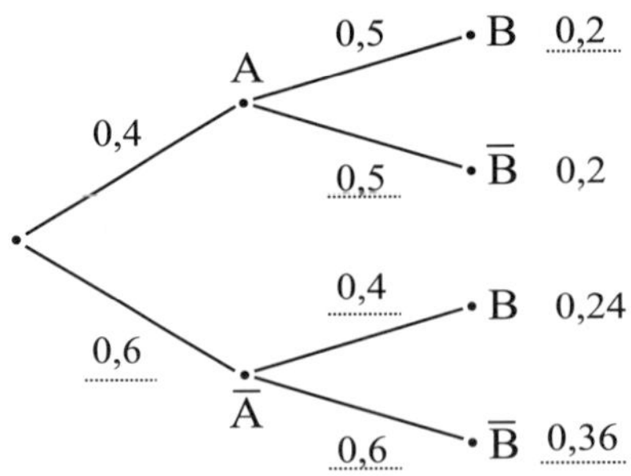

8.2 Um denjenigen Wert für x, für den $P(D) = 0,6$ ist, zu bestimmen, verwendet man die

Pfadregeln und stellt eine Gleichung auf, die man nach x auflöst.
Es gilt:

$$P(D) = P(C \cap D) + P\left(\overline{C} \cap D\right) = x \cdot 0{,}2 + (1-x) \cdot 0{,}7 = 0{,}7 - 0{,}5x$$

Wegen $P(D) = 0{,}6$ erhält man folgende Gleichung:

$$\begin{aligned} 0{,}7 - 0{,}5x &= 0{,}6 \\ 0{,}1 &= 0{,}5x \\ 0{,}2 &= x \end{aligned}$$

Somit ist für $x = 0{,}2$ beim gegebenen Baumdiagramm $P(D) = 0{,}6$.

9.1 Die Wahrscheinlichkeit, dass bei einem sechsseitigen Spielwürfel eine Sechs (6) geworfen wird, beträgt $p - \frac{1}{6}$, dass keine Sechs $\left(\overline{6}\right)$ geworfen wird beträgt die Wahrscheinlichkeit

$$q = 1 - \frac{1}{6} = \frac{5}{6}$$

Die Wahrscheinlichkeit, dass bei fünfmaligem Werfen genau zwei Sechsen geworfen werden, erhält man mithilfe der Binomialverteilung. Legt man dazu X als Zufallsvariable für die Anzahl der geworfenen Sechsen fest, so ist X binomialverteilt mit den Parametern $n = 5$ und $p = \frac{1}{6}$. Damit ergibt sich mithilfe der Bernoulli-Formel:

$$P(X = 2) = \binom{5}{2} \cdot \left(\frac{1}{6}\right)^2 \cdot \left(\frac{5}{6}\right)^3$$

Die Wahrscheinlichkeit, dass bei fünfmaligem Werfen mindestens eine Sechs geworfen wird, erhält man mithilfe der Wahrscheinlichkeit des Gegenereignisses:

$$P(X \geqslant 1) = 1 - P(X = 0) = 1 - P\left(\overline{6}\,\overline{6}\,\overline{6}\,\overline{6}\,\overline{6}\right) = 1 - \left(\frac{5}{6}\right)^5$$

Wenn genau zwei Sechsen geworfen werden, wobei die zweite Sechs erst im letzten Wurf fällt, sind die ersten vier Würfe binomialverteilt und der 5. muss eine Sechs sein. Dann gibt es folgende vier Möglichkeiten und für die Wahrscheinlichkeit gilt:

$$P\left(6\overline{6}\,\overline{6}\,\overline{6}6\right) + P\left(\overline{6}6\overline{6}\,\overline{6}6\right) + P\left(\overline{6}\,\overline{6}6\overline{6}6\right) + P\left(\overline{6}\,\overline{6}\,\overline{6}66\right) = 4 \cdot \left(\frac{1}{6}\right)^1 \cdot \left(\frac{5}{6}\right)^3 \cdot \frac{1}{6}$$

Damit ergibt sich folgende Tabelle.

	I	II	III	IV	V
Es werden genau zwei Sechsen geworfen		x			
Es wird mindestens eine Sechs geworfen				x	
Es werden genau zwei Sechsen geworfen, wobei die zweite Sechs erst im letzten Wurf fällt.	x				

9.2 Legt man X als Zufallsvariable für die Anzahl der geworfenen Sechsen fest, so ist X binomialverteilt mit den Parametern $n = 5$ und $p = \frac{1}{6}$.
Damit gilt mithilfe der Bernoulli-Formel:

$$\binom{5}{3} \cdot \left(\frac{1}{6}\right)^3 \cdot \left(\frac{5}{6}\right)^2 + \binom{5}{4} \cdot \left(\frac{1}{6}\right)^4 \cdot \left(\frac{5}{6}\right)^1 = P(X=3) + P(X=4)$$

Somit lautet ein Ereignis mit dieser Wahrscheinlichkeit: «Bei fünfmaligem Werfen werden genau drei oder vier Sechsen geworfen».

10.1 Wenn sich in der Urne eine weiße (w) und neun rote (r) Kugeln befinden, beträgt die Wahrscheinlichkeit, eine weiße Kugel zu ziehen, $p = \frac{1}{10}$. Die Wahrscheinlichkeit dafür, bei fünfmaligem Ziehen mit Zurücklegen keine rote Kugel, also fünf weiße Kugeln, zu ziehen, erhält man mithilfe der 2. Pfadregel (Produktregel):

$$P(wwwww) = \frac{1}{10} \cdot \frac{1}{10} \cdot \frac{1}{10} \cdot \frac{1}{10} \cdot \frac{1}{10} = \frac{1}{100000}$$

10.2 Die Zufallsgröße X beschreibt die Anzahl der gezogenen roten Kugeln. X ist binomialverteilt mit den Parametern $n = 5$ und unbekanntem p.
Um alle Werte für p zu bestimmen, für die $P(X = 0) = P(X = 1)$ gilt, stellt man mithilfe der Bernoulli-Formel eine Gleichung auf und löst diese nach p auf:

$$\begin{aligned} P(X=0) &= P(X=1) \\ \binom{5}{0} \cdot p^0 \cdot (1-p)^5 &= \binom{5}{1} \cdot p^1 \cdot (1-p)^4 \\ 1 \cdot 1 \cdot (1-p)^5 &= 5 \cdot p \cdot (1-p)^4 \\ 1-p &= 5 \cdot p \\ 1 &= 6 \cdot p \\ \frac{1}{6} &= p \end{aligned}$$

Somit gilt $P(X = 0) = P(X = 1)$ für $p = \frac{1}{6}$.

Abitur 2021 – Analysis Aufgabe 1

a1) Als Ansatz für eine ganzrationale Funktion f dritten Grades verwendet man eine Gleichung der Form $f(x) = ax^3 + bx^2 + cx + d$.
Die ersten zwei Ableitungen erhält man mit der Potenzregel:

$$f'(x) = 3ax^2 + 2bx + c$$
$$f''(x) = 6ax + 2b$$

Da der Graph von f durch den Punkt $P(0 \mid 3)$ verläuft, gilt: $f(0) = 3$.
Da der Punkt $W(3 \mid 4)$ ein Wendepunkt mit waagerechter Tangente ist, gilt: $f(3) = 4$, $f''(3) = 0$ und $f'(3) = 0$. Damit ergeben sich folgende Bedingungen:

$$\begin{aligned} f(0) = 3 &\Rightarrow a \cdot 0^3 + b \cdot 0^2 + c \cdot 0 + d = 3 \\ f(3) = 4 &\Rightarrow a \cdot 3^3 + b \cdot 3^2 + c \cdot 3 + d = 4 \\ f''(3) = 0 &\Rightarrow 6a \cdot 3 + 2b = 0 \\ f'(3) = 0 &\Rightarrow 3a \cdot 3^2 + 2b \cdot 3 + c = 0 \end{aligned}$$

Damit erhält man folgendes lineares Gleichungssystem:

$$\begin{array}{lcccccccccc} \text{I} & & & & & & & d & = & 3 \\ \text{II} & 27a & + & 9b & + & 3c & + & d & = & 4 \\ \text{III} & 18a & + & 2b & & & & & = & 0 \\ \text{IV} & 27a & + & 6b & + & c & & & = & 0 \end{array}$$

bzw.

$$\begin{array}{lccccccccc} \text{I} & & & & & & d & = & 3 \\ \text{II} & 27a & + & 9b & + & 3c & & = & 1 \\ \text{III} & 18a & + & 2b & & & & = & 0 \\ \text{IV} & 27a & + & 6b & + & c & & = & 0 \end{array}$$

frv.tv/cd

Mithilfe des Taschenrechners erhält man: $a = \frac{1}{27}$; $b = -\frac{1}{3}$, $c = 1$ und $d = 3$.
Somit ergibt sich: $f(x) = \frac{1}{27}x^3 - \frac{1}{3}x^2 + x + 3$.

a2) Die Höhe des Dachfirsts über dem Boden an der Stelle $x = 1$ erhält man, indem man $x = 1$ in $f(x)$ einsetzt:

$$f(1) = \frac{1}{27} \cdot 1^3 - \frac{1}{3} \cdot 1^2 + 1 + 3 = \frac{100}{27} \approx 3{,}70$$

Da eine Längeneinheit 10 m in der Wirklichkeit entspricht, hat der Dachfirst an dieser Stelle eine Höhe von etwa 37 m.

a3) Einen Funktionsterm der Ableitungsfunktion f' erhält man mit der Potenzregel:

$$f'(x) = \frac{1}{9}x^2 - \frac{2}{3}x + 1$$

Die Steigung des Graphen von f an der Stelle $x = 0$ erhält man, indem man $x = 0$ in $f'(x)$ einsetzt:

$$f'(0) = \frac{1}{9} \cdot 0^2 - \frac{2}{3} \cdot 0 + 1 = 1$$

Somit hat der Graph von f an der Stelle $x = 0$ die Steigung 1.

a4) Um nachzuweisen, dass der Graph von f für $x < 3$ rechtsgekrümmt ist, verwendet man die 2. Ableitung von f:

$$f''(x) = \frac{2}{9}x - \frac{2}{3}$$

Der Graph von f ist für $x < 3$ rechtsgekrümmt, falls $f''(x) < 0$ gilt:

$$\frac{2}{9}x - \frac{2}{3} < 0$$
$$\frac{2}{9}x < \frac{2}{3}$$
$$x < 3$$

Wegen $f''(x) < 0$ für $x < 3$ ist der Graph von f rechtsgekrümmt.

b) Es ist $g(x) = (x-3) \cdot e^{x-5,5} + 4$ und $g'(x) = (x-2) \cdot e^{x-5,5}$ für $x \in [3\,;6]$.

b1) Mit Hilfe des Taschenrechners kann man die Wertetabelle zu g ergänzen und den zugehörigen Graphen zeichnen:

frv.tv/cf

x	3	3,5	4	4,5	5	5,5	6
$g(x)$	4,00	4,07	4,22	4,55	5,21	6,50	8,95

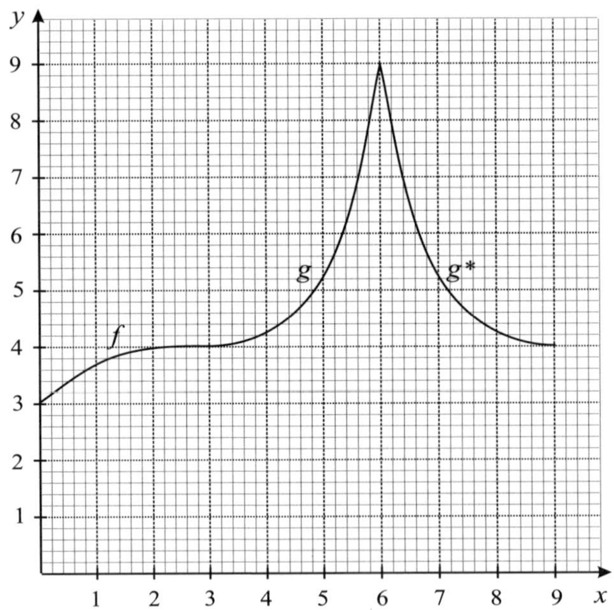

b2) Um zu prüfen, ob die Graphen von f und g im Punkt W$(3 \mid 4)$ knickfrei verlaufen, berechnet man die jeweilige Steigung an der Stelle $x = 3$. Dazu verwendet man die 1. Ableitung von f und g. Setzt man $x = 3$ in $f'(x)$ und $g'(x)$ ein, ergibt sich:

$$f'(3) = \frac{1}{9} \cdot 3^2 - \frac{2}{3} \cdot 3 + 1 = 0$$
$$g'(3) = (3-2) \cdot e^{3-5,5} \approx 0{,}082$$

Wegen $f'(3) \neq g'(3)$ wird der Dachfirst an der Stelle $x = 3$ nicht knickfrei modelliert.

b3) Die Extremstellen von g erhält man mithilfe der 1. und 2. Ableitung von g, die man mit der Produkt- und Kettenregel bestimmt:

$$g'(x) = (x-2) \cdot e^{x-5,5}$$
$$g''(x) = 1 \cdot e^{x-5,5} + (x-2) \cdot e^{x-5,5} \cdot 1 - (x-1) \cdot e^{x-5,5}$$

Als notwendige Bedingung löst man die Gleichung $g'(x) = 0$ nach x auf. Wegen $e^{x-5,5} \neq 0$ ergibt sich:

$$(x-2) \cdot e^{x-5,5} = 0$$
$$x - 2 = 0$$
$$x = 2$$

Setzt man $x = 2$ in $g''(x)$ ein, erhält man:

$$g''(2) = (2-1) \cdot e^{2-5,5} \neq 0 \Rightarrow \text{ Extremstelle}$$

Die Wendestellen von g erhält man mithilfe der 2. und 3. Ableitung von g, die man mit der Produkt- und Kettenregel bestimmt:

$$g''(x) = (x-1) \cdot e^{x-5,5}$$
$$g'''(x) = 1 \cdot e^{x-5,5} + (x-1) \cdot e^{x-5,5} \cdot 1 = x \cdot e^{x-5,5}$$

Als notwendige Bedingung löst man die Gleichung $g''(x) = 0$ nach x auf. Wegen $e^{x-5,5} \neq 0$ ergibt sich:

$$(x-1) \cdot e^{x-5,5} = 0$$
$$x - 1 = 0$$
$$x = 1$$

Setzt man $x = 1$ in $g'''(x)$ ein, erhält man:

$$g'''(1) = 1 \cdot e^{1-5,5} \neq 0 \Rightarrow \text{ Wendestelle}$$

Somit hat g bei $x = 2$ eine Extremstelle und bei $x = 1$ eine Wendestelle.

b4) Wenn der Graph der Funktion g an der y-Achse gespiegelt ($-x$ statt x) und dann um zwölf Längeneinheiten nach rechts verschoben ($x-12$ statt x) wird, ergibt sich folgende Funktionsgleichung:

$$\begin{aligned} g^*(x) &= g(-(x-12)) \\ &= g(-x+12) \\ &= (-x+12-3)\cdot e^{-x+12-5{,}5}+4 \\ &= (-x+9)\cdot e^{-x+6{,}5}+4 \end{aligned}$$

c) Es ist $h_k(x)=\frac{5}{9}(x-3)^2\cdot e^{k(x-6)}+4$ mit $h_k{}'(x)=\frac{5}{9}(x-3)(kx-3k+2)\cdot e^{k(x-6)}$ für $k\geqslant 0$.

c1) Um nachzuweisen, dass die Funktion g mit $g(x)=(x-3)\cdot e^{x-5{,}5}+4$ nicht in der Schar der Funktionen h_k enthalten ist, setzt man $x=6$ in $h_k(x)$ und $g(x)$ ein:

$$\begin{aligned} h_k(6) &= \frac{5}{9}\cdot(6-3)^2\cdot e^{k(6-6)}+4=9 \\ g(6) &= (6-3)\cdot e^{6-5{,}5}+4\approx 8{,}946 \end{aligned}$$

Wegen $h_k(6)\neq g(6)$ ist die Funktion g nicht in der Schar der Funktionen h_k enthalten.

c2) Die Steigung des Graphen von h_k an der Stelle $x=6$ erhält man, indem man $x=6$ in $h_k{}'(x)$ einsetzt:

$$\begin{aligned} h_k{}'(6) &= \frac{5}{9}\cdot(6-3)(k\cdot 6-3k+2)\cdot e^{k(6-6)} \\ &= \frac{5}{9}\cdot 3\cdot(3k+2)\cdot e^0 \\ &= \frac{5}{3}\cdot(3k+2) \\ &= 5k+\frac{10}{3} \end{aligned}$$

c3) Der Innenwinkel $\beta=30°$ an der Spitze des Dachfirsts und $2\cdot\alpha$ ergänzen sich zu 180°.
Damit gilt: $\alpha=\frac{180°-30°}{2}=75°$.
Für den Steigungswinkel α des Graphen von h_k an der Stelle $x=6$ gilt: $\tan(\alpha)=m$.
Die Steigung m erhält man, indem man $x=6$ in $h_k{}'(x)$ einsetzt: $m=h_k{}'(6)=5k+\frac{10}{3}$.

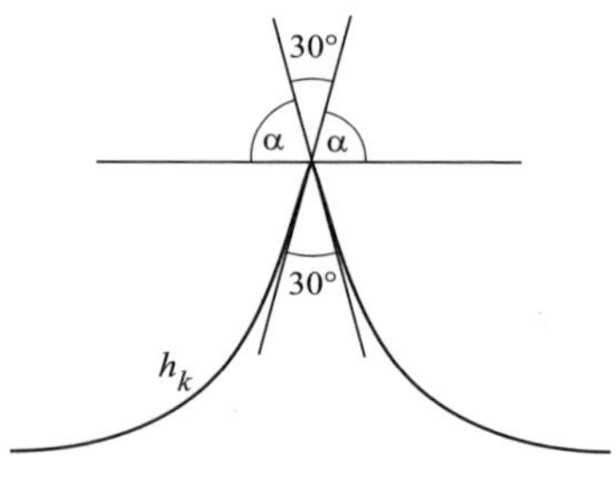

Damit ergibt sich folgende Gleichung, die man nach k auflöst:

$$\begin{aligned} \tan(75°) &= 5k+\frac{10}{3} \\ \tan(75°)-\frac{10}{3} &= 5k \\ \frac{\tan(75°)-\frac{10}{3}}{5} &= k \end{aligned}$$

$$k = \frac{-4+3\sqrt{3}}{15}$$
$$k \approx 0,08$$

Für $k = \frac{-4+3\sqrt{3}}{15} \approx 0,08$ beträgt der Innenwinkel an der Spitze 30°.

Abitur 2021 – Analysis Aufgabe 2

a) Es ist $g(t) = 13 \cdot t^3 - 78 \cdot t^2 + 104 \cdot t + 96$ mit ($g(t)$ in u (Units) und Zeit t in h (Stunden) seit Messbeginn).

a1) Man erhält Glukosewerte von unter $70\,u$, indem man die Gerade mit der Gleichung $y = 70$ mit dem Graphen von g schneidet.
Man erhält graphisch die Schnittstellen $t_1 \approx 2,55$ und $t_2 \approx 3,70$.
Damit gilt für die Länge des Zeitraums, in dem Unterzuckerung vorliegt:

$$t_2 - t_1 \approx 3,70 - 2,55 = 1,15$$

Somit beträgt der Zeitraum der Unterzuckerung etwa 1,15 Stunden.

a2) Den Zeitpunkt des niedrigsten Glukosewerts etwas mehr als drei Stunden nach Messbeginn erhält man, indem man das lokale Minimum von g mit Hilfe der 1. und 2. Ableitung von g bestimmt:

$$g'(t) = 39 \cdot t^2 - 156 \cdot t + 104$$
$$g''(t) = 78 \cdot t - 156$$

Als notwendige Bedingung löst man die Gleichung $g'(t) = 0$ nach t auf.
Aus $39 \cdot t^2 - 156 \cdot t + 104 = 0$ ergeben sich mit Hilfe des Taschenrechners die Lösungen $t_1 \approx 0,85$ und $t_2 \approx 3,15$.
Wegen $t > 3$ kommt nur $t_2 \approx 3,15$ als Lösung in Frage.
Setzt man $t_2 \approx 3,15$ in $g''(t)$ ein, ergibt sich:

$$g''(3,15) = 78 \cdot 3,15 - 156 = 89,7 > 0 \Rightarrow \text{Minimum}$$

Somit liegt der niedrigste Glukosewert etwa bei 3,15 Stunden nach Messbeginn.

a3) Um nachzuweisen, dass der Glukosewert eine Stunde nach Messbeginn um mehr als 40% größer ist als zu Beginn der Messung, setzt man $t = 0$ und $t = 1$ in $g(t)$ ein:

$$g(0) = 13 \cdot 0^3 - 78 \cdot 0^2 + 104 \cdot 0 + 96 = 96$$
$$g(1) = 13 \cdot 1^3 - 78 \cdot 1^2 + 104 \cdot 1 + 96 = 135$$

40% von 96 sind $0,4 \cdot 96 = 38,4$.
Addiert man 38,4 zu 96 erhält man $134,4 < 135$.

Alternativ teilt man 135 durch 96 und erhält: $\frac{135}{96} \approx 1{,}406 > 1{,}4$
Somit ist der Glukosewert nach einer Stunde um mehr als 40% größer als zu Messbeginn.

a4) Den durchschnittlichen Glukosewert $\overline{g}$ innerhalb der ersten zwei Stunden nach Messbeginn erhält man mit Hilfe eines Integrals:

$$\overline{g} = \frac{1}{2} \cdot \int_0^2 g(t)\,\mathrm{d}t = 122 \text{ (WTR)}$$

Also beträgt der durchschnittliche Glukosewert in den ersten zwei Stunden $122\,u$.

b) b1) Die Ableitungsfunktion g' gibt die momentane Änderungsrate der Funktion g an. Da $\mathrm{T}(2 \mid -52)$ der tiefste Punkt des Graphen der Ableitungsfunktion g' ist, fällt nach zwei Stunden der Glukosewert im betrachteten Zeitraum am stärksten. Die momentane Änderungsrate beträgt nach zwei Stunden $-52\,u$ pro Stunde.

b2) Der Term A: $\frac{g(3)-g(1)}{3-1}$ beschreibt die mittlere Änderungsrate des Glukosewerts im Zeitraum von einer bis drei Stunden nach Messbeginn.
Der Term B: $\lim\limits_{h \to 0} \dfrac{g(1+h)-g(1)}{h}$ beschreibt die momentane Änderungsrate des Glukosewerts eine Stunde nach Messbeginn.

b3) Um zu bestimmen, wann die momentane Änderungsrate unter einem Wert von $-40\,u/h$ liegt, löst man zuerst die Gleichung $g'(t) = -40$ nach t auf.
Die Gleichung $39 \cdot t^2 - 156 \cdot t + 104 = -40$ bzw. $39 \cdot t^2 - 156 \cdot t + 144 = 0$ hat die Lösungen $t_1 \approx 1{,}45$ und $t_2 \approx 2{,}55$ (WTR).
Da der Graph von g' eine nach oben geöffnete Parabel ist, sind die Funktionswerte von g' im Intervall $[1{,}45; 2{,}55]$ kleiner als $-40\,u/h$.
Wegen $t_2 - t_1 \approx 2{,}55 - 1{,}45 = 1{,}1 > 1$ wird das Warnsymbol im betrachteten Zeitintervall mehr als eine Stunde lang angezeigt.

c) Es ist $f_a(t) = a \cdot \left(t^3 - 4 \cdot t\right)$ und $a > 0$.

c1) Die Koordinaten des Hochpunkts H_a erhält man mit der 1. und 2. Ableitung von f_a:

$$f_a{}'(t) = a \cdot \left(3t^2 - 4\right)$$
$$f_a{}''(t) = a \cdot 6t$$

Als notwendige Bedingung löst man die Gleichung $f_a{}'(t) = 0$ nach t auf:

$$a \cdot \left(3t^2 - 4\right) = 0$$
$$3t^2 - 4 = 0$$
$$t^2 = \frac{4}{3}$$
$$t_{1,2} = \pm\sqrt{\frac{4}{3}}$$

Setzt man $t_{1,2} = \pm\sqrt{\frac{4}{3}}$ in $f_a''(t)$ ein, ergibt sich wegen $a > 0$:

$$f_a''\left(\sqrt{\frac{4}{3}}\right) = a \cdot 6 \cdot \sqrt{\frac{4}{3}} > 0 \Rightarrow \text{Tiefpunkt}$$

$$f_a''\left(-\sqrt{\frac{4}{3}}\right) = a \cdot 6 \cdot \left(-\sqrt{\frac{4}{3}}\right) < 0 \Rightarrow \text{Hochpunkt } \mathrm{H}_a\left(-\sqrt{\frac{4}{3}} \mid \ldots\right)$$

Somit ist der t-Wert des Hochpunkts H_a unabhängig von a.
Den y-Wert des Hochpunkts erhält man, indem man $t = -\sqrt{\frac{4}{3}}$ in $f_a(t)$ einsetzt:

$$y = f_a\left(-\sqrt{\frac{4}{3}}\right) = a \cdot \left(\left(-\sqrt{\frac{4}{3}}\right)^3 - 4 \cdot \left(-\sqrt{\frac{4}{3}}\right)\right) = a \cdot \frac{16\sqrt{3}}{9}$$

Wenn sich der Wert des Parameters a verdreifacht, so verdreifacht sich damit auch der y-Wert von H_a, die Stelle von H_a ändert sich aber nicht.
Alternativ kann man argumentieren, dass a nur ein Streckungsfaktor in y-Richtung ist. Bei Streckung in y-Richtung verändert sich aber die Nullstelle nicht. Der y-Wert von H_a verändert sich aber um den Faktor a.

c2) Die Steigung m der Tangente an den Graphen von f_a im Punkt $(2 \mid 0)$ erhält man, indem man $t = 2$ in $f_a'(t) = a \cdot \left(3t^2 - 4\right)$ einsetzt:

$$m = f_a'(2) = a \cdot \left(3 \cdot 2^2 - 4\right) = 8a > 0$$

Um denjenigen Wert von a zu bestimmen, für den diese Tangente mit der t-Achse einen Winkel von 45° einschließt, löst man die Gleichung $\tan(\alpha) = m$ nach a auf:

$$\begin{aligned} \tan(45°) &= 8a \\ 1 &= 8a \\ \frac{1}{8} &= a \end{aligned}$$

Für $a = \frac{1}{8}$ beträgt der Winkel zwischen Tangente und t-Achse 45°.

c3) Verschiebt man den Graphen von g mit $g(t) = 13 \cdot t^3 - 78 \cdot t^2 + 104 \cdot t + 96$ nach links entlang der t-Achse um 2 Einheiten und anschließend entlang der y-Achse nach unten um 96 Einheiten, so erhält man einen Graphen einer Funktion g^* mit folgender Gleichung:

$$\begin{aligned} g^*(t) &= g(t+2) - 96 \\ &= 13 \cdot (t+2)^3 - 78 \cdot (t+2)^2 + 104 \cdot (t+2) + 96 - 96 \\ &= 13 \cdot (t+2)^2 \cdot (t+2) - 78 \cdot (t+2)^2 + 104 \cdot (t+2) \end{aligned}$$

$$
\begin{aligned}
&= 13 \cdot \left(\left(t^2+4t+4\right) \cdot (t+2)\right) - 78 \cdot \left(t^2+4t+4\right) + 104t + 208\\
&= 13 \cdot \left(t^3+2t^2+4t^2+8t+4t+8\right) - 78t^2 - 312t - 312 + 104t + 208\\
&= 13 \cdot \left(t^3+6t^2+12t+8\right) - 78t^2 - 208t - 104\\
&= 13t^3 + 78t^2 + 156t + 104 - 78t^2 - 208t - 104\\
&= 13t^3 - 52t\\
&= 13 \cdot \left(t^3 - 4 \cdot t\right)
\end{aligned}
$$

Für die Funktionenschar f_a gilt: $f_a(t) = a \cdot \left(t^3 - 4 \cdot t\right)$.
Somit gehört g^* für $a = 13$ zur Schar f_a.

d) Es ist $h_a(t) = -a \cdot t$ und $a > 0$.

d1) Für $a = 1$ ergibt sich: $h_1(t) = -t$. Der Graph von h_1 ist somit eine Gerade mit Steigung $m = -1$, die durch den Ursprung geht.

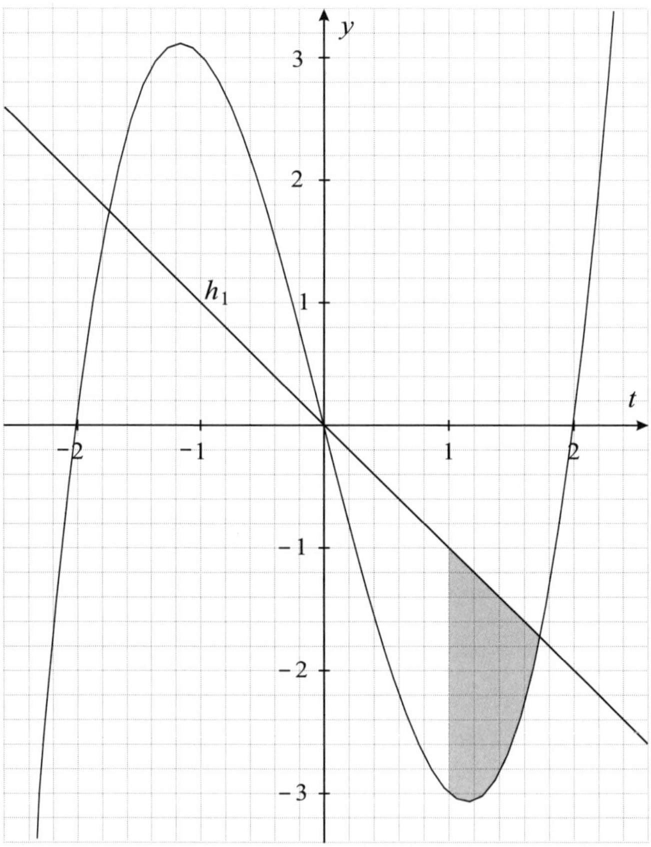

Damit beschreibt der Term $\left|\int_1^{t_0} f_1(t)\,\mathrm{d}t\right| - \left|\int_1^{t_0} h_1(t)\,\mathrm{d}t\right|$ den Flächeninhalt der Fläche, die von den Graphen f_1 und h_1 sowie der Geraden $x = 1$ begrenzt wird.

d2) Um t_0 zu berechnen, löst man die Gleichung $f_a(t) = h_a(t)$ nach t auf. Wegen $a > 0$ gilt:

$$\begin{aligned} a \cdot \left(t^3 - 4 \cdot t\right) &= -a \cdot t \\ t^3 - 4 \cdot t &= -t \\ t^3 - 3t &= 0 \\ t \cdot \left(t^2 - 3\right) &= 0 \end{aligned}$$

Mit Hilfe des Satzes vom Nullprodukt erhält man die Lösung $t_1 = 0$ und aus $t^2 - 3 = 0$ bzw. $t^2 = 3$ die Lösungen $t_{2,3} = \pm\sqrt{3}$.
Wegen $1 < t_0 < 2$ ergibt sich als einzige Lösung: $t_0 = \sqrt{3}$.
Damit kann man den Wert des Terms $\left|\int_1^{t_0} f_a(t)\,\mathrm{d}t\right| - \left|\int_1^{t_0} h_a(t)\,\mathrm{d}t\right|$ in Abhängigkeit von a unter Zuhilfenahme des Taschenrechners berechnen:

$$\begin{aligned} \left|\int_1^{\sqrt{3}} f_a(t)\,\mathrm{d}t\right| - \left|\int_1^{\sqrt{3}} h_a(t)\,\mathrm{d}t\right| &= \left|\int_1^{\sqrt{3}} \left(a \cdot \left(t^3 - 4 \cdot t\right)\right)\,\mathrm{d}t\right| - \left|\int_1^{\sqrt{3}} (-a \cdot t)\,\mathrm{d}t\right| \\ &= a \cdot \left|\int_1^{\sqrt{3}} \left(t^3 - 4 \cdot t\right)\,\mathrm{d}t\right| - a \cdot \left|\int_1^{\sqrt{3}} (-t)\,\mathrm{d}t\right| \\ &= a \cdot |-2| - a \cdot |-1| \\ &= a \cdot 2 - a \cdot 1 \\ &= a \end{aligned}$$

Der Wert des angegebenen Terms beträgt a.

Abitur 2021 – Analytische Geometrie Aufgabe 3

a) Der Startpunkt hat die Koordinaten $(0 \mid 0 \mid 0)$, die ebenen Vierecke PQRS und RSTU haben die Eckpunkte $P(0 \mid -2 \mid 0)$, $Q(-2 \mid 0 \mid 0)$, $R(-1 \mid 2 \mid 4)$, $S(1 \mid 0 \mid 4)$, $T(2 \mid 3 \mid 4{,}5)$ und $U(0 \mid 5 \mid 4{,}5)$.

a1) Die Länge der Kante $\overline{PQ}$ erhält man, indem man den Betrag des zugehörigen Verbindungsvektors berechnet:

$$\overline{PQ} = \left|\overrightarrow{PQ}\right| = \left|\begin{pmatrix}-2\\2\\0\end{pmatrix}\right| = \sqrt{(-2)^2+2^2+0^2} = \sqrt{8} \approx 2{,}83$$

Die Länge der Kante $\overline{PQ}$ beträgt etwa $2{,}83\,\mathrm{m}$.

a2) Um zu zeigen, dass das Viereck PQRS ein Parallelogramm ist, bestimmt man zuerst die Verbindungsvektoren der gegenüberliegenden Seiten:

$$\overrightarrow{PQ} = \begin{pmatrix}-2\\2\\0\end{pmatrix} \qquad \overrightarrow{SR} = \begin{pmatrix}-2\\2\\0\end{pmatrix}$$

$$\overrightarrow{PS} = \begin{pmatrix}1\\2\\4\end{pmatrix} \qquad \overrightarrow{QR} = \begin{pmatrix}1\\2\\4\end{pmatrix}$$

Wegen $\overrightarrow{PQ} = \overrightarrow{SR}$ und $\overrightarrow{PS} = \overrightarrow{QR}$ ist das Viereck PQRS ein Parallelogramm.
Um nachzuweisen, dass das Viereck PQRS kein Rechteck ist, berechnet man das Skalarprodukt zweier einen Winkel bildenden Vektoren:

$$\overrightarrow{PQ} \circ \overrightarrow{PS} = \begin{pmatrix}-2\\2\\0\end{pmatrix} \cdot \begin{pmatrix}1\\2\\4\end{pmatrix} = -2\cdot 1 + 2\cdot 2 + 0\cdot 4 = 2 \neq 0$$

Wegen $\overrightarrow{PQ} \circ \overrightarrow{PS} \neq 0$ stehen $\overrightarrow{PQ}$ und $\overrightarrow{PS}$ nicht senkrecht aufeinander, so dass bei P kein rechter Winkel ist.
Somit ist das Viereck PQRS kein Rechteck.

a3) Die Ebene E enthält die Punkte $P(0 \mid -2 \mid 0)$, $Q(-2 \mid 0 \mid 0)$ und $S(1 \mid 0 \mid 4)$. Sie hat beispielsweise den Stützpunkt $P(0 \mid -2 \mid 0)$ und die Spannvektoren

$$\overrightarrow{PQ} = \begin{pmatrix}-2\\2\\0\end{pmatrix} = 2\cdot\begin{pmatrix}-1\\1\\0\end{pmatrix} \text{ und } \overrightarrow{PS} = \begin{pmatrix}1\\2\\4\end{pmatrix}$$

Damit hat E die Parametergleichung:

$$\text{E}\colon \vec{x} = \begin{pmatrix} 0 \\ -2 \\ 0 \end{pmatrix} + s \cdot \begin{pmatrix} -1 \\ 1 \\ 0 \end{pmatrix} + t \cdot \begin{pmatrix} 1 \\ 2 \\ 4 \end{pmatrix};\ s,t \in \mathbb{R}$$

Einen Normalenvektor $\vec{n}$ von E erhält man mithilfe des Kreuzprodukts (siehe Seite 71) der Spannvektoren:

$$\begin{pmatrix} -1 \\ 1 \\ 0 \end{pmatrix} \times \begin{pmatrix} 1 \\ 2 \\ 4 \end{pmatrix} = \begin{pmatrix} 4 \\ 4 \\ -3 \end{pmatrix} \Rightarrow \vec{n} = \begin{pmatrix} 4 \\ 4 \\ -3 \end{pmatrix}$$

Damit hat E die Koordinatenform:

$$\text{E}\colon 4x_1 + 4x_2 - 3x_3 = d$$

Setzt man die Koordinaten des Punktes $\text{P}(0 \mid -2 \mid 0)$ in den Ansatz $4x_1 + 4x_2 - 3x_3 = d$ ein, ergibt sich:

$$4 \cdot 0 + 4 \cdot (-2) - 3 \cdot 0 = d \Rightarrow d = -8$$

Die Ebene E hat somit die Koordinatengleichung $\text{E}\colon 4x_1 + 4x_2 - 3x_3 = -8$.

a4) Den Schnittpunkt S_3 der Ebene E mit der x_3-Achse erhält man, indem man $x_1 = 0$ und $x_2 = 0$ in die Gleichung von E einsetzt:

$$4 \cdot 0 + 4 \cdot 0 - 3x_3 = -8 \Rightarrow x_3 = \frac{8}{3} \Rightarrow \text{S}_3\left(0 \mid 0 \mid \frac{8}{3}\right)$$

Die Höhe h der Wand senkrecht über dem Startpunkt entspricht der x_3-Koordinate von S_3:

$$h = \frac{8}{3} \approx 2{,}67$$

Somit beträgt die Höhe der Wand senkrecht über dem Startpunkt etwa $2{,}67\,\text{m}$.

a5) Um zu untersuchen, ob es in der Ebene E einen Punkt $(x_1 \mid x_2 \mid 2)$ mit ganzzahligen Koordinaten x_1 und x_2 gibt, setzt man die Koordinaten dieses Punktes in die Gleichung von E ein:

$$4x_1 + 4x_2 - 3 \cdot 2 = -8 \Leftrightarrow 4x_1 + 4x_2 = -2 \Leftrightarrow x_1 + x_2 = -\frac{1}{2}$$

Falls x_1 und x_2 ganzzahlig sind, so ist auch die Summe $x_1 + x_2$ ganzzahlig, was im Widerspruch zu $x_1 + x_2 = -\frac{1}{2}$ steht.
Somit gibt es keinen Punkt $(x_1 \mid x_2 \mid 2)$ mit ganzzahligen Koordinaten x_1 und x_2, der in E liegt.

b) Es ist G$(3 \mid 3{,}5 \mid 4{,}5)$ sowie $g\colon \vec{x} = \overrightarrow{OT} + r \cdot \overrightarrow{TU} = \begin{pmatrix} 2 \\ 3 \\ 4{,}5 \end{pmatrix} + r \cdot \begin{pmatrix} -2 \\ 2 \\ 0 \end{pmatrix}$.

b1) Den Fußpunkt F des Lotes von G auf g erhält man, indem man eine Hilfsebene E_H, die durch G geht und orthogonal zu g ist, mit g schneidet.
Die Hilfsebene E_H enthält den Punkt G$(3 \mid 3{,}5 \mid 4{,}5)$ und als Normalenvektor

den Richtungsvektor $\vec{u} = \begin{pmatrix} -2 \\ 2 \\ 0 \end{pmatrix}$ von g.

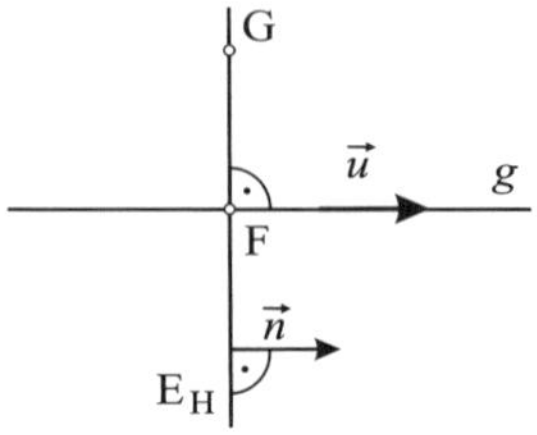

Damit hat E_H die Koordinatenform:

$$E\colon -2x_1 + 2x_2 = d$$

Setzt man die Koordinaten des Punktes G$(3 \mid 3{,}5 \mid 4{,}5)$ in den Ansatz $-2x_1 + 2x_2 = d$ ein, ergibt sich:

$$-2 \cdot 3 + 2 \cdot 3{,}5 = d \Rightarrow d = 1$$

Die Ebene E_H hat somit die Koordinatengleichung $E_H\colon -2x_1 + 2x_2 = 1$.
Die Koordinaten des Lotfußpunktes F, in welchem die Ebene E_H die Gerade g schneidet, erhält man, indem man den allgemeinen Punkt $P_r(2-2r \mid 3+2r \mid 4{,}5)$ von g in die Ebenengleichung von E_H einsetzt:

$$\begin{aligned} -2 \cdot (2-2r) + 2 \cdot (3+2r) &= 1 \\ 2 + 8r &= 1 \\ 8r &= -1 \\ r &= -\frac{1}{8} \end{aligned}$$

Setzt man $r = -\frac{1}{8}$ in P_r ein, erhält man: F$(2{,}25 \mid 2{,}75 \mid 4{,}5)$.

b2) Der Punkt K liegt auf der Kante $\overline{TU}$.
Der Punkt F liegt zwar auf der Geraden g durch T und U, aber nicht auf der Kante $\overline{TU}$, da nur Punkte mit $r \in [0;1]$ auf der Kante $\overline{TU}$ liegen, was bei F mit $r = -\frac{1}{8}$ nicht der Fall ist.

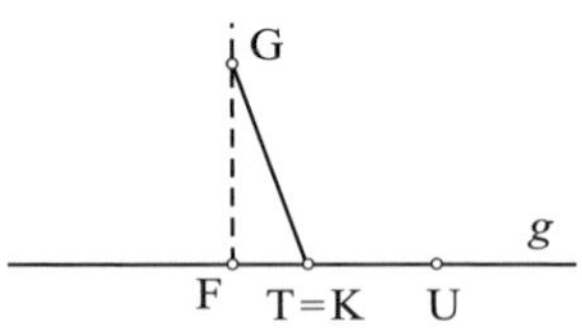

Da der Punkt K auf der Kante $\overline{TU}$ von G den geringsten Abstand hat, gilt: K = T.
Somit sind K und F nicht identisch.

b3) Die Koordinaten des Mittelpunktes M von T und U erhält man mit einer Vektorkette:

$$\overrightarrow{OM} = \overrightarrow{OT} + \frac{1}{2} \cdot \overrightarrow{TU} = \begin{pmatrix} 2 \\ 3 \\ 4,5 \end{pmatrix} + \frac{1}{2} \cdot \begin{pmatrix} -2 \\ 2 \\ 0 \end{pmatrix} = \begin{pmatrix} 1 \\ 4 \\ 4,5 \end{pmatrix} \Rightarrow M(1 \mid 4 \mid 4,5)$$

Da sich der Punkt G^* in einer Höhe von $4,5\,\text{m}$ befinden soll und gleich weit von T und U entfernt sein soll, liegt G^* auf einer zu g orthogonalen Geraden h durch M. Die dritte Komponente des Richtungsvektors $\vec{v}$ von h muss Null sein (gleiche Höhe von G^* und der Kante $\overline{TU}$) und $\vec{v}$ muss orthogonal zum Richtungsvektor $\vec{u}$ von g sein, d.h. das Skalarprodukt von $\vec{u}$ und $\vec{v}$ muss Null ergeben.

Wählt man $\vec{v} = \begin{pmatrix} a \\ b \\ 0 \end{pmatrix}$, so gilt:

$$\vec{u} \circ \vec{v} = \begin{pmatrix} -2 \\ 2 \\ 0 \end{pmatrix} \circ \begin{pmatrix} a \\ b \\ 0 \end{pmatrix} = -2 \cdot a + 2 \cdot b + 0 \cdot 0 = 0 \Leftrightarrow a = b, \text{ wähle } a = b = 1$$

Damit steht $\vec{v}$ senkrecht auf $\vec{u}$ und damit auch auf der Geraden g.

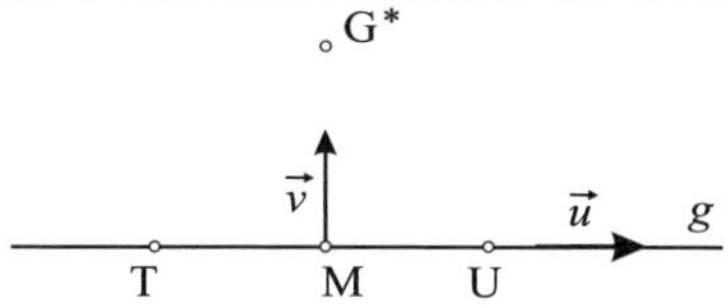

Die Koordinaten von G^* erhält man mit Hilfe einer Vektorkette. Dazu normiert man noch den Vektor $\vec{v}$ auf Länge 1, indem man ihn durch seinen Betrag teilt:

$$\overrightarrow{OG^*} = \overrightarrow{OM} + 0,35 \cdot \frac{\vec{v}}{|\vec{v}|}$$

$$= \begin{pmatrix} 1 \\ 4 \\ 4,5 \end{pmatrix} + 0,35 \cdot \frac{\begin{pmatrix} 1 \\ 1 \\ 0 \end{pmatrix}}{\left|\begin{pmatrix} 1 \\ 1 \\ 0 \end{pmatrix}\right|}$$

$$= \begin{pmatrix} 1 \\ 4 \\ 4,5 \end{pmatrix} + 0,35 \cdot \frac{\begin{pmatrix} 1 \\ 1 \\ 0 \end{pmatrix}}{\sqrt{1^2 + 1^2 + 0^2}}$$

$$= \begin{pmatrix} 1 \\ 4 \\ 4,5 \end{pmatrix} + \frac{0,35}{\sqrt{2}} \cdot \begin{pmatrix} 1 \\ 1 \\ 0 \end{pmatrix}$$
$$\approx \begin{pmatrix} 1,25 \\ 4,25 \\ 4,5 \end{pmatrix}$$

Somit hat der Punkt G^* die Koordinaten $G^*(1,25 \mid 4,25 \mid 4,5)$.

c) Es ist $E_a\colon x_1 + x_2 - ax_3 = 1 - 4a$ mit $a \in \mathbb{R}$.

c1) Um a so zu bestimmen, dass $E_a = E$ gilt, multipliziert man die Gleichung von E_a mit 4 und vergleicht die entsprechenden Koeffizienten.
Damit ergibt sich: $E_a\colon 4x_1 + 4x_2 - 4ax_3 = 4 \cdot (1 - 4a)$.
Die Ebene E hat die Gleichung $E\colon\ 4x_1 + 4x_2 - 3x_3 = -8$.
Der Koeffizientenvergleich ergibt:

$$-4a = -3 \Rightarrow a = \frac{3}{4}$$
$$4 \cdot (1 - 4a) = -8 \Rightarrow a = \frac{3}{4}$$

Für $a = \frac{3}{4}$ gilt: $E_a = E$.

c2) Setzt man $a = 8$ in E_a ein, ergibt sich: $E_8\colon x_1 + x_2 - 8x_3 = -31$.
Den Schnittwinkel α der Ebenen E und E_8 erhält man mit der Winkelformel $\cos(\alpha) = \frac{|\vec{n} \circ \vec{n}_8|}{|\vec{n}| \cdot |\vec{n}_8|}$, wobei $\vec{n} = \begin{pmatrix} 4 \\ 4 \\ -3 \end{pmatrix}$ ein Normalenvektor von E und $\vec{n}_8 = \begin{pmatrix} 1 \\ 1 \\ -8 \end{pmatrix}$ ein Normalenvektor von E_8 ist:

$$\cos(\alpha) = \frac{|\vec{n} \circ \vec{n}_8|}{|\vec{n}| \cdot |\vec{n}_8|}$$
$$= \frac{\left| \begin{pmatrix} 4 \\ 4 \\ -3 \end{pmatrix} \circ \begin{pmatrix} 1 \\ 1 \\ -8 \end{pmatrix} \right|}{\left| \begin{pmatrix} 4 \\ 4 \\ -3 \end{pmatrix} \right| \cdot \left| \begin{pmatrix} 1 \\ 1 \\ -8 \end{pmatrix} \right|}$$
$$= \frac{|4 \cdot 1 + 4 \cdot 1 + (-3) \cdot (-8)|}{\sqrt{4^2 + 4^2 + (-3)^2} \cdot \sqrt{1^2 + 1^2 + (-8)^2}}$$

$$\cos(\alpha) = \frac{32}{\sqrt{41} \cdot \sqrt{66}}$$
$$\alpha \approx 52{,}04^\circ$$

Die Größe des Winkels beträgt etwa $52{,}04^\circ$.

c3) Um a so zu bestimmen, dass sich E und E_a unter einem 60°-Winkel schneiden, verwendet man die Formel $\cos(\varphi) = \frac{|\vec{n} \circ \vec{n}_a|}{|\vec{n}| \cdot |\vec{n}_a|}$, wobei $\vec{n} = \begin{pmatrix} 4 \\ 4 \\ -3 \end{pmatrix}$ ein Normalenvektor von E und $\vec{n}_a = \begin{pmatrix} 1 \\ 1 \\ -a \end{pmatrix}$ ein Normalenvektor von E_a ist.

Mit $\varphi = 60^\circ$ ergibt sich folgende Gleichung, die man nach a auflöst:

$$\begin{aligned}
\cos(\varphi) &= \frac{|\vec{n} \circ \vec{n}_a|}{|\vec{n}| \cdot |\vec{n}_a|} \\
\cos(60^\circ) &= \frac{\left|\begin{pmatrix} 4 \\ 4 \\ -3 \end{pmatrix} \circ \begin{pmatrix} 1 \\ 1 \\ -a \end{pmatrix}\right|}{\left|\begin{pmatrix} 4 \\ 4 \\ -3 \end{pmatrix}\right| \cdot \left|\begin{pmatrix} 1 \\ 1 \\ -a \end{pmatrix}\right|} \\
0{,}5 &= \frac{|4 \cdot 1 + 4 \cdot 1 + (-3) \cdot (-a)|}{\sqrt{4^2 + 4^2 + (-3)^2} \cdot \sqrt{1^2 + 1^2 + (-a)^2}} \\
0{,}5 &= \frac{|8 + 3a|}{\sqrt{41} \cdot \sqrt{2 + a^2}} \\
0{,}5 \cdot \sqrt{41} \cdot \sqrt{2 + a^2} &= |8 + 3a| \\
0{,}25 \cdot 41 \cdot \left(2 + a^2\right) &= (8 + 3a)^2 \\
\frac{41}{2} + \frac{41}{4}a^2 &= 64 + 48a + 9a^2 \\
\frac{5}{4}a^2 - 48a - \frac{87}{2} &= 0 \\
5a^2 - 192a - 174 &= 0
\end{aligned}$$

Mit Hilfe des Taschenrechners erhält man die Lösungen $a_1 \approx -0{,}89$ und $a_2 \approx 39{,}29$.

Abitur 2021 – Stochastik Aufgabe 4

a1) Legt man X als Zufallsgröße für die Anzahl der Treffer ins Zentrum fest, so ist X binomialverteilt mit den Parametern $n = 20$ und $p = 0,7$.
Die Wahrscheinlichkeit des Ereignisses A: «Nike trifft genau 14-mal ins Zentrum» erhält man mit Hilfe der Binomialverteilung:

$$P(A) = P(X = 14) \approx 0,1916$$

frv.tv/ci

Die Wahrscheinlichkeit für das Ereignis A beträgt etwa 19,2 %.
Die Wahrscheinlichkeit des Ereignisses B: «Nike trifft mindestens 10-mal ins Zentrum» erhält man mit Hilfe der Wahrscheinlichkeit des Gegenereignisses und der kumulierten Binomialverteilung:

$$P(B) = P(X \geqslant 10) = 1 - P(X \leqslant 9) \approx 1 - 0,0171 = 0,9829$$

frv.tv/ck

Die Wahrscheinlichkeit für das Ereignis B beträgt etwa 98,3 %.
60% von 20 erhält man durch $0,6 \cdot 20 = 12$ und 80% von 20 durch $0,8 \cdot 20 = 16$
Die Wahrscheinlichkeit des Ereignisses C: «Nike trifft mit mehr als 60% und weniger als 80% ihrer Schüsse ins Zentrum» bzw. «Nike trifft mehr als 12-mal und weniger als 16-mal» erhält man mit Hilfe der kumulierten Binomialverteilung:

$$P(C) = P(12 < X < 16) = P(X \leqslant 15) - P(X \leqslant 12) \approx 0,7625 - 0,2277 = 0,5348$$

frv.tv/ck

Die Wahrscheinlichkeit für das Ereignis C beträgt etwa 53,5 %.

a2) Legt man Y als Zufallsgröße für die Anzahl der Treffer ins Zentrum fest, so ist Y binomialverteilt mit den Parametern n (unbekannt) und $p = 0,7$. Um die Anzahl an Schüssen zu bestimmen, die Nike mindestens abgeben muss, um mit einer Wahrscheinlichkeit von mehr als 99% mindestens zweimal das Zentrum zu treffen, löst man folgende Ungleichung:

$$\begin{aligned} P(Y \geqslant 2) &> 0,99 \\ 1 - P(Y \leqslant 1) &> 0,99 \\ 0,01 &> P(Y \leqslant 1) \\ P(Y \leqslant 1) &< 0,01 \end{aligned}$$

Durch Ausprobieren erhält man mit Hilfe der kumulierten Binomialverteilung unter Verwendung des Taschenrechners:

$$\begin{aligned} n = 6: \quad & P(Y \leqslant 1) \approx 0,0109 \\ n = 7: \quad & P(Y \leqslant 1) \approx 0,0038 \end{aligned}$$

frv.tv/ck

Somit muss Nike mindestens 7 Schüsse abgeben.

b1) Bezeichnet man mit V: «Victor trifft ins Zentrum.» und N: «Nike trifft ins Zentrum.», so erhält man die übrigen Einträge der Vierfeldertafel durch Summen- bzw. Differenzenbildung:

Nike/Viktor	V	$\overline{\text{V}}$	
N	0,28	**0,42**	0,7
$\overline{\text{N}}$	**0,12**	**0,18**	**0,3**
	0,4	**0,6**	1

b2) Mit Hilfe der Vierfeldertafel erhält man die Wahrscheinlichkeit für das Ereignis D: «Entweder landet nur Nikes oder nur Victors Pfeil im Zentrum»:

$$P(D) = P\left(N \cap \overline{V}\right) + \left(\overline{N} \cap V\right) = 0,42 + 0,12 = 0,54$$

Unter der Voraussetzung, dass entweder nur Nikes oder nur Viktors Pfeil im Zentrum landet, erhält man die Wahrscheinlichkeit für das Ereignis E: «Dieser Pfeil wurde von Nike abgeschossen.» mit Hilfe der bedingten Wahrscheinlichkeit:

$$P(E) = P_D(N) = \frac{P(D \cap N)}{P(D)} = \frac{P\left(N \cap \overline{V}\right)}{P(D)} = \frac{0,42}{0,54} \approx 0,7778$$

Die Wahrscheinlichkeit für das Ereignis E beträgt etwa 77,8 %.

b3) Die Wahrscheinlichkeit dafür, dass Victor ins Zentrum trifft, beträgt 0,4 (siehe Vierfeldertafel).

Die Wahrscheinlichkeit für das Ereignis F: «Victor ist Sieger» erhält man mit Hilfe der Pfadregeln:

$$\begin{aligned} P(F) &= P(V) + P\left(\overline{V}\,\overline{N}\,V\right) + P\left(\overline{V}\,\overline{N}\,\overline{V}\,\overline{N}\,V\right) + P\left(\overline{V}\,\overline{N}\,\overline{V}\,\overline{N}\,\overline{V}\,\overline{N}\right) \\ &= 0,4 + 0,6 \cdot 0,3 \cdot 0,4 + 0,6 \cdot 0,3 \cdot 0,6 \cdot 0,3 \cdot 0,4 + 0,6 \cdot 0,3 \cdot 0,6 \cdot 0,3 \cdot 0,6 \cdot 0,3 \\ &\approx 0,4908 \end{aligned}$$

Die Wahrscheinlichkeit, dass Victor Sieger ist, beträgt weniger als 50%.
Somit hat Nike die bessere Gewinnchance.

c1) Da die Vermutung Nikes, dass sie mit dem neuen Bogen ihre bisherige Trefferquote ins Zentrum auf mehr als 70% verbessern kann, gestützt werden soll, gilt für die Alternativhypothese: $H_1: p > 0,7$. Damit ergibt sich als Nullhypothese: $H_0: p \leqslant 0,7$.

Wegen H_1: $p > 0,7$ handelt es sich um einen rechtsseitigen Test mit Signifikanzniveau $\alpha = 10\,\%$.

Legt man X als Zufallsvariable für die Anzahl der Treffer ins Zentrum fest, so ist X binomialverteilt mit $n = 150$ und Trefferwahrscheinlichkeit $p = 0,7$.

Man wird die Nullhypothese verwerfen, wenn deutlich mehr als 105 Treffer ins Zentrum erfolgen (Erwartungswert: $E(X) = \mu = n \cdot p = 150 \cdot 0,7 = 105$).
Also ist ein minimales $k \in \mathbb{N}$ und damit ein Ablehnungsbereich $\overline{A} = \{k, ..., 150\}$ der Nullhypothese so zu bestimmen, dass gilt:

$$\begin{aligned} P(X \in \overline{A}) &\leqslant \alpha \\ P(X \geqslant k) &\leqslant 0,1 \\ 1 - P(X \leqslant k-1) &\leqslant 0,1 \\ 0,9 &\leqslant P(X \leqslant k-1) \end{aligned}$$

Für $n = 150$ und $p = 0,7$ erhält man mithilfe der kumulierten Binomialverteilung unter Verwendung des WTR:

frv.tv/cl

$$P(X \leqslant 111) \approx 0,8775$$
$$P(X \leqslant 112) \approx 0,9110$$

Also gilt $k - 1 = 112 \Rightarrow k = 113$ ist das minimale $k \in \mathbb{N}$ und man erhält damit den Ablehnungsbereich:

$$\overline{A} = \{113; ...; 150\}$$

Daraus ergibt sich die folgende Entscheidungsregel: Wenn von den 150 Schüssen mindestens 113 im Zentrum landen, so ist H_0 zu verwerfen und die Vermutung Nikes wird gestützt.

c2) Bei einem Fehler 2. Art wird die Nullhypothese H_0 nicht verworfen, obwohl sie falsch ist, d.h. man geht fälschlicherweise davon aus, dass Nikes Trefferquote mit dem neuen Bogen höchstens 70% beträgt, wenn sie weniger als 113-mal ins Zentrum trifft.
Die Wahrscheinlichkeit β für den Fehler 2. Art erhält man, indem man die Wahrscheinlichkeit, dass sich die Anzahl der Treffer nicht im Ablehnungsbereich $\overline{A} = \{113; ...; 150\}$ befindet, berechnet. Legt man Y als Zufallsgröße für die Anzahl der Treffer ins Zentrum fest, so ist Y binomialverteilt mit den Parametern $n = 150$ und $q = 0,75$ (tatsächliche Trefferquote). Damit gilt:

$$\beta = P\left(Y \notin \overline{A}\right) = P(Y \leqslant 112) \approx 0,4937$$

Somit beträgt der Fehler 2. Art etwa $49,4\,\%$.

d1) Von den 20 Pfeilen haben 17 rote Federn, zwei haben blaue Federn und einer hat goldene Federn. Legt man X als Zufallsgröße für die Anzahl der Pfeile mit roten Federn unter den 10 gezogenen Pfeilen fest, so ist X hypergeometrisch verteilt. Damit gilt für die Wahr-

scheinlichkeit des Ereignisses G: «Alle Pfeile haben rote Federn.»:

$$P(G) = P(X = 10) = \frac{\binom{17}{10} \cdot \binom{3}{0}}{\binom{20}{10}} = \frac{2}{19} \approx 0,1053$$

Die Wahrscheinlichkeit für das Ereignis G beträgt etwa $10,5\,\%$.

d2) Um die Wahrscheinlichkeit für das Ereignis H: «Jede Serie enthält mindestens einen Pfeil jeder Federnfarbe.» zu bestimmen, berechnet man zuerst die Wahrscheinlichkeiten für die Ereignisse I: «Die Serie enthält einen goldenen, einen blauen und acht rote Pfeile.» sowie J: «Die Serie enthält einen goldenen, zwei blaue und sieben rote Pfeile.» Mit Hilfe der hypergeometrischen Verteilung ergibt sich:

$$P(I) = \frac{\binom{1}{1} \cdot \binom{2}{1} \cdot \binom{17}{8}}{\binom{20}{10}} = \frac{5}{19}$$

$$P(J) = \frac{\binom{1}{1} \cdot \binom{2}{2} \cdot \binom{17}{7}}{\binom{20}{10}} = \frac{2}{19}$$

Damit gilt:

$$P(H) = P(I) + P(J) = \frac{5}{19} + \frac{2}{19} = \frac{7}{19} \approx 0,3684$$

Die Wahrscheinlichkeit für das Ereignis H beträgt etwa $36,8\,\%$.